"十二五"职业教育国家规划教材
经全国职业教育教材审定委员会审定

热工控制系统运行与维护

主　编　向贤兵　李化霜
副主编　杜礼春　倪　敏
　　　　刘建国　黄琪玲
编　写　龚齐斌　高倩霞　胡军军
主　审　张丽香

中国电力出版社
CHINA ELECTRIC POWER PRESS

内 容 提 要

本书为“十二五”职业教育国家规划教材。

本书采用了基于工作过程的项目化开发方式，以火电厂主要热工参数（压力、水位、温度、流量等）为载体，构建了除氧器压力控制系统运行与维护、汽温控制系统运行与维护、给水控制系统运行与维护、燃烧控制系统运行与维护、协调控制系统运行与维护、直流锅炉控制系统运行与维护六个典型工作项目，并以控制系统结构为载体，序化教材内容。

本书可作为高等职业院校生产过程自动化、火电厂集控运行、电厂热能动力装置等动力工程类专业的教材，也可作为相关专业工程技术人员的参考书。

图书在版编目（CIP）数据

热工控制系统运行与维护/向贤兵，李化霜主编．—北京：中国电力出版社，2014.8（2025.1 重印）

“十二五”职业教育国家规划教材

ISBN 978-7-5123-4862-2

Ⅰ.①热… Ⅱ.①向…②李…③全… Ⅲ.①火电厂－热力工程－自动控制系统－电力系统运行－高等职业教育－教材②火电厂－热力工程－自动控制系统－维修－高等职业教育－教材 Ⅳ.①TM621.4

中国版本图书馆 CIP 数据核字（2013）第 203326 号

中国电力出版社出版、发行

（北京市东城区北京站西街 19 号 100005 http：//www.cepp.sgcc.com.cn）

固安县铭成印刷有限公司印刷

各地新华书店经售

*

2014 年 8 月第一版 2025 年 1 月北京第七次印刷

787 毫米×1092 毫米 16 开本 15.25 印张 368 千字

定价 **45.00** 元

前　言

近年来，随着单机容量的增大和电网容量的迅速扩大，我国已进入了大电网、大机组、高参数、高度自动化的时代。由于600、1000MW等大容量、高参数机组的新技术发展迅速，装机数量日益增多，机组对热工自动化水平的要求越来越高。同时，我国高等职业教育也迅猛发展，特别是基于工作过程的课程开发，对教材的开发和编写提出了全新的要求。

为了适应电厂热工自动化水平的快速发展，满足新时期高等职业教育的需要，热工控制系统运行与维护教材采用了基于工作过程的项目化开发方式。在本书的编写过程中，着重强调了以下几个原则：

（1）以职业能力为核心、工作项目为导向、工作任务为驱动，选取教材内容。以火电厂主要热工参数（压力、水位、温度、流量等）为载体，典型热工控制系统的运行维护为引领，构建了除氧器压力控制系统运行与维护等六个典型工作项目，将生产项目与教学内容相融合。

（2）以控制系统结构为载体，组织教材内容。教材以控制系统结构为线索，将教学内容按照单回路控制→串级控制→复合控制→比值控制→多变量控制进行由简单到复杂、由易到难序化典型工作项目，符合人们的认知规律和高职教育的特点。

（3）以实际的工作过程为线索，将学习过程与工作过程相融合。根据火电厂热工控制系统运行与维护的实际工作过程，在工作项目下设置对象动态特性试验→控制方案分析→性能指标测试三个工作任务。为学生提供体验完整工作过程的学习机会，逐步实现从学习者到工作者的角色转换。

（4）融入职业技能鉴定要求，将电力行业职业标准、生产技术标准和新技术引入教材中。在教材编写过程中，有机地将DL/T 774—2004《火力发电厂热工自动化系统检修运行维护规程》、DL/T 657—2006《火力发电厂模拟量控制系统验收测试规程》和《职业技能鉴定规范·热工仪表及自动装置专业》相关内容融入教材。

（5）以工作任务引领专业知识，将理论知识与实践训练相融合。工作任务是核心，但并不否定专业知识；专业知识是围绕工作任务完成的需要合理地延伸出来的，有机地将专业知识融合在实际工作任务中。

（6）以大机组、高参数机组为例，力求反映当前火电厂热工控制技术的新发展。本书中的控制系统图都是采用火电厂控制系统组态图改编而来的，涵盖了300、600MW及1000MW机组。

（7）教材建设中紧密与企业合作，充分将一线工程技术人员的丰富实践经验融入到本书的编写中，既遵循了教育规律，又结合了现场实际操作，体现了高职教材的特点。在本书编写过程中，得到华电四川广安发电有限责任公司、国电重庆恒泰发电有限责任公司、四川泸州川南发电有限责任公司、贵州兴义发电有限责任公司等电厂工程技术人员的大力支持。

本书由重庆电力高等专科学校向贤兵和华电四川广安发电有限责任公司总工程师李化霜担任主编。国电重庆恒泰发电有限责任公司杜礼春和黄琪玲、保定电力职业技术学院倪敏、重庆电力高等专科学校刘建国担任副主编。重庆电力高等专科学校龚齐斌、高倩霞和神华神东电力重庆万州港发电有限责任公司胡军军对本书的编写提供了帮助。

本书由太原电力高等专科学校张丽香主审，她提出了许多宝贵的修改意见，在此表示衷心感谢。

本书为国家骨干高职院校建设特色教材和重庆市市级精品课程配套教材，相关资源读者可登录课程网站（http://rgkz.jpkc.cqepc.com.cn/）访问。

本书引用了大量的技术标准、专业文献和资料，虽已在参考文献中注明，但难免有所遗漏，恳请相关作者谅解。

本书的内容体系在国内属首次尝试，且作者水平有限，书中难免存在不妥之处，恳请读者批评指正。

编　者

2014 年 7 月

目　录

绪　论

自1875年法国巴黎建成世界上第一座火力发电厂，人类步入了电气化时代，电力已成为关系到国计民生的基础产业。

电力工业自动化主要包括电厂自动化和电网自动化。过去，电厂自动化通常被认为是电力生产过程中的辅助手段。现在，随着以计算机芯片技术为标志的信息时代的到来，广泛应用计算机技术、通信技术、控制技术、网络技术、检测技术等先进技术的电厂自动化技术，已成为现代电站的核心技术之一。因此，电厂的规划、设计、施工、运行、检修等领域需要一大批熟悉并掌握先进自动化技术的工程技术人员。

电厂自动化亦称热工自动化，通常简称为热自（亦称热控或热工），在欧美及日本等国家和地区也称为仪表与控制（Instrument&Control，I&C）。

热工自动化技术是一种运用控制理论、热能工程技术、智能仪器仪表、计算机技术和其他信息技术，对热力学相关参数进行检测、控制，从而对生产过程实现检测、控制、优化、调度、管理、决策，达到确保安全、增加产量、提高质量、降低消耗、减员增效等目的的综合性高新技术。它主要是指对锅炉、汽轮机及其辅助设备运行的自动控制，使机组自动适应工况的变化，且保持在安全、经济、环保的条件下运行。

一、热工自动化发展历程

20世纪50年代，我国火电单机容量小，自动化程度较低，机组基本依赖于人工操作，辅以简单的仪表来控制生产过程。到70年代，随着电力工业的发展，热工自动控制系统出现了集中控制方式，操作人员主要通过操作按钮和各种仪表进行控制和监视，但机组的自动化水平仍很低。70年代末，投入使用单回路调节装置和模拟组装仪表。

70年代中期，随着计算机技术的迅速发展，国外开发出了分散控制系统（DCS），并迅速应用于过程自动化领域。80年代初，国内电厂开始试点采用DCS，实现了数据采集处理系统（DAS）和模拟量控制系统（MCS）功能。90年代，国内开始大量采用DCS，300MW级及以上机组全面进入了DCS时代。

现在，不同单机容量的火电机组基本上都采用了DCS，辅助车间大都采用了可编程逻辑控制器（PLC）系统。

随着世界高科技的飞速发展和我国机组容量的快速提高，热工自动化技术不断地从相关学科中吸取最新成果而迅速发展和完善，近几年更是日新月异，一方面作为机组主要控制系统的DCS，已在控制结构和控制范围上发生了巨大的变化；另一方面随着厂级监控系统（SIS）、现场总线技术和无线智能仪表的应用，给热工自动化系统注入了新的活力。同时，随着国家法律对环保日益严格的要求和计算机网络技术的进步，未来热工自动化技术将围绕"节能增效，可持续发展"的主题，向智能化、网络化、透明化，保护、控制、测量和数据通信一体化发展，新的测量控制原理和方法不断得以应用，将使机组的运行操作和故障处理像操作普通计算机一样方便。

二、热工自动化在电厂中的作用

随着我国国民经济的高速发展，工农业生产和人民生活对电力的需求不断增长，电力工业通过引进、消化、吸收国外的先进技术和管理经验，得到了迅速的发展。随着单机发电容量的增大和电网容量的迅速扩大，我国已进入了大电网、大机组、高参数、高度自动化的时代。由于300、600MW及以上大容量、高参数机组的新技术发展迅速，装机数量日益增多，机组对热工自动化水平的要求越来越高。

同中小容量火电机组相比，300MW及以上大容量机组的特点是监视点多、参数变化速度快和被控对象数量大，而且各个被控对象相互关联，操作稍有失误就会引起严重的后果。因此，大型发电机组必须采用完善的自动化系统。如果将大型发电机组的监视和操作任务仅交给运行人员去完成，不仅体力和脑力劳动强度大，而且很难做到及时调整和避免人为误操作。

大量事实证明，自动化技术的运用对于提高大型火电机组的安全经济运行水平是行之有效的，它可以保证机组在启停工况、正常运行工况和参数异常工况下的自动监测、控制和保护，以实现火电机组的安全、经济运行。

具体来说，在大型火电机组的运行过程中，热工自动化系统主要起以下几个方面的作用：

（1）机组正常运行时。自动化系统根据机组运行的要求，自动将运行参数维持在所要求给定值（亦称设定值）上，以取得较高的运行效率和较低的消耗。

（2）机组在异常工况时。在参数超限、辅机跳闸时，自动化设备能及时报警，并迅速、及时地按预定的规律进行处理，以保证机组设备的安全，减少机组停运次数。

（3）机组运行在危急情况时。即当危及设备或人身安全时，自动采取措施进行处理，以保证设备和人身的安全。

（4）在机组启停过程中。根据设备的状态进行相应的控制，以避免机组产生不允许的热应力，而影响机组的寿命。

通常，自动化系统按照预先制定的规律进行工作，不需要人工干预。但在特殊情况下却要求人工给以提示或协调，即需要人的更高层次的干预。所以，随着自动化水平的提高，也要求运行人员具有更高的文化和技术素质。

三、热工自动化的主要内容

火电厂自动化的任务所涉及的专业面相当广泛，除了对锅炉、汽轮机、发电机进行自动控制外，还要对各种辅助设备如除氧器、凝汽器、磨煤机、化学水处理设备等进行相应的控制。由于采用的主机及辅助设备不同，如汽包锅炉和直流锅炉，它们的控制方法也有较大的区别。又由于采用的控制设备不同，组成的控制系统不同，因而自动化系统的结构更加复杂。但不管如何复杂的自动化系统，它们的控制目的都是要保证电能生产过程的安全和经济，以及生产的电能要满足一定的数量和质量。为完成这一任务，要求大型火力发电机组具有进行自动检测、自动控制、顺序控制、自动保护等功能，这四部分即构成了热工自动化的内容。这些内容将有机地合成一个不可分割的整体，共同完成火力发电机组的自动控制任务。

（1）自动检测。自动地检查和测量反映生产过程运行状态以及生产设备工作状态的各项参数的变化，以监视生产过程和设备的状态及变化趋势。

对于锅炉，自动检测的主要参数包括炉膛温度、炉膛负压、过量空气系数、汽包水位和压力、过热蒸汽温度和压力、再热蒸汽温度和压力、排烟温度等；对于汽轮机，自动检测的主要参数包括机前压力，控制级压力，机组功率，转子的转速、位移、偏心度、振动，汽缸的热应力和热膨胀等。

常用的自动检测设备主要包括模拟仪表、数字式仪表以及图像显示、数据记录、报表打印和自动报警装置等。

（2）自动控制。自动维持生产过程在规定的工况下，使被控量尽可能快的等于设定值，亦称自动调节。

对于锅炉，自动控制主要包括锅炉给水自动控制、过热蒸汽和再热蒸汽温度自动控制、锅炉燃烧过程自动控制等；对于汽轮机，自动控制主要包括汽轮机转速自动控制、凝汽器水位自动控制等；对于机组，自动控制主要包括协调控制以完成AGC功能。

（3）顺序控制。按照生产过程和运行要求预先设定的程序，自动对生产过程和相应设备进行操作和控制，亦称程序控制。

对于单元机组，顺序控制主要用于对主机和辅机的启动、停止以及辅助系统的投入、切除进行自动控制，如汽轮机的自动启、停控制，炉膛吹扫过程控制，燃烧器的自动点火、切换控制，磨煤机的自动启、停控制等。

（4）自动保护。发生事故时，自动采取保护措施，以防止事故进一步扩大或保护生产设备使之不受严重破坏。

对于单元机组，自动保护主要包括锅炉炉膛超压保护，汽轮机超速保护，发电机过电流、过电压保护等。

热工自动化各个方面的内容，是一个相互联系的有机整体。自动控制是最基本的内容，也是热工控制系统的核心。而要保证自动控制的正常投入，必须有准确可靠的检测信号和自动保护作保证，否则自动控制系统的运行是不安全的。当自动控制的范围进一步扩大时，程序控制和远程操作就成为必要的手段。

四、大型火电机组的自动化功能

大型火电机组由于具有大容量、高参数的特点，因此要有相应先进的自动化功能与之相适应，特别是近年600MW及以上的超（超）临界压力机组装机增多，已逐渐成为我国电力系统的主力机组。超（超）临界压力机组由于其直流锅炉的启动特性、大范围的滑压运行，更需要与之相适应的控制策略来进行控制。概括地说，大型机组的自动化功能大致包含以下内容：

（1）模拟量控制系统（Modulation Control System，MCS）；

（2）锅炉炉膛安全监控系统（Furnace Safeguard Supervisor System，FSSS）或称燃烧器管理系统（Burner Management System，BMS）；

（3）顺序控制系统（Sequence Control System，SCS），包括机组辅机顺序控制系统和发电机—变压器组及厂用电源顺序控制系统；

（4）数据采集系统（Data Acquisition System，DAS）；

（5）汽轮机数字电液控制系统（Digital Electric Hydraulic System，DEH）和汽动给水泵汽轮机电液控制系统（Micro Electro Hydraulic Control System，MEH）；

（6）旁路控制系统（Bypass Control System，BPS）；

(7) 汽轮机自启停系统（Automatic Turbine Startup Or Shutdown Control System，ATC）；

(8) 汽轮机监视仪表（Turbine Supervisory Instrument，TSI）和汽轮机紧急跳闸系统（Emergency Trip System，ETS）；

(9) 全厂闭路工业电视系统；

(10) 辅助生产系统网络化集中监控系统。

上述火电机组的自动化功能在当前的大型机组上都有体现，它们集中反映了机组的自动化水平。图 0-1 为大型火电机组自动控制系统的组成示意。

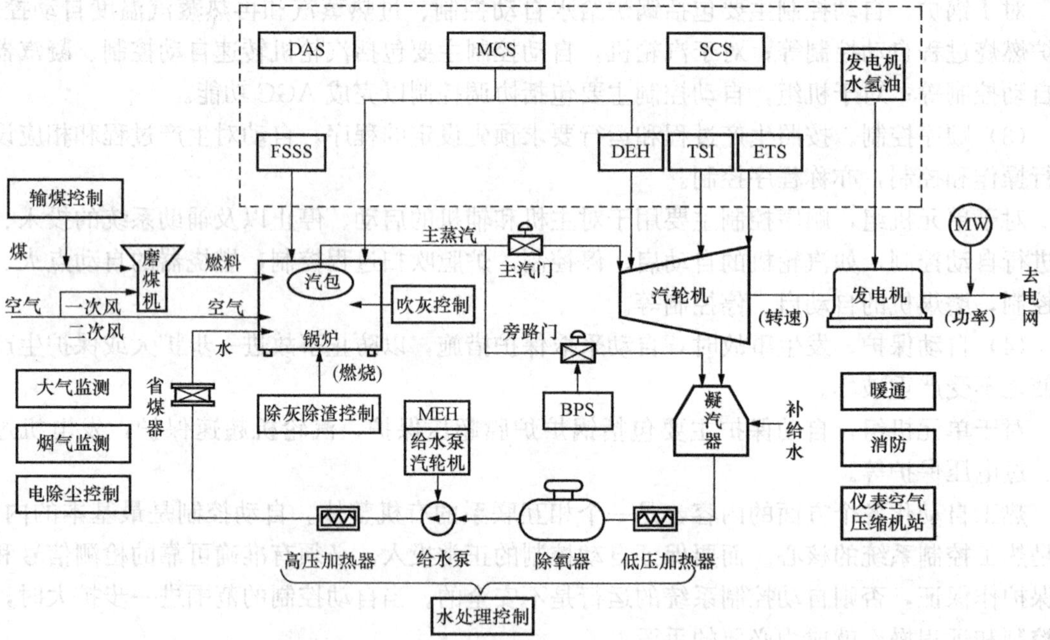

图 0-1 大型火电机组自动控制系统组成示意

项目一　除氧器压力控制系统运行与维护

【项目描述】

在机组启、停和低负荷运行时，需要通过辅助蒸汽向除氧器供汽，以维持除氧器最低允许压力。此时用辅助蒸汽供汽管道上的压力调节阀来控制除氧器压力，使其不低于最低允许压力。当抽汽压力超过最低允许压力时，系统抽汽自动切换到四段抽汽，此时不进行压力控制，除氧器实际为滑压运行方式。本项目研究的压力控制系统为用辅助蒸汽时的压力控制系统。

本项目主要完成除氧器压力控制对象特性试验、除氧器压力控制方案分析、除氧器压力控制系统性能测试等三项工作任务。

通过本项目的学习，使学生能理解除氧器压力控制系统的工作原理，能识读除氧器压力控制系统逻辑图，能进行对象动态特性试验和品质指标试验，最终完成除氧器压力控制系统运行维护工作。

任务一　除氧器压力控制对象特性试验

【学习目标】

(1) 熟悉汽水系统工艺流程，理解除氧器的工作原理及在热力系统中的作用；
(2) 理解热工控制对象的特点，掌握热工控制对象动态特性的求取方法；
(3) 理解除氧器压力控制对象动态特性的特点；
(4) 掌握除氧器压力控制对象动态特性的试验方法；
(5) 能根据行业技术标准拟定动态特性试验方案；
(6) 能根据试验方案完成除氧器压力控制对象动态特性试验；
(7) 能根据试验结果分析除氧器压力控制对象动态特性特点，并完成试验报告；
(8) 熟悉电力生产安全规定，严格遵守"两票三制"；
(9) 具有团队合作意识，养成严谨求实的工作作风。

【任务描述】

除氧器压力动态特性试验目的是求取在蒸汽流量变化下除氧器压力变化的飞升特性曲线，为控制方案拟订和控制参数整定提供依据。

通常，在机组投运前、锅炉A级检修或控制策略改变时，需要进行除氧器压力动态特性试验。试验应在机组启、停和低负荷时进行，每一工况下的试验宜不少于两次，记录试验数据和曲线，并提交试验报告。

本任务建议采用项目教学法组织教学，其实施过程可参考表1-1。

表 1-1　除氧器压力控制对象特性试验教学实施过程

序号	步骤名称	教学内容	学生活动	教师活动	时间分配	工具与材料	课内/课外
1	任务布置	分析工作任务背景、主要工作内容、教学目标及教学过程要求	听、记录	讲授		工作任务单	课内
2	资讯	学习热工控制对象动态特性	自学	指导		图书及网络资源	课外、课内
		学习除氧器压力动态特性的特点	自学	指导		图书及网络资源	课外、课内
		学习除氧器压力动态特性试验方法	自学	指导		行业技术标准	课外、课内
		回答引导问题	交流	答疑			课内
3	计划	分组拟定试验方案	拟定试验方案	指导		行业技术标准	课外
4	决策	小组汇报，完善试验方案	交流、修改	指导		行业技术标准	课内
5	实施	完成除氧器压力动态特性试验	操作、记录	指导		火电仿真机组	课内
6	检查	对照试验评价指标，检验试验结果	提交试验报告	指导		行业技术标准	课内
7	评估	开展自评、互评，评价任务完成质量	自评、互评	点评		检查评估表	课内

【知识导航】

一、热工被控对象动态特性

热工被控对象是热工自动控制系统的重要组成部分，要设计一个合理的控制系统，必须了解对象的动态特性；要确定出控制器的最佳整定参数，也必须了解对象的动态特性。了解了对象的动态特性，还可以对新设计的工艺设备提出要求，使之满足所需要的动态特性，为设计满意的控制系统创造先决条件。因此，研究对象的动态特性对实现生产过程的自动化具有重要的意义。

（一）热工被控对象的分类

热工过程中的被控对象大都比较复杂，为了便于分析它们的动态特性，通常可按以下两种方法对现场中的被控对象进行分类。

1. 按被控对象有无自平衡能力划分

按被控对象有无自平衡能力划分，可分为有自平衡能力被控对象和无自平衡能力被控对象。

自平衡能力是指对象在受到扰动后，仅依靠自身能力而不依靠任何外加的控制作用就能使被控量趋于某一稳定值的能力。

(1) 有自平衡能力被控对象。具有自平衡能力的被控对象称为有自平衡能力被控对象，简称有自平衡对象，图 1-1 所示水箱就是一个有自平衡对象，该对象具有自平衡能力。

若设水箱水位 h 为该被控对象的被控量，假设水箱在 $t=t_0$ 时刻以前处于平衡状态，即水箱的流出量等于流入量，$q_o=q_i$；水箱水位等于恒定值，$h=h_0$。在 $t=t_0$ 时刻流入量 q_i 突然增加，导致水箱水位升高，使得水箱底部所承受的压力增加，从而导致调节阀 2 前后差压增加，流出量 q_o 变大，流出量 q_o 的增加又影响水位上升的速度，使得水位增加的速度降低，是一个负反馈作用，这样，经过一段时间的自调整，水箱水位又重新达到某一稳定值。可见，该水箱具有自平衡的能力。

(2) 无自平衡能力被控对象。不具有自平衡能力的被控对象称为无自平衡能力被控对象，简称无自平衡对象。无自平衡对象在受到扰动后，其被控量不能依靠自身能力趋于某一稳定值，必须借助外加的控制作用才能恢复到稳定值，图 1-2 所示水箱就是一个无自平衡对象，该对象无自平衡能力。

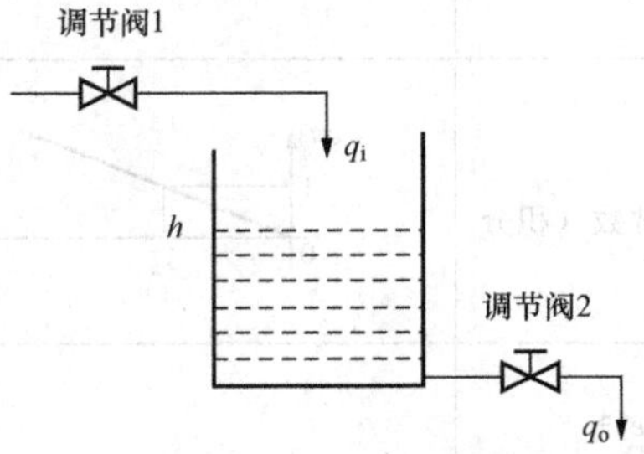

图 1-1　有自平衡能力被控对象

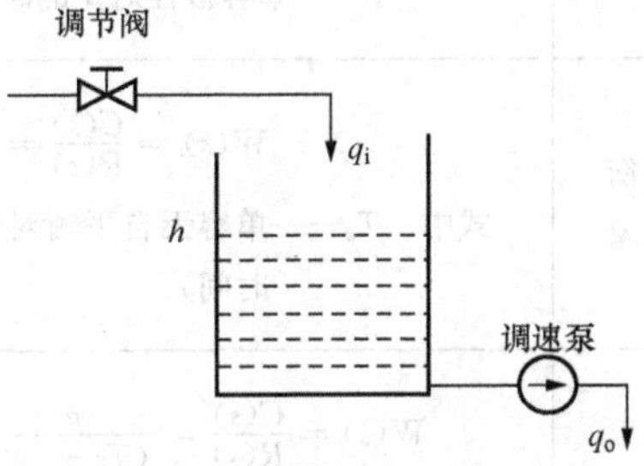

图 1-2　无自平衡能力被控对象

若设水箱水位 h 为该被控对象的被控量，假设水箱在 $t=t_0$ 时刻以前处于平衡状态，即水箱的流出量等于流入量，$q_o=q_i$；水箱水位等于恒定值，$h=h_0$。在 $t=t_0$ 时刻流入量突然增加，导致水箱水位升高，这时，水箱水位升高也使得水箱底部承受压力增加，但流出量由调速泵决定，不受水箱底部压力变化的影响，因而流出量仍为定值，不发生变化。如此，水箱水位将会持续上升，再也不可能稳定下来。可见，水箱水位不断升高，无法恢复到稳定值，对象无自平衡能力，是无自平衡对象。

2. 按被控对象包含容积的数量多少划分

按被控对象包含容积的数量多少划分，可分为单容被控对象和多容被控对象。

(1) 单容被控对象。单容被控对象比较简单，被控对象只包含一个容积，图 1-1、图 1-2所示对象均为单容被控对象。

(2) 多容被控对象。多容被控对象相对来说比较复杂，被控对象包含两个或两个以上容积，图 1-3 所示被控对象为由水箱构成的双容被控对象。

在热工现场中，被控对象通常是从有无自平衡能力和包含容积数目的多少两个方面同时进行考虑的，因而就有单容有自平衡被控对象、多容有自平衡被控对象和单容无自平衡被控对象、多容无自平衡被控对象四类。它们的传递函数以及单位阶跃响应曲线见表 1-2。

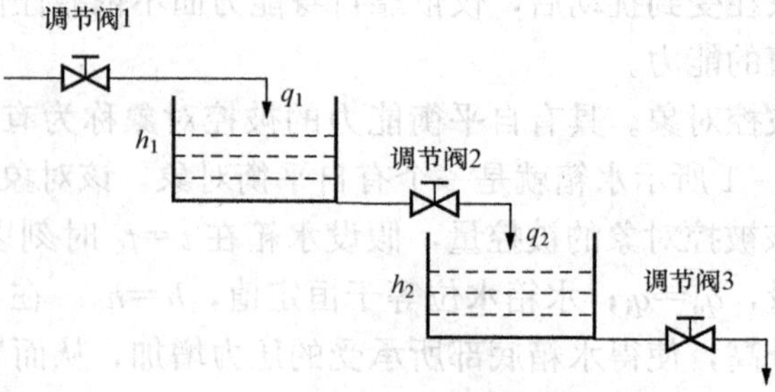

图 1-3 双容被控对象

表 1-2 **被控对象的数学模型及动态特性**

对象类别	传递函数	单位阶跃响应曲线
单容有自平衡能力被控对象	$W(s)=\frac{C(s)}{R(s)}=\frac{k}{Ts+1}$ 式中 k——单容被控对象的比例系数； T——单容被控对象的时间常数	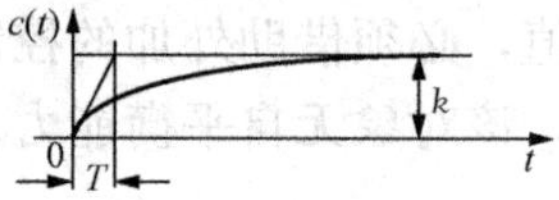
单容无自平衡能力被控对象	$W(s)=\frac{C(s)}{R(s)}=\frac{1}{T_a s}$ 式中 T_a——单容无自平衡对象的时间常数（积分时间）	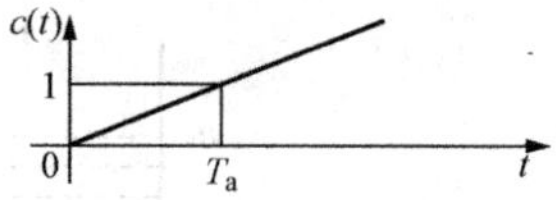
多容有自平衡能力被控对象	$W(s)=\frac{C(s)}{R(s)}=\frac{k}{(Ts+1)^n}\approx\frac{k}{Ts+1}e^{-\tau s}$ 其中 $n\approx 24\times\frac{0.12+\tau/T_c}{2.93-\tau/T_c}$ $T\approx\frac{\tau+0.5T_c}{n-0.35}$ 式中 k——被控对象的比例系数； T——多容被控对象的惯性时间常数； n——多容被控对象的容积数目； τ——迟延时间	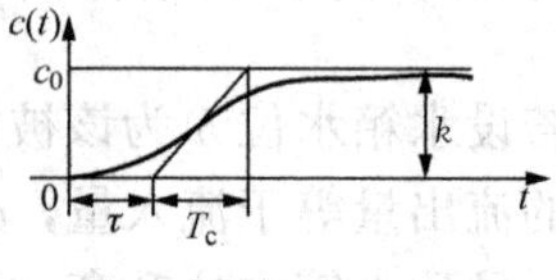
多容无自平衡能力被控对象	$W(s)=\frac{C(s)}{R(s)}=\frac{1}{T_a s(Ts+1)^n}\approx\frac{1}{T_a s}e^{-\tau s}$ 其中 $T_a\approx\frac{1}{0H^{\tau}}$ $n\approx\frac{1}{2\pi}\left(\frac{0H}{c(\tau)}\right)-\frac{1}{6}$ $T=\frac{1}{n}\tau$ 式中 T_a——积分时间； T——多容被控对象的惯性时间常数； n——多容被控对象的惯性环节数目； τ——迟延时间	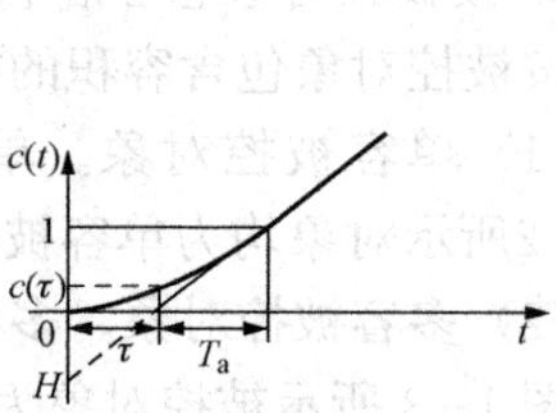

（二）影响对象动态特性的结构性质

对象的动态特性取决于工艺设备的结构、运行条件和内部物理（或化学）的过程。在热工生产过程中，被控对象（以下简称对象）在结构上是多种多样的，而影响对象动态特性的主要特征参数有容量系数、阻力和传递迟延。

1. 容量系数

生产过程中大多数对象具有储存物质（或能量）的能力，容量系数就是衡量对象储存物质（或能量）能力的一个特征参数。

在图 1-1 所示水箱中，水箱的流入水量为 q_i，流出水量为 q_o。某一时刻后流入量 q_i 等于流出量 q_o，水箱的水位 h 将稳定在某一值。设某种原因引起 $q_i \neq q_o$，水箱内储水量就会发生变化，而这种变化由水箱水位的变化表现出来。在 dt 时间内，水箱内储水量的变化为 $dq=(q_i-q_o)dt$。显然，不平衡流量越大，储水量的变化量就越大，对于一个截面积不变的圆柱形水箱，其水位的变化速度就越快。即

$$q_i - q_o = C\frac{dh}{dt} \tag{1-1}$$

式中　C——比例系数。

由于 $dq=(q_i-q_o)dt$，则 C 又可表达为

$$C = \frac{dq}{dh} \tag{1-2}$$

式（1-2）表明，比例系数 C 是被控量（h）变化一个单位时需要对象物质储存值（q）的变化量，C 就称为对象的容量系数。

设水箱的截面积为 F，则 $dq=Fdh$，因此容量系数 C 在数值上等于 F。这意味着水箱的截面积越大，在同样大小的不平衡流量作用下，水位变化速度就越小，即抵抗扰动的能力越强。从这一方面来说，容量系数描述了对象抵抗扰动的能力。

图 1-4 所示是流出侧阻力不变，同一阶跃扰动输入下水槽截面不同时的两条飞升特性曲线。由图 1-4 可见，截面积 F 增大，飞升曲线变平缓，即时间常数 T 增大。可以说，对象容量系数越大，其惯性越大。

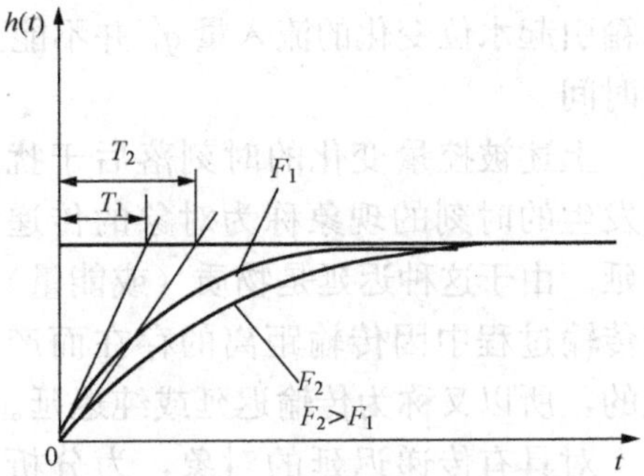

图 1-4　容量系数的影响

2. 阻力

在电路中，电流会受到电阻的阻力；流体在管路中流动受到阀门等给予的阻力等。就是说，物质（或能量）在传输过程中总是要遇到或大或小的阻力，因此需给予推动物质（或能量）流动的压差（如电位差、水位差、温度差等）。

在图 1-1 所示的水箱系统中，流出侧有阀门 2，在阀门 2 的开度一定时，流出水量 q_o 的大小就取决于水箱水位 h 的高低。换言之，水箱流出水量每变化一个单位需要水位变化的多少，则取决于流出侧阀门 2 的阻力。阻力表达式为

$$R = \frac{dh}{dq} \tag{1-3}$$

在图 1-1 所示的水箱系统中某一时刻流入量 q_i 阶跃增加 Δq_i，随即有不平衡水量 dq 出

现，水箱水位 h 开始增加。在阀门 2 开度一定，即流出侧阻力为 R_2 时，水位 h 的增加引起流出水量 q_o 的增加。这样，不平衡水量 dq 随时间增加而逐渐减小，水位 h 的增加速度越来越小，最终为零，这时水箱水位 h 稳定在一个新的数值上。本来被控量 h 的变化是由不平衡流量（q_i-q_o）引起的，由于流出侧阻力的存在，水位变化反过来又影响不平衡流量的变化，最终使被控量进入新的稳定状态。显然，对象的阻力使之在动态过程中表现出自平衡能力。

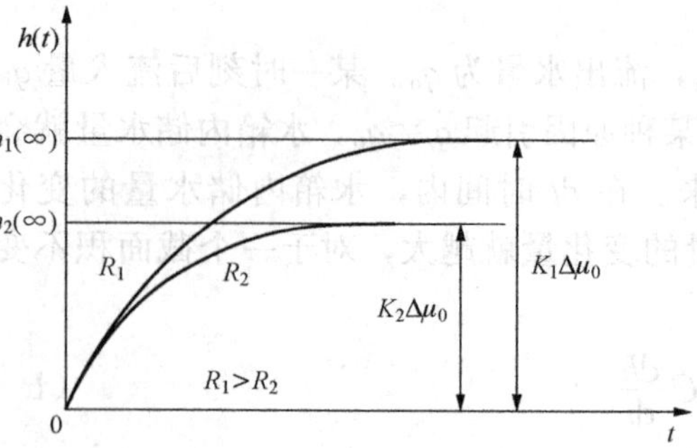

图 1-5　阻力的影响

图 1-5 所示是同一单容对象在阶跃扰动量相同，而其流出侧阻力不同时的飞升特性曲线。由图 1-5可以看出，对象的阻力增大后其稳态值也增大，且其时间常数也增大，这是因为时间常数 $T=RF$，与阻力 R 也有关。

以上分析表明，对象的容积系数 C 和阻力 R 对对象的时间常数 T 均有影响，R 和 C 共同确定了对象惯性的大小。对象的容量系数 C 增加，使其对扰动反应的灵敏度下降，即惯性增大。对象的阻力 R 增加时，虽然使时间常数 T 增大，但同时又使自平衡能力下降。对象的容量系数在结构一定时是一个不变值，而流出侧用户的负荷是根据需求而变化。因此，被控对象在不同负荷（由流出侧阻力 R 体现）下其动态特性通常是不一样的。

3. 传递迟延

图 1-6 所示也是一个水箱系统，它与图 1-1 所示水箱系统的不同之处就是控制流入水量的阀门 1 与水箱之间有一段距离（不容忽略的）。在图 1-6 中，设某一时刻调节阀门 1 阶跃开大 $\Delta\mu$，则其流入量 q_i 随即阶跃增加 Δq_i，然而因水流过一段距离需要时间，所以流入水箱引起水位变化的流入量 q_i' 并不能立即变化。显然被控量水箱水位 h 的变化也要顺延一段时间。

上述被控量变化的时刻落后于扰动发生的时刻的现象称为对象的传递迟延。由于这种迟延是物质（或能量）在传输过程中因传输距离的存在而产生的，所以又称为传输迟延或纯迟延。

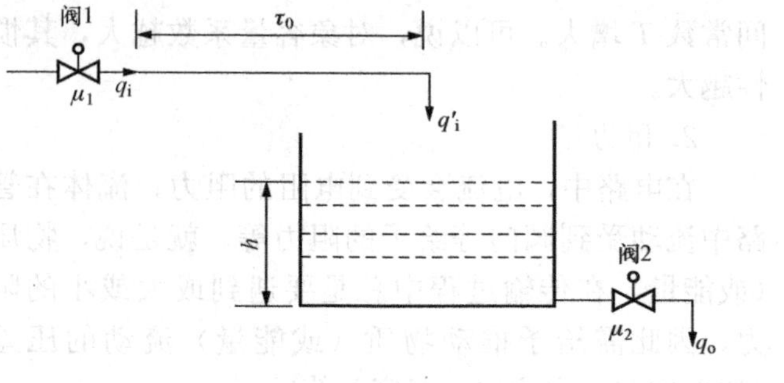

图 1-6　有迟延单容水箱示意

对具有传递迟延的对象，为分析方便往往将引起迟延的因素从对象中分离出来，而作为一个独立的环节。在图 1-6 所示系统中，设进入水箱的流入量 q_i' 与水位之间具有的传递函数为 $W'(s)$，q_i 与 q_i' 之间存在传输时间 τ_0，即

$$\frac{q_i'(s)}{q_i(s)}=e^{-\tau_0 s} \tag{1-4}$$

则整个水箱系统的传递函数为

$$W(s)=W'(s)e^{-\tau_0 s} \tag{1-5}$$

传递迟延可能发生在流入侧（即控制侧），也可能发生在流出侧（即负荷侧），或两侧都存在。迟延发生在流入侧，控制作用将不能及时影响被控量；迟延发生在流出侧，将造成控制器在被控量发生变化时不能立即动作。总之，在设计主设备及其控制系统时，应尽量避免或减小对象的传递迟延。

（三）热工被控对象动态特性的特点

通过大量的现场测试和分析得知，尽管各种热工对象千差万别，但从它们的阶跃响应曲线（也称飞升曲线）来看，大多数热工对象的动态特性是不振荡的，被控量往往是单调变化的（见表 1-2）。热工对象典型的阶跃响应曲线可以概括为两种类型，一类是有自平衡能力的［见图 1-7（a）］，另一类是无自平衡能力的［见图 1-7（b）］。

1. 有自平衡能力对象

被控对象有无自平衡能力，决定于对象本身的结构，并与生产过程的特性有关。对象自平衡的实质是对象输出量变化对输入量发生影响的结果，或者说，对象内部存在着负反馈。

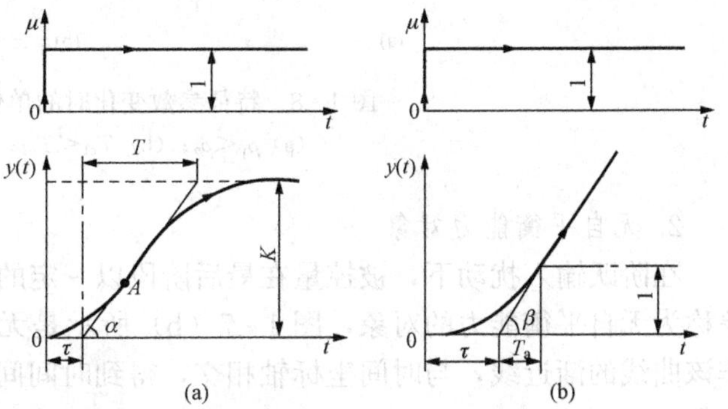

图 1-7　热工被控对象的典型阶跃响应曲线
（a）有自平衡能力对象；（b）无自平衡能力对象

图 1-7（a）所示为有自平衡能力对象的单位阶跃响应曲线，作此阶跃响应曲线的渐近线，并经过此阶跃响应曲线的拐点 A 作切线，得时间间隔 τ 和 T_c，把对象输出的稳态变化量记作 K，由此可定义下列特征参数：

（1）自平衡率 ρ。$\rho=\frac{1}{K}$，ρ 越大表示对象的自平衡能力越强。也就是说，对象受到干扰作用后，输出的稳态变化量 K（K 为对象的静态放大系数）越小，表示对象的自平衡能力越大。当 $\rho=0$（即 $K\to\infty$ 时），其阶跃响应曲线如图 1-7（b）所示。

（2）时间常数 T。如果被控量以曲线上的最大速度（即阶跃响应曲线上拐点 A 处的速度）变化，则从起始值至最终值所需的时间，就是对象的时间常数。

从阶跃响应曲线上可求得其最大速度为

$$\varepsilon=\tan\alpha=\frac{K}{T} \tag{1-6}$$

式中　ε——对象的响应速度（又称飞升速度），它表示对象在单位阶跃输入作用下，输出量可能出现的最大变化速度。

通常将对象的响应速度 ε 的倒数定义为对象的响应时间 T_a，即

$$T_a=\frac{1}{\varepsilon} \tag{1-7}$$

（3）迟延时间 τ。迟延时间是指从输入信号阶跃变化瞬间至切线与被控量起始值横轴交点间的距离，如图 1-7（a）所示。

对于有自平衡能力的对象，当 ρ、T_c、τ 这三个特征参数分别取不同值时的单位阶跃响应曲线如图 1-8 所示。

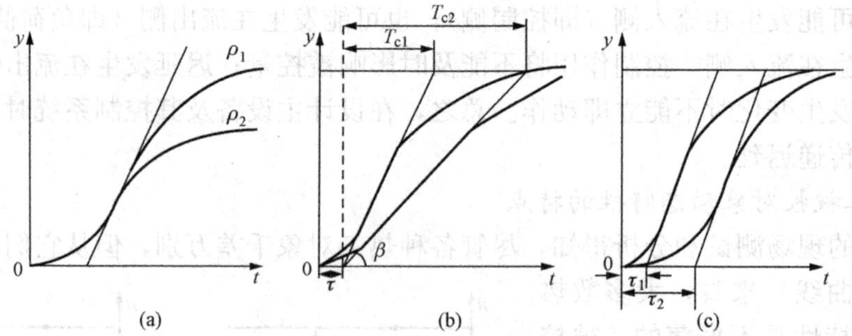

图 1-8 特征参数变化时的单位阶跃响应曲线

(a) $\rho_1<\rho_2$；(b) $T_{c1}<T_{c2}$；(c) $\tau_1<\tau_2$

2. 无自平衡能力对象

在阶跃输入扰动下，被控量在最后阶段以一定的速度不断变化，始终不能稳定下来的对象称为无自平衡能力的对象，图 1-7（b）所示是无自平衡能力对象的单位阶跃响应曲线。作该曲线的渐近线，与时间坐标轴相交，得到时间间隔 τ 和倾斜角 β，由此可定义下列特征参数：

（1）迟延时间 τ。是指从输入信号阶跃变化瞬间至渐近线与时间坐标轴交点间的距离。

（2）响应速度 ε。表示输入信号阶跃变化量为 1 时，阶跃响应曲线上被控量的最大变化速度，即

$$\varepsilon=\tan\beta \quad 或 \quad T_a=\frac{1}{\varepsilon}=\cot\beta \tag{1-8}$$

式中 T_a——响应时间。

T_a 的数值等于被控量以其响应曲线上的最大速度变化时，被控量的变化量等于输入信号阶跃变化量所需经历的时间。但由于对象的输入信号和被控量的量纲一般是不同的，故这里所说的两个变化量相等仅限于其数值相等。

（3）自平衡率 $\rho=0$。综上所述，两种不同类型的热工对象（即有自平衡能力和无自平衡能力），都可统一用 ε、ρ、τ 三个特征参数来表征它们的动态特性。应该指出，这种表征并不是很确切的，但在热工自动控制中沿用已久，而且也有其方便之处，所以这三个特征参数在热工自动控制系统的工程整定中经常用到。

从典型的热工对象阶跃响应曲线可以看出热工被控对象的动态特性有如下特点：

1）有一定的迟延和惯性。即在输入量发生阶跃变化时，输出量不可能立即跟着改变。这是因为热工被控对象内部有介质的流动和传热过程，存在流动和传热的阻力，而且被控对象本身总是有一定的物质储存容量（如锅炉的汽水容积）和能量的储存容量（如锅炉的蓄热）。因此，当输入和输出的物质或能量发生变化时，表征对象的物质或能量储存量的参数（如锅炉汽包水位、汽温和汽压等），其变化必然会有一定的惯性。

2）热工对象是不振荡环节。在设计热工设备时，考虑到运行的安全可靠，尽量使它的各种参数在运行中不发生振荡。因此，在热工控制系统中，热工对象通常是一个不振荡环节。

3）热工对象阶跃响应曲线的最后阶段，被控量可能达到新的稳态值［见图 1-7（a)］；也可能始终没有稳态值，而是以一定速度不断变化下去［见图 1-7（b)］。这是因为热工被

控对象通常具有一定的容量。从前面的分析可知，如果被控量对输入信号能发生反作用，则被控对象就会呈现出惯性环节的特性。例如，锅炉过热汽温被控对象，当减温水或烟气侧扰动使过热汽温发生变化时，汽温的变化又会反过来影响烟气对蒸汽的传热量，故该对象具有自平衡能力。如果被控量对输入信号不能发生反作用，对象则会呈现出积分环节的特性。例如，锅炉汽包水位被控对象，无论是进入汽包的给水量，还是从汽包出去的蒸汽量均不受水位的影响，故该对象无自平衡能力。

（四）热工被控对象数学模型的建立

获取热工对象的数学模型是进行控制系统设计的先决条件，只有得到被控对象的数学模型，才能分析对象的动态特性，进而设计出合理的控制系统。

通常将获取对象数学模型的过程称为建模。常用的建模方法有理论建模法和试验建模法两种。理论建模主要是通过对象机理的分析，并在一定的假设条件下求出其动态方程，然后进行线性化处理。该方法比较复杂，一般只用于描述新研制对象的动态特性。对于热工被控对象，较多地采用试验的方法测定其动态特性，然后根据动态特性求取数学模型，这也是工程中常用的行之有效的方法。

目前应用较多的是阶跃响应曲线法，求取对象阶跃响应曲线的试验框图如图 1-9 所示。即在设备完好、运行工况稳定的条件下，在被控对象的输入端人为地加入阶跃扰动输入信号（扰动量通常为额定量的 10%～15%），观察被控量的响应特性曲线，同时用 DCS 实时趋势图记录扰动量和被控量等参数的变化曲线，然后由曲线求出被控对象的传递函数。

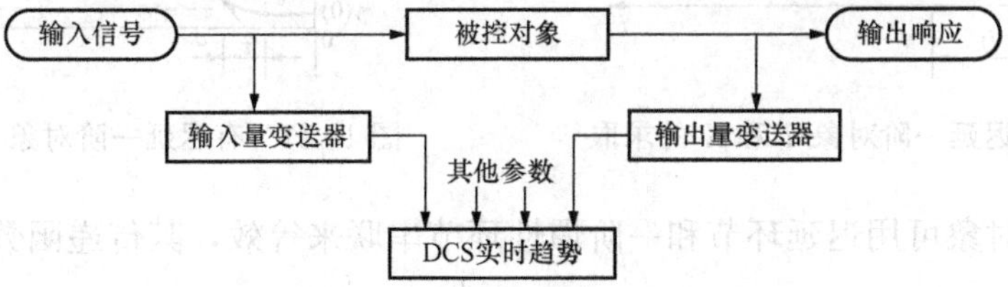

图 1-9　求取对象阶跃响应曲线试验框图

由于试验扰动信号要通过调节阀作用到对象，被控参数需经检测元件、变送器的仪表测量转换，然后由记录仪表记录。所以测试结果实际上包括了调节阀、检测仪表、转换仪表及记录仪表在内的广义对象的动态特性。

阶跃响应曲线形象地表示了被控对象的特性。但是，这种表达形式不便于控制系统的分析和综合，往往需要由阶跃响应特性曲线求得传递函数，其基本方法是：先根据阶跃响应的几何形状，选定被控对象传递函数的形式，然后通过作图法或计算法，确定传递函数的未知参数。

1. 有自平衡能力的对象

（1）无迟延一阶对象。无迟延一阶对象在阶跃扰动下，其被控量在发生变化的瞬间将以最大的速度变化。随后变化速度减缓，直到为零，最后输出信号稳定在新的值上。这种对象的阶跃响应曲线如图 1-10 所示，其传递函数形式为

$$W(s)=\frac{K}{1+Ts} \tag{1-9}$$

式中　K——放大系数；

T——时间常数。

特征参数 K 和 T 可通过在响应曲线上作图的方法求出，其步骤是：

1）作稳态值的渐近线 $y(\infty)$，则

$$K=\frac{y(\infty)-y(0)}{\Delta\mu_0} \tag{1-10}$$

2）作响应曲线起始点 c 的切线交 $y(\infty)$ 线切于 m 点，则 cm 在时间轴上的投影为时间常数 T。

作响应曲线起始点的切线有时不准，可在响应曲线上找出 $y(t_1)=0.632y(\infty)$ 的时间 t_1，则时间常数 $T=t_1-t_0$。

（2）有迟延一阶对象。有迟延一阶对象的阶跃响应曲线如图 1 - 11 所示。该曲线与无迟延一阶对象的阶跃响应曲线不同之处在于曲线的起始变化速度很小或为零，曲线呈 S 形。

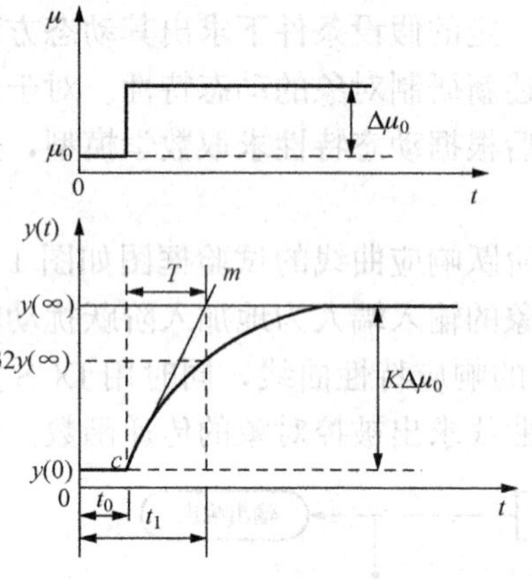

图 1 - 10 无迟延一阶对象 T 和 K 的求取

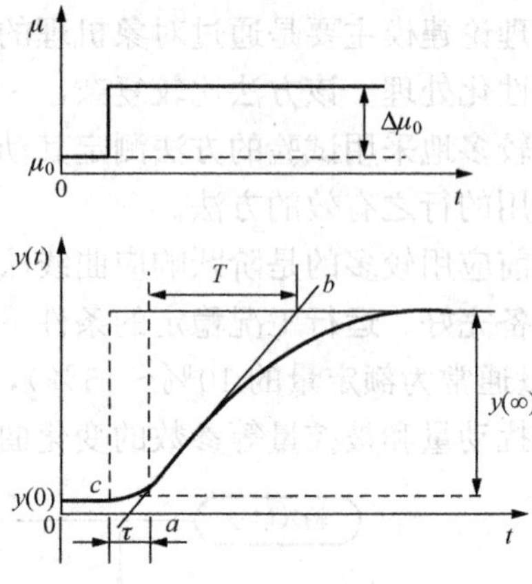

图 1 - 11 有迟延一阶对象 T 和 K 的求取

有迟延一阶对象可用迟延环节和一阶惯性环节串联来等效，其传递函数的形式为

$$W(s)=\frac{K}{1+Ts}e^{-\tau s} \tag{1-11}$$

式中 τ——迟延时间。

传递函数中的特征参数 K、T、τ 的求取，常用方法有切线法和两点法。

1）切线法。放大系数 K 的求取方法同无迟延一阶对象。

参数 τ、T 的计算方法是通过阶跃曲线的拐点作切线，切线与时间轴交于 a 点（见图 1 - 11），与以稳态值 $y(\infty)$ 画的水平线交于 b 点，则 ca 即为被控对象的迟延时间 τ（c 点为起始点），切线线段 ab 在时间轴上的投影即为时间常数 T。

显然，这种切线法的拟合程度一般是很差的。首先，拟合后的阶跃响应是一条向后平移了 τ 时刻的指数曲线，它不可能完美地拟合一条 S 形曲线。其次，在作图中，切线的画法也有较大的随意性，这直接关系到 τ 和 T 的取值。然而，切线法十分简单。

2）两点法。放大系数 K 的求取方法同无迟延一阶对象。

计算 τ、T 时，首先在阶跃响应曲线 $y(t)$ 上选择两点［通常选取 $y(t_1)=0.393y(\infty)$，$y(t_2)=0.632y(\infty)$，如图 1 - 12 所示］，然后把这两个点的数值代入式（1 - 12）计算，即可求得

$$\begin{cases}T=2(t_2-t_1)\\ \tau=2t_1-t_2\end{cases} \tag{1-12}$$

两点法避免了作切线时容易引起的误差，但两个特定点的选择也具有某种随意性，因此所得结果的准确性不高。

（3）高阶对象。实际应用中，热工被控对象特性大部分都是高阶的，通常采用一个 n 阶等容惯性环节来近似表征有自平衡能力的被控对象。其传递函数形式为

$$W(s)=\frac{K}{(1+Ts)^n} \tag{1-13}$$

高阶对象的阶跃响应曲线呈S形，即响应起始段具有明显的迟延，曲线中间存在拐点，曲线最终趋于某一常量。因此，工程中有时也用有迟延一阶对象来近似。

式（1-13）中有放大系数 K、时间常数 T 和阶数 n 三个待定的参数，传递函数的放大系数 K 的求取方法按式（1-10）。

1）切线法。高阶被控对象的阶跃响应曲线如图1-13所示，过拐点 p 作切线，切线与时间轴及 $y(\infty)$ 水平线相交于 b、c 两点，可得特征时间 T_c 及 τ 值。由图1-13可得

$$\begin{cases} T_c=\dfrac{y(\infty)}{\tan\alpha} \\ \tau=t_p-\dfrac{y(t_p)}{\tan\alpha} \end{cases} \tag{1-14}$$

式中　α——切线与时间轴的夹角；

$y(t_p)$——拐点 p 处的 $y(t)$ 值。

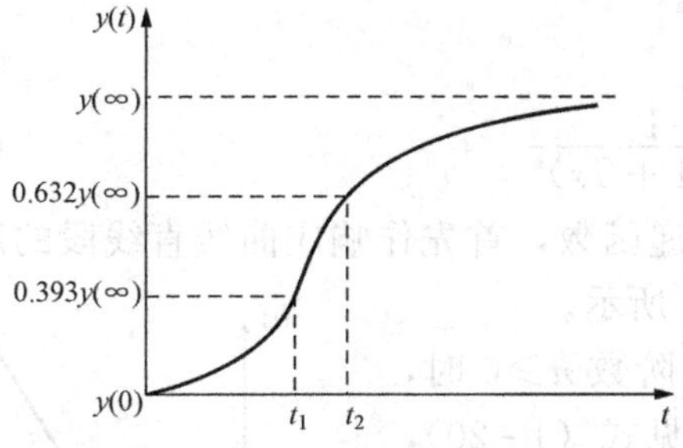

图1-12　有迟延一阶对象 τ、T 的求取

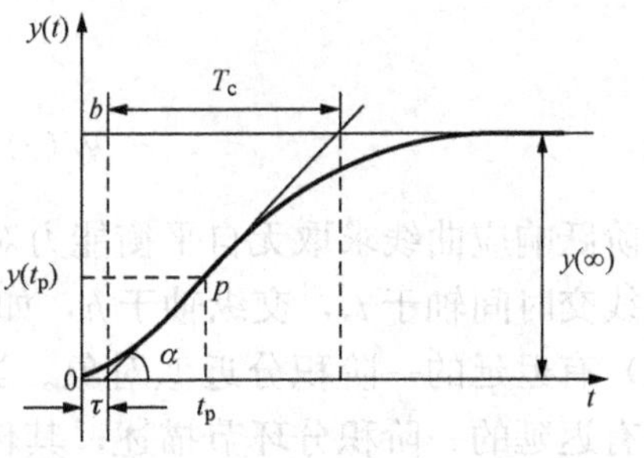

图1-13　高阶对象切线法

在获得曲线的特性参数 T_c 和 τ 以后，可以通过拟合公式即式（1-15）求取被控对象的阶数和时间常数

$$\begin{cases} n\approx 24\times\dfrac{\dfrac{\tau}{T_c}+0.12}{2.93-\dfrac{\tau}{T_c}} \\ T\approx\dfrac{\tau+0.5T_c}{n-0.35} \end{cases} \tag{1-15}$$

若求得的 n 不是整数时，取相近的整数值即可，或者令

$$n=n_1+a \tag{1-16}$$

式中　n_1——n 的整数部分；

a——n 的小数部分。

则可得传递函数如下

$$W(s)=\frac{K}{(1+Ts)^n}\approx\frac{K}{(1+Ts)^{n_1}(1+aTs)} \tag{1-17}$$

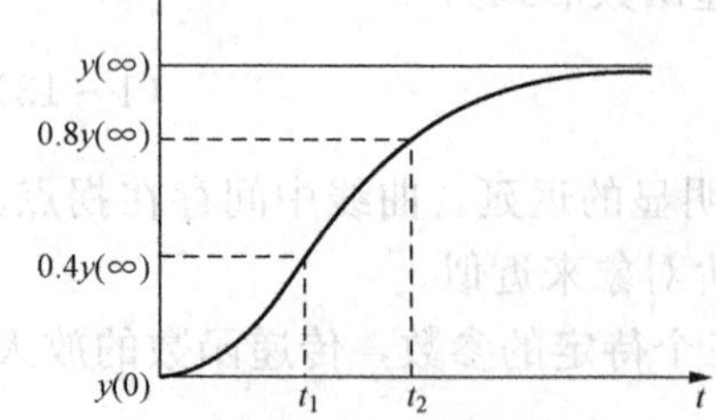

图 1-14　高阶对象两点法

2）两点法。在试验获得如图 1-14 所示的阶跃响应曲线上，求得 $y(t_1)=0.4y(\infty)$ 及 $y(t_2)=0.8y(\infty)$ 时对应的时间 t_1、t_2 后，利用式（1-18）求阶数 n

$$n=\left(\frac{1.075t_1}{t_2-t_1}+0.5\right)^2 \tag{1-18}$$

式（1-18）求得的 n 值不是整数时，应选用与其最接近的整数。

求到 n 值之后，再用式（1-19）求时间常数 T

$$T\approx\frac{t_2+t_1}{2.16n} \tag{1-19}$$

在实际使用中，两点法比切线法简单易行，不一定要画出响应曲线，只要从试验数据中选出相应于 $0.4y(\infty)$ 及 $0.8y(\infty)$ 的 t_1、t_2 值，即可用上述公式确定 n 和 T。而用切线法时，切线不容易画准确，尤其是当试验所得的曲线不规则时，切线法求得的结果误差较大。

2. 无自平衡能力的对象

无自平衡能力对象的阶跃应曲线如图 1-15 所示，其传递函数形式为

$$W(s)=\frac{1}{T_a s}e^{-\tau s} \tag{1-20}$$

或

$$W(s)=\frac{1}{T_a s(1+Ts)^n} \tag{1-21}$$

由阶跃响应曲线求取无自平衡能力对象的传递函数，首先作响应曲线直线段的渐近线，该渐近线交时间轴于 t_a，交纵轴于 h，如图 1-15 所示。

（1）有迟延的一阶积分近似对象。当对象的阶数 $n\geqslant 6$ 时，一般用有迟延的一阶积分环节描述，其传递函数见式（1-20），式中的特征参数 T_a 和 τ 可由图 1-15 由式（1-22）求出

$$\begin{cases}\tau=t_a\\ T_a=\dfrac{\Delta\mu_0}{oh}\tau\end{cases} \tag{1-22}$$

式中　$\Delta\mu_0$——阶跃扰动的幅值。

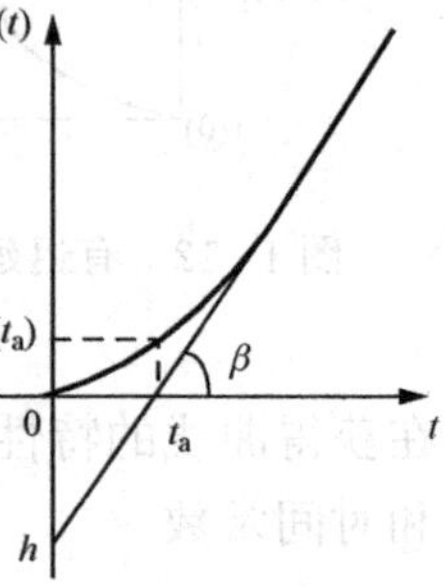

图 1-15　无自平衡能力对象

（2）高阶近似对象。当对象的阶数 $n<6$ 时，一般用一阶积分的多容对象环节描述，其传递函数见式（1-21），式中的特征参数 T_a 仍按式（1-22）计算，T 和 n 可由图 1-15 按式（1-23）求出

$$\begin{cases}n=\dfrac{1}{2\pi}\left[\dfrac{oh}{y(t_a)}\right]^2-\dfrac{1}{6}\\ T=\dfrac{1}{n}t_a\end{cases} \tag{1-23}$$

实际上，用式（1-23）求出的阶次在 $n>6$ 时，用式（1-21）来描述无自平衡能力对象更合适。

二、除氧器的主要用途

除氧器是用汽轮机的抽汽加热给水至设定压力下的饱和温度，并除去溶解于水中的氧气（包括其他气体）的设备。它同时也是汽轮机回热加热系统中的一级混合式加热器。在高参数机组的回热系统中采用高压除氧器，能减少系统中的高压加热器的级数，以节约金属和提高系统运行的安全可靠性。另外，除氧器还担负着汇集各种疏水、给锅炉补充水的任务，所以，除氧器的水箱必须保证锅炉所需给水的储备量。大型机组通常配备给水箱的容量应能提供5min锅炉连续产生最大蒸汽量时的给水消耗量。鉴于除氧器的上述重要作用，一般电厂都设有除氧器压力和除氧器水箱水位的自动控制系统。图1-16为除氧器工艺流程图。

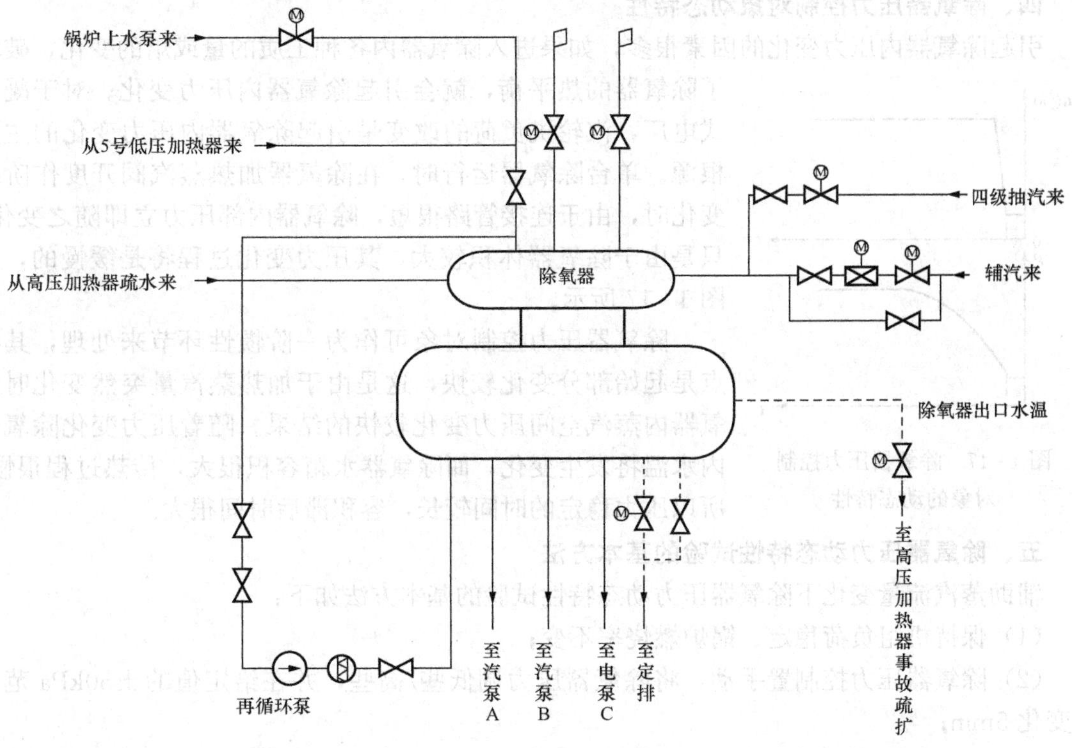

图1-16　除氧器工艺流程图

三、除氧器的工作原理

锅炉给水中含氧量较大，就会使管道及锅炉受热面遭到深度针孔腐蚀，给水含有其他气体也会妨碍热交换而降低传热效果，因此要对锅炉给水进行除氧并去除其他气体。

由亨利定理知，在一定压力下，水的温度越高，气体的溶解度就越小；反之，水的温度越低，气体的溶解度就越高。此外，某种气体的溶解度还与水面该气体的分压力有关，因此，当锅炉给水被加热到沸点时，水面上的蒸汽压力就接近于全压力，而其他气体的分压力则接近于零。这样，溶解于水中的气体（包括氧气）就被分解出来并及时地随部分蒸汽排走，除氧器正是根据这一原理来工作的。

在一定的状态下，水的温度越高，气体的溶解度就越小，如果将水加热至沸腾温度，气体在水中的溶解度就会大大减小，溶解在水中的气体就会被分解出来，不断地向外逸出。水的压力不同，其沸腾温度也不同。如果采用控制温度的方法除氧，则存在着温度测量迟延大、测点难以选择等问题。因为饱和水温度与饱和水压力值具有单一的对应关系，所以只要控制除氧器内蒸汽空间的压力为饱和值，就能保证将给水加热到饱和温度，从而达到除氧的目的。故欲提高除氧效果和保证除氧器安全经济运行，需保证除氧器在一定的压力下运行。

当除氧器压力超过原先的饱和压力时，开始由于除氧器水箱的热容量大，水的温度不会上升，从而使水进入未饱和状态，水中的含氧量相应地增加；随后由于除氧器排汽口阀门开度是根据额定压力调整试验确定的，运行中不再调整，在压力长时间高于额定压力时，排汽量必然很大，这就造成额外的汽水损失和热损失。如果除氧器压力偏低，说明加热蒸汽不足，故给水达不到所需要的饱和温度而具有较高的含氧量。

四、除氧器压力控制对象动态特性

引起除氧器内压力变化的因素很多，如果进入除氧器内各种工质的量或焓的变化，破坏了除氧器的热平衡，就会引起除氧器内压力变化。对于凝汽式电厂，汽轮机负荷的改变是引起除氧器内压力变化的主要根源。单台除氧器运行时，在除氧器加热蒸汽阀开度作阶跃变化时，由于连接管路很短，除氧器内部压力立即随之变化，只是由于除氧器体积较大，其压力变化过程将是缓慢的，如图 1-17 所示。

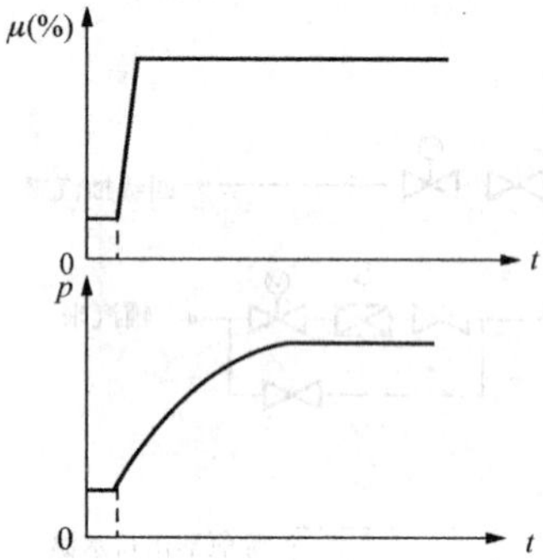

图 1-17 除氧器压力控制对象的动态特性

除氧器压力控制对象可作为一阶惯性环节来处理，其特点是起始部分变化较快，这是由于加热蒸汽量突然变化时除氧器内蒸汽空间压力变化较快的结果。随着压力变化除氧器内水温将发生变化，而除氧器水箱容积很大，传热过程很慢，所以压力稳定的时间较长，容积滞后时间很大。

五、除氧器压力动态特性试验的基本方法

辅助蒸汽流量变化下除氧器压力动态特性试验的基本方法如下：

(1) 保持机组负荷稳定、锅炉燃烧率不变；

(2) 除氧器压力控制置手动，将除氧器压力调低些/高些，并在给定值的±50kPa 范围内变化 5min；

(3) 一次性快速改变加热蒸汽阀门开度，使蒸汽流量阶跃增加 15%额定流量左右；

(4) 保持其扰动不变，记录试验曲线；

(5) 待压力上升到上限压力附近，手操并保持在上限压力稳定运行；

(6) 一次性快速改变加热蒸汽阀门开度，使蒸汽流量阶跃减小 15%额定流量左右；

(7) 保持其扰动不变，记录试验曲线；

(8) 待压力降到下限压力附近结束试验。

重复上述试验 2～3 次，分析蒸汽流量阶跃扰动下除氧器压力变化的飞升特性曲线，求得其动态特性参数。

【任务准备】

一、引导问题

学习完相关知识后，需回答下列问题：

(1) 影响热工控制对象动态特性的因素有哪些？如何求取热工控制对象动态特性？
(2) 除氧器布置在汽水系统中的哪个位置？除氧器的作用是什么？
(3) 影响除氧器压力的主要扰动有哪些？
(4) 除氧器压力动态特性有何特点？
(5) 除氧器压力动态特性试验的目的是什么？
(6) 除氧器压力动态特性试验的条件有哪些？
(7) 除氧器压力动态特性试验的基本方法是什么？
(8) 除氧器压力动态特性试验的安全措施有哪些？

二、制定试验方案

在正确回答引导问题后，依据行业（企业）规程，结合附录A所给出的试验方案样表制定除氧器压力动态特性试验方案。

【任务实施】

根据制定好的试验方案，按照试验步骤，完成试验。

下面给出某电厂试验操作步骤，供参考。

(1) 办理机组试验工作票；
(2) 运行人员调整好工况，保持各主要参数稳定（负荷、主蒸汽压力、水位、汽温）；
(3) 由热控人员打开工程师站密码，进入工程师环境；
(4) 热控负责人调出实时曲线（显示范围，时间适当设置）；
(5) 做增加蒸汽流量扰动试验时，运行人员应事先将除氧器压力调低些，并在给定值的±50kPa范围内变化5min；
(6) 运行人员解除压力自动至手动，单方向增加额定负荷下蒸汽流量的15%，保持其扰动不变，记录试验曲线；
(7) 做减小蒸汽流量扰动试验时，运行人员应事先将除氧器压力调高些，并在给定值的±50kPa范围内变化5min；
(8) 运行人员解除压力自动至手动，单方向减小额定负荷下蒸汽流量的15%，保持其扰动不变，记录试验曲线；
(9) 同样步骤做三次试验，取两条基本相同的曲线作为试验结果；
(10) 分析蒸汽流量阶跃扰动下除氧器压力变化的飞升特性曲线，求得其动态特性参数，并完成试验报告（试验报告格式参见附录B）。

注意 在试验过程中，如危及到机组的安全运行，请运行人员立即退出试验，以确保机组安全。

图1-18所示为某600MW超临界仿真机组并网后除氧器压力对象动态特性试验曲线。

【检查评估】

检查任务的完成情况，检查评估表见表1-3。

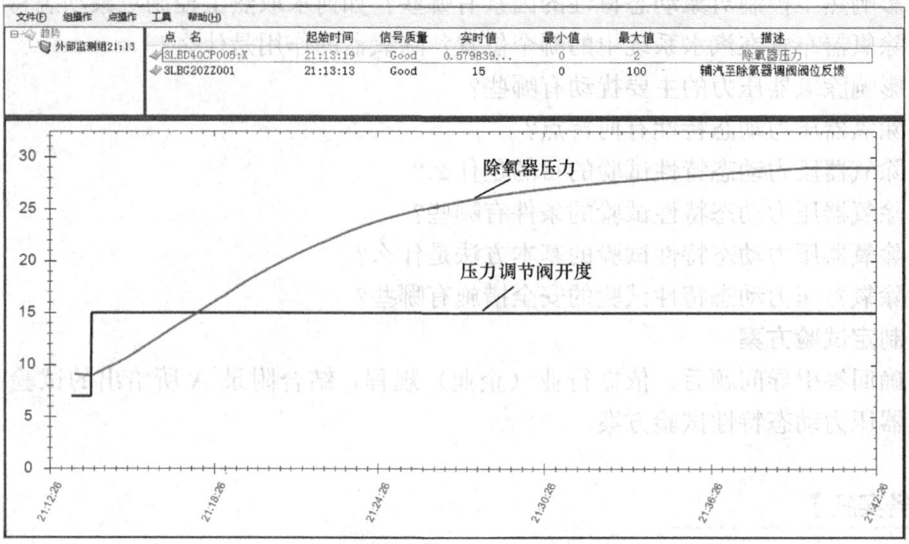

图 1-18 除氧器压力对象动态特性试验曲线

表 1-3 **检 查 评 估 表**

评价内容	评 价 标 准	评价人	权重	评分	总评
学习态度	出勤情况，积极主动参与学习	教师	10		
课堂发言	课堂提问语言表达清晰、流利		10		
工作计划	计划详细，步骤正确		10		
安全生产	操作规范，安全意识强，措施得当		10		
工作报告	数据真实，内容完整，格式规范		20		
团队协作	与小组成员一起分工合作，不影响学习进度	小组成员	10		
学生自评	客观评价自己	学生	15		
小组互评	在小组中完成任务过程中的作用及分配工作完成情况	小组成员	15		

任务二 除氧器压力控制方案分析

【学习目标】

(1) 掌握单回路控制系统的结构组成；
(2) 理解对象动态特性对控制过程的影响；
(3) 理解 PID 控制器动态特性对控制过程的影响；
(4) 理解除氧器压力控制方案的工作原理；
(5) 能识读模拟量控制系统逻辑图符号；
(6) 会分析除氧器压力控制系统的结构组成与工作过程；
(7) 会编制模拟量控制系统分析报告；
(8) 养成善于动脑、勤于思考的学习习惯，具有与人沟通和交流的能力。

【任务描述】

在机组启、停和低负荷运行时，需要通过辅助蒸汽向除氧器供汽，以维持除氧器最低允许压力。此时用辅助蒸汽供汽管道上的压力调节阀来控制除氧器压力，使其不低于最低允许压力。图 1-28 所示某 600MW 亚临界机组用辅助蒸汽时的压力控制系统。试分析其结构组成和工作过程，并提交分析报告。

本任务建议采用案例教学法组织教学，其实施过程见表 1-4。

表 1-4 除氧器压力控制系统分析教学实施过程表

序号	步骤名称	教学内容	学生活动	教师活动	时间分配	工具与材料	课内/课外
1	准备阶段	了解除氧器压力控制方案相关知识	以小组为单位收集信息	布置任务		工作任务单	课外
2	提供案例	提供某 600MW 机组除氧器压力控制方案	理解案例	指导		图书及网络资源	课内
3	分析案例	学生小组讨论，列出要点	学生讨论汇总分析	协调指导		图书及网络资源	课内
4	陈述意见	每组学生根据讨论结果进行现场汇报	交流	听取意见		多媒体教室	课内
5	知识整理	提示案例中包含的理论知识	强化先前讨论内容	引导讲解		多媒体教室	课内
6	检查评估	通过学生自评、互评及教师评价方式，评价教学目标	自评 互评	评价		检查评估表	课内

【知识导航】

一、单回路控制系统

在热工生产过程控制中，最基本的且应用最多的是单回路控制系统。其他各种复杂控制系统都是在单回路控制系统的基础上发展起来的，而且许多复杂控制系统的整定都利用了单回路系统的整定方法，可以说单回路控制系统是过程控制系统的基础。

单回路控制系统，是指控制系统中只对被控参数进行测量并反馈到控制器的输入端，从而只构成一个反馈回路的控制系统。

对于单回路控制系统的基本概念可以从以下几个方面来理解和掌握。

（1）单回路控制系统只对被控参数进行测量与反馈。在单回路控制系统中，只对被控参数进行测量，并将测量信号反馈到控制器的输入端，而对系统中其他的信号（如影响被控参数发生变化的各种扰动信号）没有进行测量和直接处理，这是理解单回路控制系统概念的最为关键的地方。

（2）单回路控制系统只含有一个反馈回路。单回路控制系统包含并且只包含一个闭合反馈回路，这是单回路控制系统与多回路控制系统的区别之处。单回路控制系统的名字就是由此而来。

(3) 单回路控制系统只含有一个控制器。单回路控制系统包含并且只包含一个控制器，接收被控参数的测量反馈信号与定值信号，从而完成控制任务。

(4) 单回路控制系统只含有一个被控对象并且被控参数只有一个。

(一) 单回路控制系统的组成

根据单回路控制系统的概念，可以知道一个单回路控制系统是仅有一个测量变送器、一个控制器和一个执行器（包括控制机构），连同被控对象组成的闭环负反馈控制系统。单回路控制系统的组成原理方框图如图 1-19 所示。

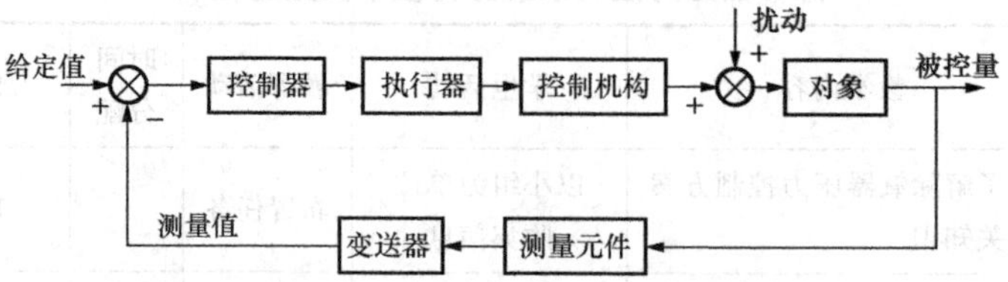

图 1-19　单回路控制系统的组成

图 1-19 中，对象的被控量经测量元件测量并由变送器转换处理获得测量信号，测量值与给定值的差值送入控制器；控制器对偏差信号进行运算处理后输出控制作用；该作用由执行器和控制机构（阀门、挡板、给粉机等）转换后使被控对象的被控量变化。当被控量偏离给定值时，控制器动作，执行机构及控制机构开度变化，控制流入量，使流入量与流出量重新平衡，而将被控量保持在给定值或在其偏差允许的范围内。这种按偏差控制的方式，是目前热工控制系统中常用的一种方式。

1. 被控量的选择

在图 1-19 中，被控量是表征生产过程是否符合工艺要求的物理量，在热工生产过程中主要是温度、压力、流量、化学成分等。一般情况下，欲维持的工艺参数就是系统的被控量，如火力发电厂锅炉过热蒸汽温度控制系统的任务就是维持锅炉过热器出口蒸汽温度，所以汽温控制系统的被控量就是过热器出口汽温。

但是生产过程中，有些工艺参数目前还没有获得直接的快速测量手段，如火电厂进入磨煤机的原煤干燥程度的测量。这种情况下往往采用间接测量手段，如采用磨煤机入口介质的温度来代表原煤的干燥程度。以间接参数作为系统的被控量，要求被控量与实际所需维持的工艺参数之间为单值函数关系，否则要采取相应的补偿措施。对于那些虽有直接测量手段，但所测得的信号过于微弱或迟延较大的情况，不如选用间接参数作为系统的被控量。

为提高测量的灵敏度，减小迟延，应采用先进的测量方法，选择合理的取样点，正确合理地安装检测元件。

2. 控制量的选择

选择什么样的控制量去克服扰动对被控量的影响呢？原则上是选择工艺上允许作为控制手段的变量作为控制量，一般不应选择工艺上的主要物料或不可控的变量作为控制量。例如：火力发电厂锅炉负荷控制系统，其被控量是主蒸汽压力，而影响主蒸汽压力的主要因素是汽轮机进汽量和锅炉燃料量，前者是电力生产要求所确定的，因而不能作为控制量而只能选择燃料量作为系统的控制手段。

3. 控制通道和扰动通道

在自动控制理论中，为了便于讨论反馈控制系统的主要规律，通常在求取对象的动态特性时将控制机构开度作为扰动，从变送器输出信号的变化曲线来获取。因此，在系统分析时又往往将执行器（包括控制机构）、被控对象及变送器称为广义对象，这样就形成如图 1-20 所示的单回路控制系统传递方框图。

图 1-20 中，$W(s)$ 为对象的传递函数（包括测量元件、变送器、执行机构和控制机构在内的广义对象特性），$W_T(s)$ 为控制器的传递函数，$D(s)$ 为扰动信号，$W_Z(s)$为被控量与扰动信号间的传递函数。扰动信号 $D(s)$ 经 $W_Z(s)$ 影响被控量的信号通道称为扰动通道，控制器输出的控制信号 $U(s)$ 通过 $W(s)$ 影响被控量的信号通道称为控制通道。

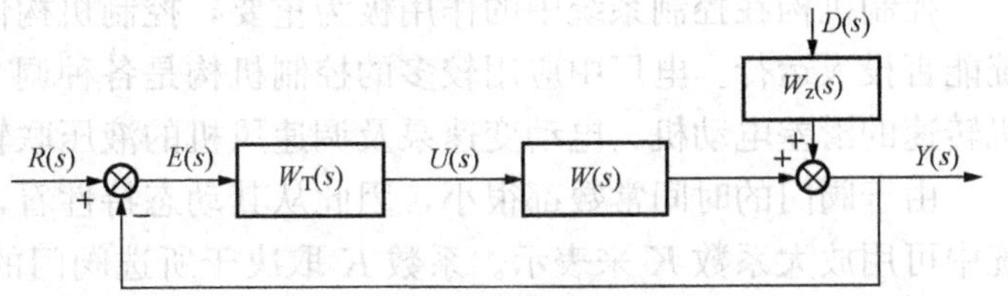

图 1-20　单回路控制系统的传递方框图

4. 影响系统控制质量的因素

单回路控制系统主要由测量元件、变送器、控制器、执行器、控制机构、被控对象等部分组成，整个控制系统的特性由各组成部分的传递函数（即动态特性）决定。

(1) 测量元件。测量元件的作用是检测生产过程中各类物理量的变化值，主要由传感器件构成。火电生产过程中应用较多的传感器有温度传感器、压力（差压）传感器、流量传感器、机械位移传感器、成分分析传感器等。测量元件的惯性大小、转换关系的线性度、元件的稳定性及元件特性的一致性等都会对控制品质产生影响，其中以时间常数的影响比较大。

测量任何物理量的敏感元件都存在一定的时间常数。因此任何一种测量元件都具有时间常数，其动态特性可以用一阶惯性环节来表示。

在单回路反馈控制系统分析时，为了突出回路中的主要环节，常将测量元件视为一个比例环节。

(2) 变送器。变送器的作用是将测量敏感元件输出的各类信号转换为控制仪表所采用的统一标准输入信号。目前采用最多的是 4～20mA DC 电流信号。现代变送器除敏感元件外，多为电子电路所构成，其转换时间常数很小，对控制品质影响不大。但是变送器的稳定性和线性度对控制系统的工作品质影响较大。因此在变送器选用和维护调整时，应予以足够的重视。

综上所述，由测量元件和变送器所构成的测量单元中，时间常数的存在对系统的工作影响最大。为了减小测量单元中惯性的影响，应尽量减小测量单元的惯性。可采取的措施有：采用快速测量元件；合理选择变送器的安装位置；尽量缩短信号取样管道的长度，以减小容积迟延等。

(3) 执行器和控制机构。执行器和控制机构的作用是将控制器输出的弱强度控制信号进行功率放大，转换为机械位移输出，通过控制机构的作用，改变控制量的大小，以维持被控量为给定值。

执行器和控制机构均安装于生产现场，外界环境较为恶劣。而且，系统无论是自动控制还是手动操作，都要通过执行器和控制机构来完成控制任务，因此它们的性能好坏对自动控制系统的工作品质有很大影响。

执行器按驱动源不同可分为电动执行器、气动执行器和液动执行器三大类，电厂中应用较多的是前两种，汽轮机控制系统中采用液动执行器。

无论是电动执行器还是气动执行器，其动作的迟延和惯性都是比较小的，在控制系统中可作为比例环节来处理。

控制机构在控制系统中的作用极为重要，控制机构性能的优劣直接影响一个自动控制系统能否投入运行。电厂中应用较多的控制机构是各种调节阀门和风门挡板，另外，控制给粉机转速的滑差电动机、电动变速泵及调速风机的液压联轴器的勺管等也属于控制机构。

由于阀门的时间常数都很小，因此从其动态特性看，可认为是比例环节。在自动控制系统中可用放大系数 K 来表示。系数 K 取决于所选阀门的理想流量特性和阀门安装后的实际工作条件，多数情况下 K 并不是定值。目前多采用在控制系统中增加函数模块进行补偿的方式来加以校正。

综上所述，测量元件、变送器、执行器、控制机构都可以近似等效为比例环节，且比例系数在一定范围内基本保持不变，在系统运行中，它们对控制系统的响应基本上不会产生干扰，因而整个控制系统的特性就主要由被控对象和控制器来决定。只有分析清楚系统的主要组成部分——控制器、被控对象的动态特性，才能深入了解控制系统的工作原理，正确使用自动控制系统或者人工控制被控对象。

当然，对于单回路控制系统，虽然被控对象和控制器的动态特性对控制过程品质有决定性影响，但是测量元件、变送器、执行器、控制机构的性能优劣对控制系统的工作也有不容忽视的影响。

（二）热工对象动态特性对控制过程的影响

由前面的讨论知，描述对象动态特性的特征参数有对象的放大系数 K、时间常数 T 和迟延时间 τ，下面讨论对象的上述特征参数对控制过程的影响。

1. 对象放大系数对控制过程的影响

图 1 - 20 所示的单回路控制系统传递方框图中，设控制器为比例控制器，即

$$W_T(s) = K_P = \frac{1}{\delta} \tag{1-24}$$

控制对象的传递函数为

$$W(s) = \frac{K}{Ts+1} \tag{1-25}$$

扰动对象的传递函数为

$$W_Z(s) = \frac{K_Z}{(T_1s+1)(T_2s+1)} \tag{1-26}$$

由图 1 - 20 求出

$$\frac{E(s)}{D(s)} = \frac{W_Z(s)}{1+W_T(s)W(s)} \tag{1-27}$$

当系统受到单位阶跃扰动，即 $D(s)=1/s$ 作用下，控制系统过渡过程结束时，静态偏差为

$$e(\infty) = \lim_{s\to 0} s \cdot \frac{W_Z(s)}{1+W(s)W_T(s)} \cdot \frac{1}{s} = \frac{K_Z}{1+K_PK} \tag{1-28}$$

式（1-28）表明，扰动通道的放大系数 K_Z 越大，系统的稳态误差（又称静态偏差）越大；而控制通道的放大系数 K_PK 越大，稳态误差越小。对于线性控制系统，K_P 与 K 是一种互补关系，即总可以通过改变控制器的比例增益 K_P（或比例带 δ）来满足 K 和 K_P 的乘积要求。这就是说，对象的放大系数 K 及控制器的比例增益 K_P 对控制过程的质量几乎没有影响。当然，对非线性对象，其 K 值随负荷变化而变化。要利用 K_P 来补偿，则要求 K_P 也随负荷变化而变化，即需要参数可变控制器。

2. 对象时间常数对控制过程的影响

（1）扰动通道。设图 1-20 中各环节的放大系数均为 1，即 $K=1$，$K_Z=1$，$K_P=1$。扰动通道为一阶惯性环节，即

$$W_Z(s)=\frac{1}{T_Zs+1} \tag{1-29}$$

则

$$\frac{Y(s)}{D(s)}=\frac{W_Z(s)}{1+W_T(s)W(s)}=\frac{1}{(T_Zs+1)[1+W_T(s)W(s)]} \tag{1-30}$$

系统的闭环特征方程为

$$(T_Zs+1)[1+W_T(s)W(s)]=0 \tag{1-31}$$

式（1-31）表明，扰动通道的存在使系统的特征方程式产生变化，且扰动通道惯性阶次增加一阶，系统就增加一个负实数闭环极点。当扰动通道的时间常数 T_Z 增大时，该新增加的极点就向坐标原点靠近。由自动控制理论可知，这将使控制过程的动态偏差增大。实际上，具有惯性的扰动通道相当于低通滤波器，从而减弱了扰动信号对系统工作的影响。

如果扰动通道还存在迟延 τ，则

$$Y_\tau(s)=Y(s)e^{-\tau s} \tag{1-32}$$

式中 $Y(s)$ ——扰动通道不存在迟延时的被控量，即

$$Y_\tau(s)=\frac{W_Z(s)}{1+W_T(s)W(s)}D(s)e^{-\tau s} \tag{1-33}$$

由迟延定理知

$$y_\tau(t)=y(t-\tau) \tag{1-34}$$

式（1-34）表明，扰动通道迟延的存在并不影响控制过程的质量，只不过是使被控量在时间轴上顺延一个时间 τ 而已。

（2）控制通道。控制通道的时间常数 T 如果增加，系统的工作频率下降，反应速度变慢，过渡过程的时间将加长。时间常数 T 过小，系统反应则过于灵敏，又会使系统的稳定性下降。这就是说，在保证控制系统有一定的稳定裕度下，应尽量减小控制通道的时间常数。

实际系统中，控制通道是由执行器、变送器、被控对象串联组成的广义对象。广义对象内部各环节的时间常数之间应相互错开，要求它们之间有一个良好的匹配关系。

控制通道如果存在迟延 τ（包括纯迟延和容积迟延），将会使控制过程质量变坏。因为控制作用不能及时影响被控量，从而使系统的动态偏差加大，控制过程时间加长。然而在控制通道的时间常数较大时，迟延时间的影响将会减小。控制通道存在迟延 τ 时，控制过程的质量与 τ/T 比值有关，比值越大质量越差。

综上所述，对象的特征参数 T、K、τ 对控制过程质量的影响是不同的。

扰动通道的放大系数 K_Z 大，意味着扰动对被控量的影响大，即增加系统的静差。控制通道的放大系数 K，由于可由控制器的比例带来补偿，因而不影响控制质量。

扰动通道的时间常数 T_Z 大，对扰动的滤波作用大，从而有利于控制器克服扰动的影响。

控制通道时间常数小，控制及时，但容易引起系统的振荡而趋于不稳定。扰动通道的迟延对控制过程无影响，而控制通道的迟延总是有害的。

（三）控制器的动态特性及其对控制过程的影响

自动控制器（简称控制器）和被控对象组成一个相互作用的闭合回路如图 1 - 21 所示。

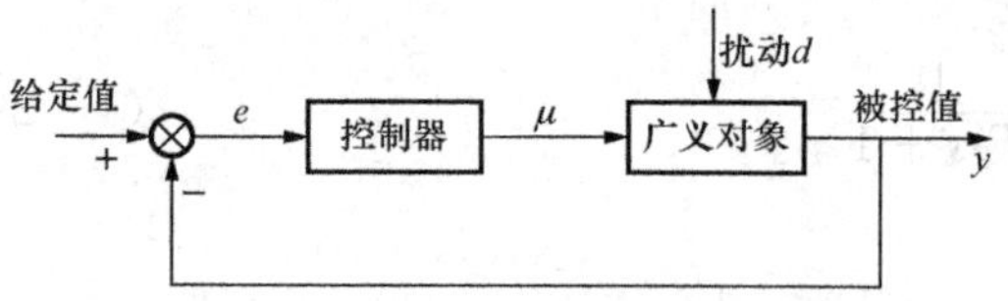

图 1 - 21　单回路控制系统组成简图

自动控制系统的控制质量取决于它的动态特性，即取决于组成控制系统的被控对象和控制器的动态特性。被控对象的动态特性一般是难以人为改变的。所以，对于对象结构一定的控制系统，控制过程质量的好坏主要取决于控制系统的结构形式和控制器的动态特性。

控制器的动态特性也称为控制器的控制规律，是控制器的输入信号［一般为被控量与给定值的偏差信号 $e(t)$］与输出信号［一般代表了执行机构的位移 $\mu(t)$］之间的动态关系。为了得到一个满意的控制过程，必须根据被控对象的动态特性确定控制系统的结构形式，选择控制器的动作规律，使自动控制系统有一个较好的动态特性。

PID（Proportion Integration Differentiation）控制是比例积分微分控制的简称。在生产过程自动控制的发展历程中，PID 控制是历史最久、生命力最强的基本控制方式。在 20 世纪 40 年代以前，除在最简单的情况下可采用开关控制外，它是唯一的控制方式。此后，随着科学技术的发展，特别是计算机的诞生和发展，涌现出许多先进的控制方法，然而直到现在，PID 控制由于它自身的优点仍然是得到最广泛应用的基本控制方式。

PID 控制的优点如下：

（1）原理简单，使用方便。PID 控制是由 P、I、D 三个环节的不同组合而成，其基本组成原理比较简单，学过控制理论的人很容易理解它，参数的物理意义也比较明确。

（2）适应性强。可以广泛应用于化工、热工、冶金、炼油以及造纸等各种生产部门。

（3）鲁棒性强。即其控制品质对被控对象特性的变化不太敏感。

1. PID 控制器的基本控制作用

PID 控制器的控制规律中最基本的作用是比例、积分和微分作用，它们各有其独特的作用，下面分别讨论。

（1）比例控制作用（简称 P 作用）。在比例控制作用中，控制器的输出信号 $\mu(t)$ 与输入偏差信号 $e(t)$ 成比例关系，即

$$\mu(t) = K_P e(t) \tag{1-35}$$

式中　K_P——比例系数（或称比例增益），它的传递函数为

$$W_P(s) = \frac{\mu(s)}{E(s)} = K_P \tag{1-36}$$

当控制器只有比例作用时，控制器输出 $\mu(t)$ 的大小和变化速度随时与偏差 $e(t)$ 的大小和变化速度成正比。因此，控制的动作基本正确，只要适当选择比例系数 K_P，可以使系统

较快地达到平衡（即控制过程结束）。比例作用的阶跃响应见表1-5。

表1-5　**PID的基本控制作用**

调节规律＼内容		传递函数	主要参数及其对调节作用的影响	阶跃响应曲线（偏差信号阶跃变化量为 Δe）
P控制规律		$W_P(s)=K_P=\frac{1}{\delta}$	比例作用与比例系数成正比关系，与比例带成反比关系	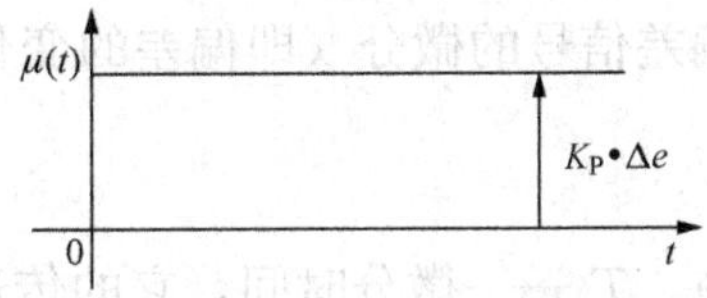
I控制规律		$W_I(s)=\frac{1}{T_i s}$	积分作用与积分时间成反比关系	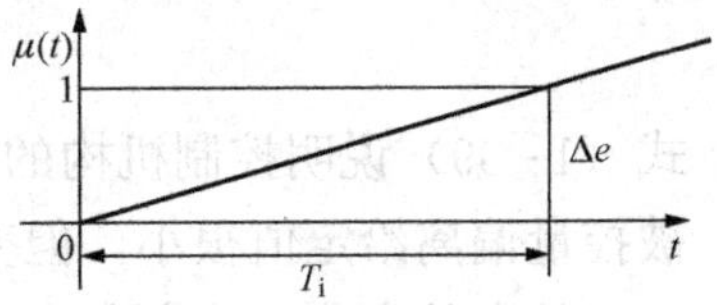
D控制规律	理想	$W_D(s)=T_d s$	微分作用与微分时间成正比关系	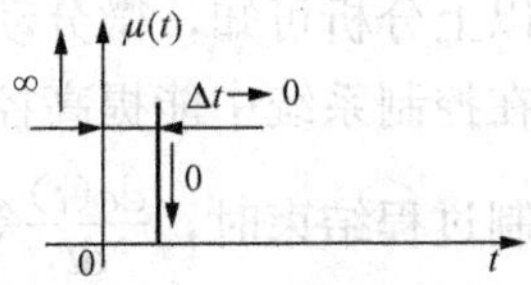
	实际	$W_D(s)=\frac{K_D}{1+T_D s}\cdot T_D s$	微分作用与微分时间成正比关系	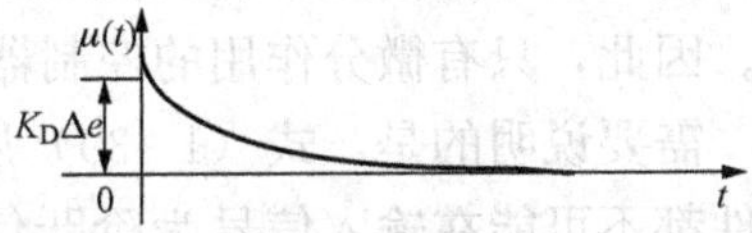

从式（1-35）还可看出，输出 $\mu(t)$ 与输入 $e(t)$ 之间有一一对应的关系。控制机构位置 $\mu(t)$ 必须随对象负荷的改变而改变，这样才能适应负荷变化的要求。因此，当对象负荷变化时，控制机构位置必须改变，即被控量与给定值之间的偏差必然发生改变。所以，控制过程结束后被控量有稳态（静态）偏差，有时称比例作用为有差作用。

（2）积分控制作用（简称I作用）。在积分控制作用中，控制器的输出信号 $\mu(t)$ 与输入偏差信号 $e(t)$ 对时间的积分成正比，即

$$\mu(t)=\frac{1}{T_i}\int_0^t e(t)\,dt \tag{1-37}$$

式中　T_i——积分时间，它的传递函数为

$$W_I(s)=\frac{\mu(s)}{E(s)}=\frac{1}{T_i s} \tag{1-38}$$

积分作用控制器的输出 $\mu(t)$ 与偏差 $e(t)$ 对时间的积分成比例，只要有偏差 $e(t)$ 存在，输出 $\mu(t)$ 就随时间而不断改变；只有当偏差 $e(t)$ 等于零时，控制过程才能结束（重新达到平衡）。因此，控制过程如能结束，偏差必然消失，即控制结束后不存在偏差。其阶跃响应见表1-5。

在控制过程中，控制量的大小与偏差对时间的积分成比例，而控制量的变化速度却与偏差的大小成比例。因此，当被控对象受到扰动的初期，被控量变化速度快而偏差小，此时控

制量的变化速度慢而动作幅度小，控制动作不及时，而当被控量达到最高（或最低）值时，偏差值大、变化速度等于零，此时控制量的变化量已经比较大而且还以更快的速度向同一方向变化，这样的动作会造成控制过程的振荡。因此，在热工过程的自动控制中很少采用只具有积分作用的控制器。

(3) 微分控制作用（简称D作用)。在微分控制作用中，控制器的输出信号 $\mu(t)$ 与输入偏差信号的微分（即偏差的变化率）成正比，即

$$\mu(t)=T_{\mathrm{d}}\frac{\mathrm{d}e(t)}{\mathrm{d}t} \tag{1-39}$$

式中 T_{d}——微分时间，它的传递函数为

$$W_{\mathrm{D}}(s)=\frac{\mu(s)}{E(s)}=T_{\mathrm{d}}s \tag{1-40}$$

式（1-39）说明控制机构的位置与被控量偏差的变化速度成正比。在控制过程开始阶段，被控量偏离给定值很小，但变化速度较大，即微分作用较强，它可以使控制机构的位置产生一个较大的变化，限制偏差的进一步增大，微分作用可以有效地减少被控量的动态偏差。从以上分析可知，微分动作快于比例动作，即微分作用具有超前控制的特点，因此，微分作用在控制系统中能提高控制过程的稳定性。其阶跃响应见表1-5。

控制过程结束时，$\frac{\mathrm{d}e(t)}{\mathrm{d}t}$等于零，由式（1-39）可知，$\mu(t)=0$，即控制机构的位置不变，这样就不能适应负荷的变化。也可以说，微分作用对恒定不变的偏差是没有克服能力的。因此，只有微分作用的控制器是不能执行控制任务的，即这种控制作用不能单独使用。

需要说明的是，式（1-39）所表示的微分控制规律是无法实现的，因为任何一个物理元件都不可能在输入信号为阶跃信号时，在瞬间输出为无穷大。因而将式（1-39）所示的微分控制规律称为理想微分控制规律。在实际应用中，微分控制规律具有惯性，其传递函数如下

$$W_{\mathrm{D}}(s)=\frac{\mu(s)}{E(s)}=\frac{K_{\mathrm{D}}}{1+T_{\mathrm{D}}s}\cdot T_{\mathrm{d}}s \tag{1-41}$$

式中 K_{D}——微分增益。

可见，实际的微分控制规律是在理想微分控制规律的基础上串联一个惯性环节构成的，其阶跃响应见表1-5。

由实际微分控制规律的阶跃响应曲线可以看出，当微分控制器的偏差输入信号发生幅度为 Δe 的阶跃变化时，微分作用将立即产生，其输出信号的瞬时幅度为偏差 Δe 的 K_{D} 倍，从这一点上与比例作用相比，控制及时且作用强。随着时间的持续，微分作用逐渐减小，当系统达到稳态时，微分作用为零，微分作用消失。可见，微分作用主要体现在控制过程的初期，与积分作用正好相反。

综上所述，三种基本控制作用有其各自的动作特点：比例控制作用是自动控制器中的主要成分，只有比例作用的控制器能单独执行控制任务，但被控量存在静态偏差；积分控制作用可以消除被控量的静态偏差，但单独使用时，会使控制过程振荡甚至不稳定；微分控制作用可以有效地减小被控量的动态偏差，但不能单独使用。一般情况下，积分控制作用和微分控制作用是自动控制器的辅助成分，可利用它们的动作特点改善自动控制系统的性能。

2. 控制器的控制规律

比例、积分、微分控制各有优缺点，在工业实际应用时，总是以比例控制作用为主，根据对象特性适当加入积分和微分控制作用。具有以上控制作用的设备称为自动控制器，工业上常用的有比例控制器（简称P控制器）、比例积分控制器（简称PI控制器）、比例微分控制器（简称PD控制器）和比例积分微分控制器（简称PID控制器）。下面介绍这几种典型控制器。

（1）比例（P）控制器。只有比例作用的控制器叫比例控制器。比例控制器的动态方程式与比例作用的动态方程式一样，即

$$\mu(t) = K_P e(t) = \frac{1}{\delta} e(t) \tag{1-42}$$

控制器的传递函数为

$$W_P(s) = \frac{\mu(s)}{E(s)} = K_P = \frac{1}{\delta} \tag{1-43}$$

式中　δ——比例系数 K_P 的倒数，即当控制机构的位置改变100%时偏差应有的改变量，称为比例带。

比例控制器的阶跃响应曲线如图1-22所示。δ 是可调的表示比例作用强弱的参数，δ 越大，比例作用越弱，δ 越小，比例作用越强。可以看出，输出 $\Delta\mu$ 对输入 Δe_0 的响应无迟延、无惯性。由于控制方向正确，比例控制器在控制系统中是使控制过程稳定的因素。当被控对象的负荷发生变化之后，执行机构必须移动到一个与负荷相适应的位置才能使被控对象再度平衡，因此控制的结果是有差的。因而比例控制器又称为有差控制器。

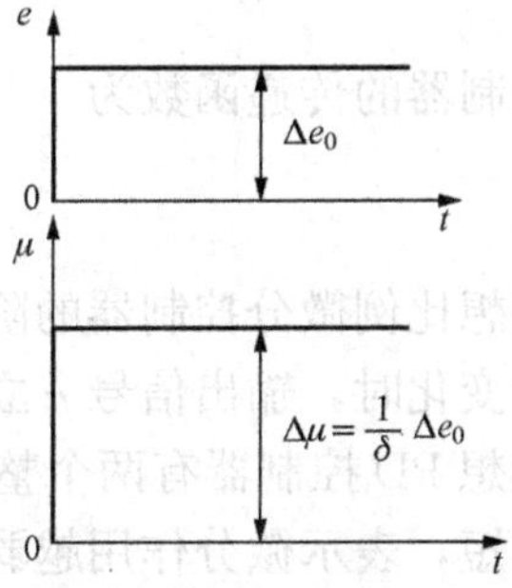

图1-22　P控制器的阶跃响应曲线

综上所述，采用P控制器时，要合理选择比例带 δ 的数值。当 δ 减小时，被控量的动态、静态偏差均减小，但系统易发生振荡；当 δ 增大时，被控量的动态偏差和静态偏差均增大但系统稳定性提高。

（2）比例积分（PI）控制器。比例积分控制器是比例作用和积分作用的叠加，它的动态方程为

$$\mu(t) = \frac{1}{\delta}\left[e(t) + \frac{1}{T_i}\int_0^t e(t)\mathrm{d}t\right] \tag{1-44}$$

控制器的传递函数为

$$W_{PI}(s) = \frac{\mu(s)}{E(s)} = \frac{1}{\delta}\left(1 + \frac{1}{T_i s}\right) \tag{1-45}$$

PI控制器有两个可供调整的参数，即 δ 和 T_i。当 $T_i \to \infty$ 时，PI控制器就成为P控制器。当 $T_i \to 0$ 时，PI控制器就成为I控制器。积分时间 T_i 越小，表示积分作用越强。反之，积分时间 T_i 越大，表示积分作用越弱。比例带 δ 不但影响比例作用的强弱，而且也影响积分作用的强弱。PI控制器的阶跃响应曲线如图1-23所示。

当 $t=0$ 时，被控量偏差有一阶跃 Δe_0，控制器立即输出一个阶跃值 $\Delta e_0/\delta$（比例作用），然后随时间逐渐上升（积分作用）。从图1-23中可以看出，比例作用是及时的、快速的，

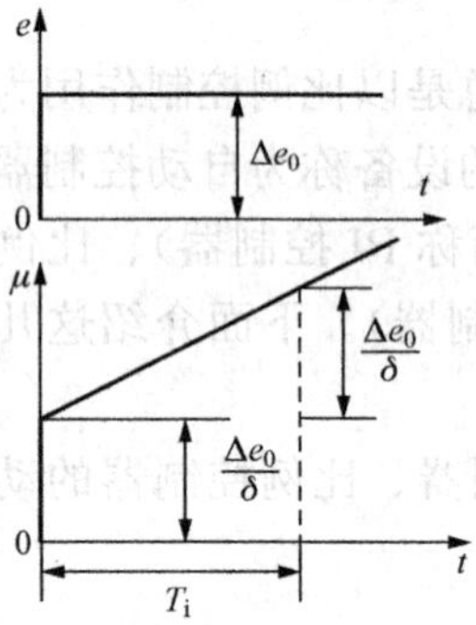

图 1-23 PI控制器的阶跃响应曲线

而积分作用是缓慢的、渐进的。这两种作用综合后，某部分的控制方向还是错误的，易造成控制系统振荡。

当$t=T_i$时，$\mu=2\Delta e_0/\delta$，即输出等于2倍的比例作用。应用这个关系，可以从PI控制器的试验阶跃响应曲线上确定积分时间T_i。

由于比例积分控制器是在比例控制的基础上，又加上积分控制，相当于在粗调的基础上再加上细调。既通过比例控制作用保持系统一定的稳定性，使它比纯积分控制系统有较好的动态品质；又通过积分作用实现了无差控制，克服了比例控制的不足。因此，PI控制器综合了比例控制和积分控制的优点，是目前广泛使用的一种控制器。

(3) 比例微分（PD）控制器。比例微分控制器是比例控制和微分控制组合而成的。根据微分作用是理想微分还是实际微分，PD控制器的动态特性分为两种情况。

1）理想微分作用情况。理想PD控制器的动态方程为

$$\mu(t)=\frac{1}{\delta}\left[e(t)+T_d\frac{de(t)}{dt}\right] \tag{1-46}$$

控制器的传递函数为

$$W_{PD}(s)=\frac{\mu(s)}{E(s)}=\frac{1}{\delta}(1+T_ds) \tag{1-47}$$

理想比例微分控制器的阶跃响应曲线如图1-24（a）所示。因为微分作用，所以输入信号阶跃变化时，输出信号μ立即升至无限大并瞬时消失，余下比例作用的响应曲线。

理想PD控制器有两个整定参数，即δ和T_d。微分时间越长，表示微分作用越强；微分时间越短，表示微分作用越弱。比例带δ不但影响比例作用的强弱，而且也影响微分作用的强弱。

理想微分作用的输出信号与输入信号的变化速度成正比，当有一个阶跃输入信号作用于控制器时，控制器将有一个无穷大的输出，这是生产过程不允许的，因为这将使执行机构处于全开或全关的位置，影响设备的安全运行。实际使用的是具有惯性特性的比例微分控制器。

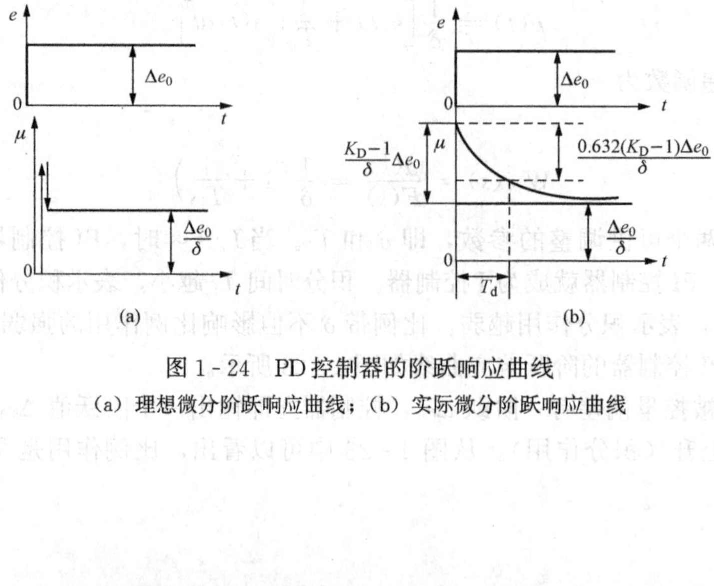

图 1-24 PD控制器的阶跃响应曲线

（a）理想微分阶跃响应曲线；（b）实际微分阶跃响应曲线

2）实际微分作用情况。实际 PD 控制器的动态方程为

$$T_D\frac{d\mu(t)}{dt}+\mu(t)=\frac{1}{\delta}\left[e(t)+T_d\frac{de(t)}{dt}\right] \quad (1-48)$$

式中　T_D——微分惯性时间常数。

传递函数为

$$W_{PD}(s)=\frac{\mu(s)}{E(s)}=\frac{1}{T_Ds+1}\frac{1}{\delta}(1+T_ds) \quad (1-49)$$

式（1-49）说明，实际 PD 控制器比理想 PD 控制器增加了一些惯性。

实际 PD 控制器的阶跃响应曲线如图 1-24（b）所示。

（4）比例积分微分（PID）控制器。PID 控制器是比例、积分、微分三种控制作用的叠加。理想 PID 控制器的动态方程为

$$\mu(t)=\frac{1}{\delta}\left[e(t)+\frac{1}{T_i}\int_0^t e(t)dt+T_d\frac{de(t)}{dt}\right] \quad (1-50)$$

传递函数为

$$W_{PID}(s)=\frac{\mu(s)}{E(s)}=\frac{1}{\delta}\left(1+\frac{1}{T_is}+T_ds\right) \quad (1-51)$$

实际 PID 控制器的动态方程为

$$T_D\frac{d\mu(t)}{dt}+\mu(t)=\frac{1}{\delta}\left[e(t)+\frac{1}{T_i}\int_0^t e(t)dt+T_d\frac{de(t)}{dt}\right] \quad (1-52)$$

传递函数为

$$W_{PID}(s)=\frac{\mu(s)}{E(s)}=\frac{1}{T_Ds+1}\frac{1}{\delta}\left(1+\frac{1}{T_is}+T_ds\right) \quad (1-53)$$

实际 PID 控制器的阶跃响应曲线如图 1-25 所示。可以看出：实际 PID 控制器在阶跃输入下，开始时微分作用的输出变化最大，使总的输出大幅度地变化，产生一个强烈的超前控制作用，把这种控制作用看成预调；然后微分作用消失，积分输出逐渐占主导地位，只要静态偏差存在，积分作用就不断增加，把这种作用可看成为细调，一直到静态偏差完全消失，积分作用才停止。而在 PID 的输出中，比例作用是自始至终与偏差相对应的，它是一种基本的控制作用。

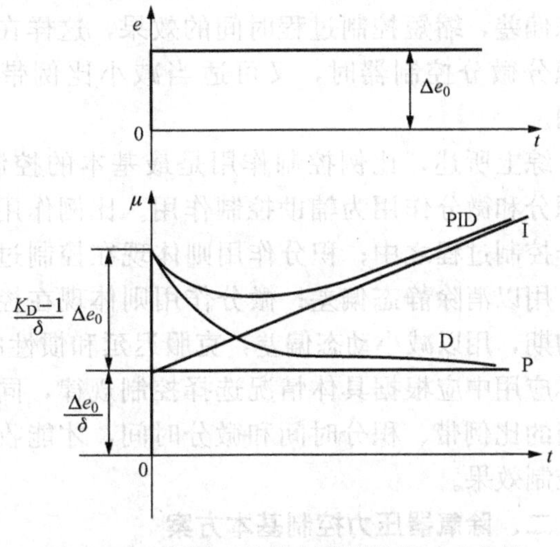

图 1-25　实际 PID 控制器的阶跃响应曲线

3. 控制规律对控制过程的影响

综上所述，PID 控制器兼有比例、积分、微分三种控制作用的特点，具有 δ、T_i、T_d 三个可调参数。只要这三个参数整定适当，三种作用配合合理，就可以既避免控制过程过分振荡（比例控制起主导作用），又能得到无差的控制结果（积分作用），而且能在控制过程中加强超前控制作用，克服对象迟延和惯性对控制过程的影响，减小动态误差，缩短控制过程时间（微分作用）。因此，比例积分微分

控制器是一种较为理想的控制器。但实际工业控制器中δ、T_i、T_d三个参数在调整时，互相影响，比较复杂。采用PID控制器的系统，微分作用增加多少一定要适量，这样可以达到减少动态偏差的目的。若微分作用过强，易引入干扰，对系统稳定性反而不利。

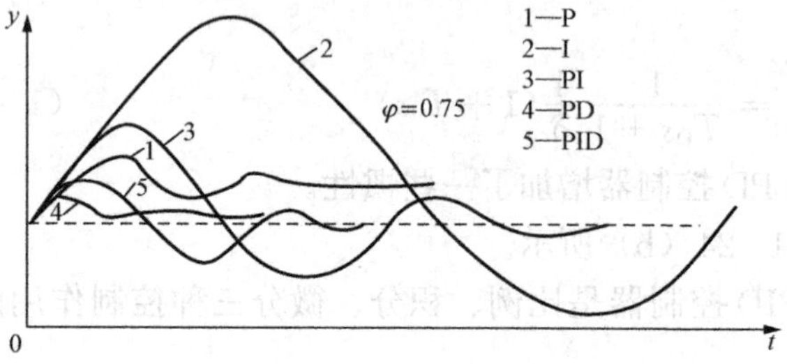

图1-26　同一对象配不同控制器的过渡过程曲线

通过对比例控制规律、积分控制规律和微分控制规律的分析，可以看出它们对控制过程的影响是不同的。图1-26所示是同一对象分别配不同控制规律的控制器时，控制系统在阶跃扰动作用下被控量的变化过程曲线。

在图1-26中，曲线1是配比例控制器的控制过程。因为比例控制规律具有控制及时的特点，所以控制过程时间较曲线2短，动态偏差也较曲线2小。而比例控制为有差控制，因此控制过程结束时存在静态偏差。通过减小控制器的比例带可减小静态偏差，但会使系统的稳定性下降。曲线3是配比例积分控制器的控制过程。由于积分控制规律能消除静态偏差，所以控制作用能最终消除扰动对被控量的影响，实现无差控制。然而积分作用的控制不及时，又使控制过程的动态偏差加大，过渡过程时间加长（与曲线1相比），相对而言又使系统的稳定性下降。因此，在积分作用引入到比例控制器后，控制器的比例带应适当加大，以弥补积分作用对控制过程稳定性的影响。曲线5是配比例积分微分控制器的控制过程。微分控制是一种超前控制方式，其实质是阻止被控量的一切变化。适当的微分作用可收到减小动态偏差，缩短控制过程时间的效果，这样在采用比例积分微分控制器时，又可适当减小比例带和积分时间。

综上所述，比例控制作用是最基本的控制作用，而积分和微分作用为辅助控制作用。比例作用贯穿于整个控制过程之中；积分作用则体现在控制过程的后期，用以消除静态偏差；微分作用则体现在控制过程的初期，用以减小动态偏差，克服迟延和惯性的影响。实际应用中应根据具体情况选择控制规律，同时设置适当的比例带、积分时间和微分时间，才能收到满意的控制效果。

二、除氧器压力控制基本方案

目前，除氧器系统有单台运行和多台并列运行两种。对并列运行的各台除氧器，采用平衡管将蒸汽空间相连接，饱和水空间也由水平衡管连接。对于压力控制则以平衡管压力为被控量，设计与单台除氧器独立运行一样的单回路控制系统。单台定压运行的除氧器压力控制系统如图1-27所示。

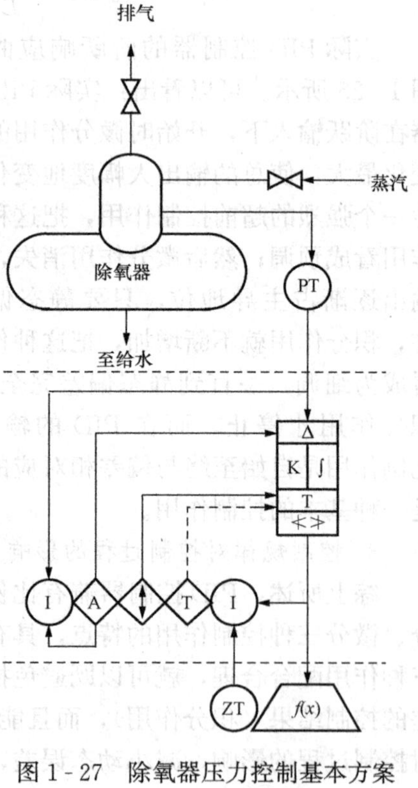

图1-27　除氧器压力控制基本方案

采用除氧器内蒸汽空间压力作为被控量，进入除氧器的加热蒸汽量作为控制手段，组成单回路负反馈控制系统。

【任务准备】

一、引导问题

学习完相关知识后，需回答下列问题：

（1）影响控制系统质量的因素有哪些？

（2）PID控制器有哪几种控制规律？各有何特点？

（3）除氧器压力控制系统的基本要求有哪些？

【任务实施】

图1-28所示为某600MW亚临界机组用辅助蒸汽时的除氧器压力控制系统，试分析其工作过程（下面的分析过程仅供参考）。

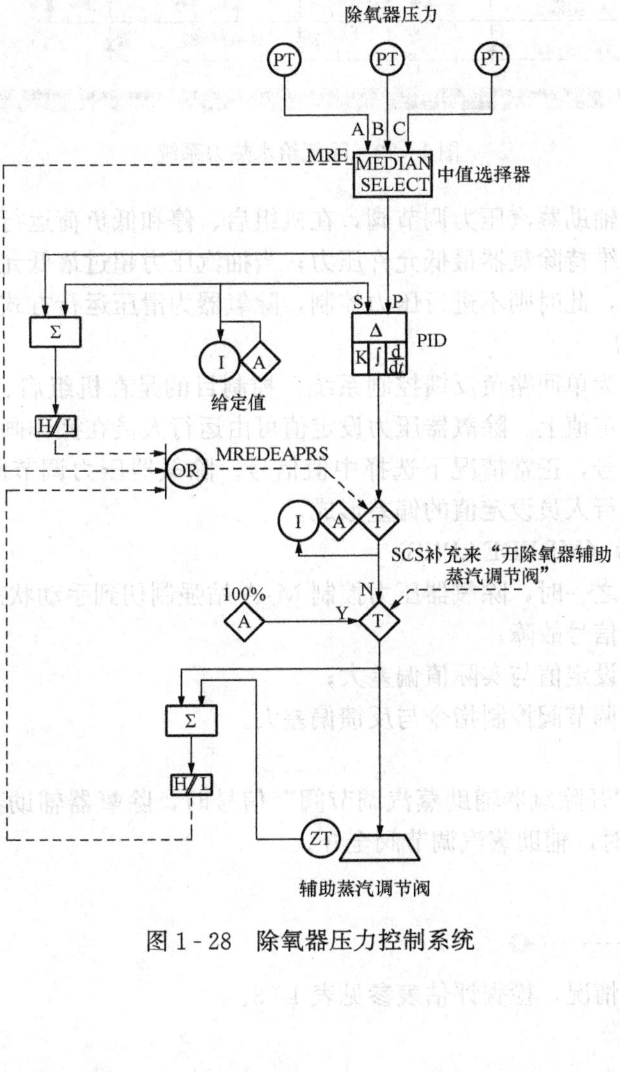

图1-28　除氧器压力控制系统

1. 控制目的

除氧器压力控制系统主要任务是使除氧器压力保持稳定。

2. 系统功能

除氧给水系统热力系统如图 1 - 29 所示。

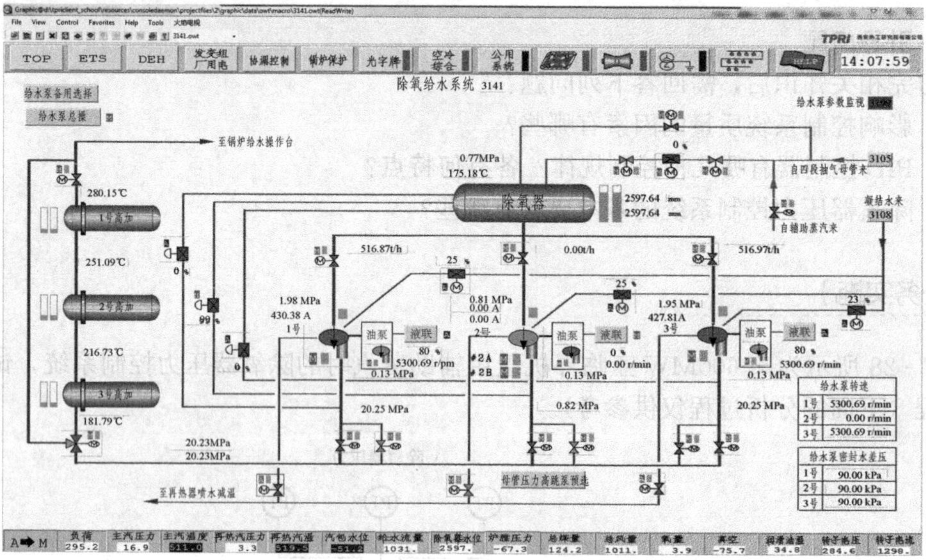

图 1 - 29 除氧给水热力系统

热力系统设计有辅助蒸汽压力调节阀，在机组启、停和低负荷运行时，需要通过辅助蒸汽向除氧器供汽，以维持除氧器最低允许压力；当抽汽压力超过最低允许压力时，系统抽汽自动切换到四段抽汽，此时则不进行压力控制，除氧器为滑压运行方式。

3. 控制系统结构

除氧器压力控制为单回路负反馈控制系统，控制目的是在机组启、停和低负荷运行时，维持除氧器压力在设定值上。除氧器压力设定值可由运行人员在操作画面上手动设定。除氧器压力有三个测量信号，正常情况下选择中值信号。除氧器压力调节阀指令由 PID 控制器根据除氧器压力和运行人员设定值的偏差形成。

4. 强制手动逻辑 (MREDEAPRS)

当出现下列情况之一时，除氧器压力控制 M/A 站强制切到手动状态：

(1) 除氧器压力信号故障；

(2) 除氧器压力设定值与实际值偏差大；

(3) 除氧器压力调节阀控制指令与反馈偏差大。

5. 强制输出逻辑

当 SCS 系统来“开除氧器辅助蒸汽调节阀”信号时，除氧器辅助蒸汽调节阀操作站将强制输出 100%。此时，辅助蒸汽调节阀全开。

【检查评估】

检查任务的完成情况，检查评估表参见表 1 - 3。

任务三 除氧器压力控制系统性能测试

【学习目标】

(1) 熟悉除氧器压力控制系统的动态与稳态品质指标;
(2) 掌握单回路控制系统参数整定的基本方法;
(3) 掌握控制系统性能测试的基本方法,会计算控制系统性能指标;
(4) 能根据行业技术标准拟定除氧器压力控制系统性能指标试验方案;
(5) 能根据试验方案完成除氧器压力控制系统性能指标试验;
(6) 会整定除氧器压力控制系统相关参数;
(7) 会填写试验报告,并分析试验结果;
(8) 熟悉除氧器压力控制系统运行维护的基本要求,能识别并处理除氧器压力控制系统的常见故障;
(9) 熟悉电力生产安全规定,严格遵守"两票三制";
(10) 具有团队合作意识,养成严谨求实的工作作风。

【任务描述】

除氧器压力控制系统性能测试的目的是提高除氧器压力控制系统在设定值扰动下的控制能力,并根据试验结果适当调整各有关参数(如比例带、积分时间等),提高调节品质,验证控制回路的安全可靠性。

通常,在机组投运前、锅炉A级检修或运行中当稳态品质指标超差时,应进行除氧器压力定值扰动试验,并提交除氧器压力控制的动态、稳态品质指标合格报告。

本任务建议采用项目教学法组织教学,其实施过程参见表1-1。

【知识导航】

一、除氧器压力控制系统的品质指标

除氧器压力控制系统的品质指标(负荷范围70%~100%)如下:

(1) 稳态品质指标±20kPa。

(2) 当除氧器压力给定值改变50kPa时,控制系统应在1min内将压力稳定在新的给定值,过渡过程衰减率$\varphi=0.75\sim1$。

二、PID算法的表示形式

在进行控制系统设计、组态和调试时会注意到这样的问题,即不同的设备制造商会用不同的方式设计PID控制器,国内外一些著名品牌的DCS,都有着具有自己特点的PID控制模块,控制设备制造商提供了多种形式的PID算法。因此,在进行参数整定时,首先要弄清PID控制器的表示形式及参数含义,否则将达不到要求的控制效果。

尽管PID算法的表达形式有多种,但归纳起来主要有以下两种最为常见:

(1) 并联PID算法。比例、积分、微分通道并联,通道无相互作用。

（2）串联 PID 算法。比例、积分、微分通道串联，通道间相互作用。

并联结构的 PID 控制器由于比例、积分、微分通道相互独立，是理想的 PID 结构。但并联结构的 PID 控制器在各种资料中介绍比较多，实际应用中却比较少见，这主要是历史的原因造成的，因为最早出现的 PID 控制器是气动元件，难以实现并联 PID 结构。串联 PID 一直沿用至今，则是由于传统和习惯所致。

1. 并联 PID 算法

并联 PID 算法是将控制器的比例、积分、微分通道单独作用后并联输出，控制器的 PID 参数整定互相不影响。

并联 PID 算法的通用结构如图 1-30 所示。

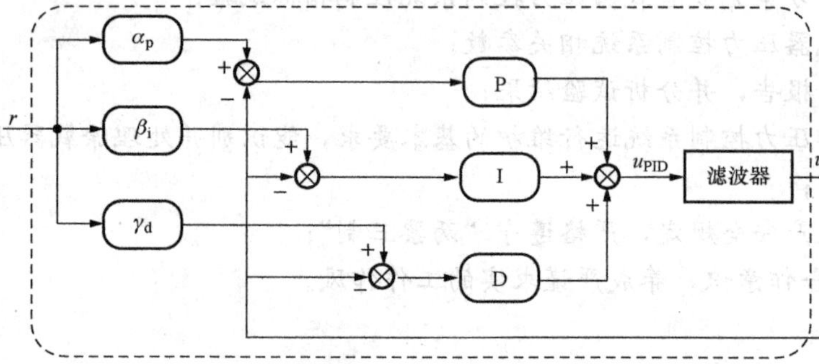

图 1-30　并联 PID 算法的通用结构图

并联 PID 算法的通用表达式如下

$$u_{PID}(t)=K[\alpha_p r(t)-y(t)]+K_i\int_0^t[\beta_i r(t)-y(t)]\mathrm{d}t+K_d\frac{\mathrm{d}[\gamma_d r(t)-y(t)]}{\mathrm{d}t} \tag{1-54}$$

并联 PID 算法是各种资料中常见的基本结构。仿真系统所采用的 PID 控制器即是并联 PID 算法，各个参数之间相互隔离，互不影响，因而用其观察控制规律十分方便。

当式（1-54）中的参数（α_p、β_i、γ_d）取不同值时，并联 PID 算法又可分为以下几种形式。

（1）标准算法。当式（1-54）中的参数 $\alpha_p=1$、$\beta_i=1$、$\gamma_d=1$ 时，并联 PID 算法的表达式变为

$$u_{PID}(t)=Ke(t)+K_i\int_0^t e(t)\mathrm{d}t+K_d\frac{\mathrm{d}e(t)}{\mathrm{d}t} \tag{1-55}$$

式（1-55）称为并联 PID 标准算法，其结构如图 1-31 所示。

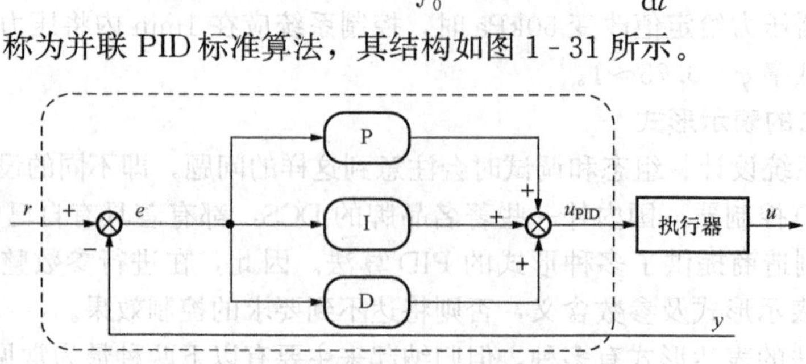

图 1-31　并联 PID 标准算法结构图

（2）PI-D 算法。当式（1-54）中的参数 $\alpha_p=1$、$\beta_i=1$、$\gamma_d=0$ 时，并联 PID 算法的表达式变为

$$u_{\text{PI-D}}(t)=Ke(t)+K_i\int_0^t e(t)\mathrm{d}t-K_d\frac{\mathrm{d}y(t)}{\mathrm{d}t} \tag{1-56}$$

式（1-56）称为 PI-D 算法，又称为微分先行 PID 算法。实际运行操作中，给定值的调整大多是阶跃式的，给定值的阶跃改变，通过微分通道将导致很大的控制信号输出，对控制过程产生很大扰动。大扰动会使被控变量产生很大的超调，有些生产过程是不允许的。为了避免给定值变化引起的微分突变，提出了微分先行的概念，即将控制器的微分部分移前至测量通道中。

PI-D 算法结构如图 1-32 所示。设定值不通过微分通道，微分通道仅对被调信号起作用。尽管非连续变化的设定值仍然通过比例通道对控制输出产生影响，但远没有微分通道的作用强烈。

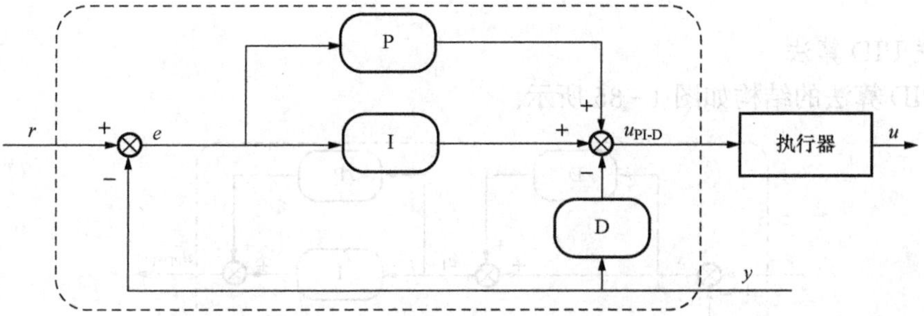

图 1-32　微分先行 PID 算法结构图

（3）ISA 算法。当式（1-54）中的参数 $\alpha_p\neq0$、$\beta_i=1$、$\gamma_d\neq0$ 时，并联 PID 算法的表达式变为

$$U_{\text{PID}}(s)=K[\alpha_p R(s)-Y(s)]+K_i\frac{1}{s}E(s)+\frac{K_d s}{1+\frac{T_d}{N}s}[\gamma_d R(s)-Y(s)] \tag{1-57}$$

式（1-57）称为 ISA 算法。

ISA 算法结构如图 1-33 所示。非连续变化的设定值通过比例通道和微分通道时，ISA 标准 PID 算法分别为其设置了调整系数，并采用实际微分环节取代理想微分环节。输出滤波器的采用，是为了阻止控制器的高频成分对执行机构产生不希望的动作，还应根据实际情况选择滤波器的类型。

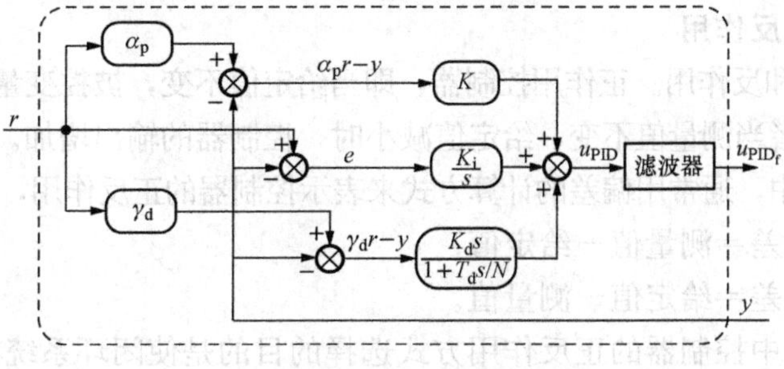

图 1-33　ISA 算法结构图

(4) I-PD算法。当式(1-54)中的参数 $\alpha_p=0$、$\beta_i=1$、$\gamma_d=0$ 时，并联PID算法的表达式变为

$$u_{\text{I-PD}}(t)=-Ky(t)+K_i\int_0^t e(t)\mathrm{d}t-K_d\frac{\mathrm{d}y(t)}{\mathrm{d}t} \tag{1-58}$$

式(1-58)称为I-PD算法。I-PD算法结构如图1-34所示。

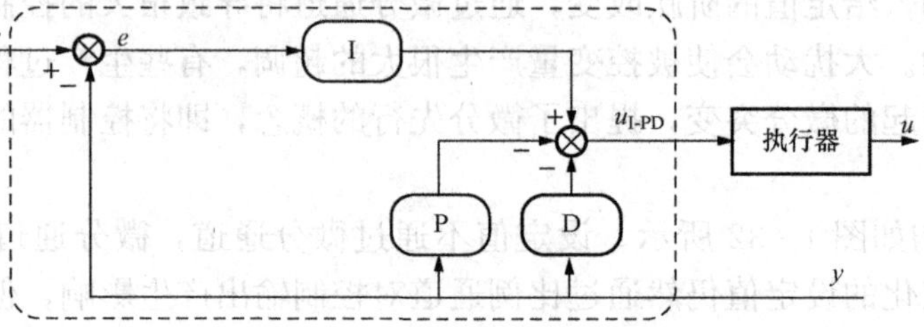

图1-34　I-PD算法结构图

2. 串联PID算法

串联PID算法的结构如图1-35所示。

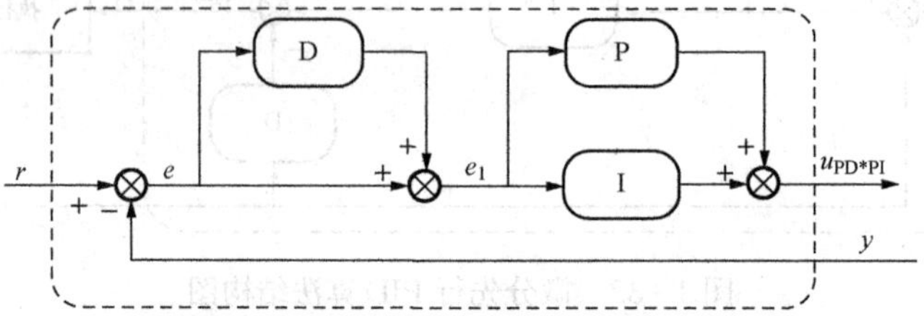

图1-35　串联PID算法结构图

这是工业控制过程中非常常见的结构形式，积分环节不仅接受偏差信号，还接受偏差的微分信号。串联PID算法的结构看起来更像是由一个PD控制器与一个PI控制器串联而成，所以，串联PID算法又称为PD＊PI算法。

串联PID算法的表达式如下

$$\left.\begin{aligned}u(t)&=Ke_1(t)+K_i\int_0^t e_1(t)\mathrm{d}t\\ e_1(t)&=e(t)+K_d\frac{\mathrm{d}e(t)}{\mathrm{d}t}\end{aligned}\right\} \tag{1-59}$$

在一定的条件下，串联PID与并联PID结构的参数可以进行相互转换。

三、控制器的正反作用

控制器有正作用和反作用。正作用控制器，即当给定值不变，被控变量测量值增加时，控制器的输出也增加；或者当测量值不变，给定值减小时，控制器的输出增加。反之称为反作用。在控制系统的组态过程中，通常用偏差的计算方式来表示控制器的正反作用，其计算方式如下。

(1) 正作用：偏差=测量值-给定值；

(2) 反作用：偏差=给定值-测量值。

单回路控制系统中控制器的正反作用方式选择的目的是使闭环系统在信号关系上形成负反馈。控制器正反作用的选择同被控对象的正反特性、测量变送单元的正反特性及调节阀

（气开/气关）形式有关。

被控对象的正特性，即当被控对象的输入增加时，其输出也增加；被控对象的反特性，即当被控对象的输入增加时，其输出却减小。

测量变送单元的输入增加其输出也增加为正特性；测量变送单元的输入增加其输出减小为反特性。

气开调节阀为正特性，气关调节阀为反特性。

确定控制器正、反作用的顺序一般为：首先根据生产过程安全等原则确定调节阀的形式、测量变送单元的正反特性，然后确定被控对象的正反特性，最后确定控制器的正反作用。对于单回路控制系统，使系统正常工作时组成该系统的各个环节的极性（可用其静态放大系数表示）相乘必须为负。

四、控制系统的性能指标

在自动控制系统中，把被控量不随时间而变化的平衡状态称为静态（或稳态），把被控量随时间变化的不平衡状态称为动态。当有扰动发生时，系统的平衡状态被破坏，被控量偏离给定值，控制器、调节阀相应动作以改变调节量的大小，使被控量回到给定值，系统恢复平衡状态。这样，从扰动发生，经过调节，直到系统重新建立平衡，即系统从一个平衡状态过渡到另一个平衡状态的过程，称为控制系统的过渡过程。可见，控制的过程就是克服干扰的过程。一个系统的优劣在稳态下难以判别，只有在过渡过程中才能体现出来。

一般而言，当系统受到干扰时，会出现如图 1-36 所示的 4 种典型的过渡过程。

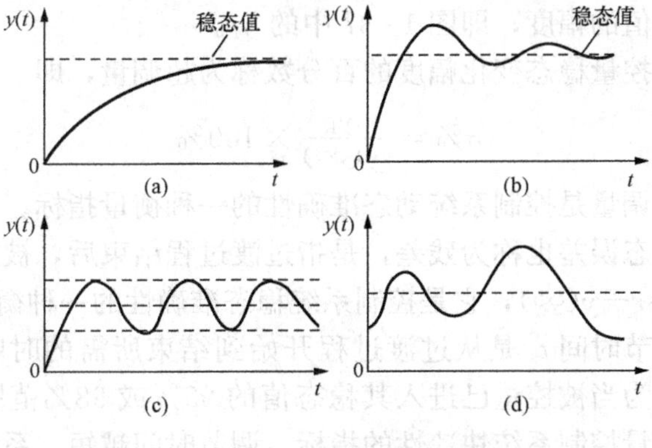

图 1-36　典型的过渡过程形式

（a）非周期过程；（b）衰减振荡；（c）等幅振荡；（d）发散振荡

图 1-36（a）所示是非周期过程，也称单调过程，被调参数没有振荡，单调趋向于一个新的平衡状态，这种过渡过程的时间一般较长。图 1-36（b）所示是一个衰减振荡过程，被控参数经过一段时间的振荡后，能很快地趋向于一个新的平衡状态，这种过渡过程是比较理想的。在非周期过程和衰减振荡过程这两种情况下被控参数最后都能重新达到平衡值，这个新的平衡值，可能是扰动前被控量的数值，也可能是一个新的数值，这两种过渡过程都称为稳定过程。图 1-36（c）所示是等幅振荡过程，被控参数的数值以及调节机构的位置都作等幅振荡，幅值既不衰减也不发散，这种过渡过程称为边界稳定过程。图 1-36（d）所示是发散振荡过程，被控参数的变化幅度越来越大，直到超出限值，或受到限幅保护装置的限制为止，这种过程称为不稳定过程。

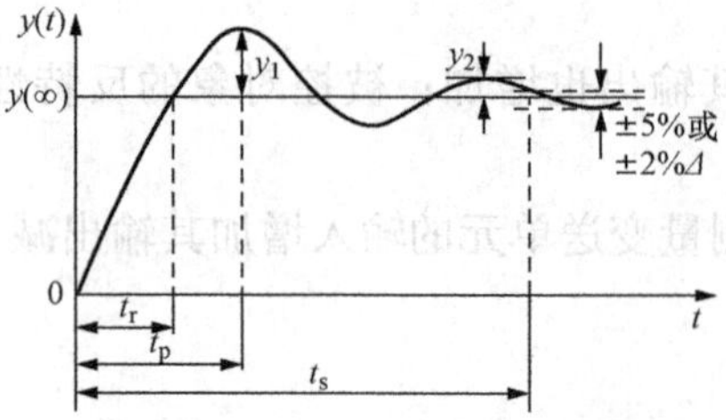

图 1-37　典型的过渡过程曲线

衡量一个控制过程的控制质量，须在稳定的前提下进行，即控制系统在受到干扰作用后，在控制装置的控制作用下，控制系统能恢复到一个新的平衡状态，这称为稳定系统，如图 1-37 所示。在此前提下有四个常用指标：

（1）衰减比和衰减率。衰减比或衰减率可以衡量一个控制系统的稳定程度，定义为

衰减比：
$$\eta=\frac{y_1}{y_2} \tag{1-60}$$

衰减率：
$$\varphi=\frac{y_1-y_2}{y_1} \tag{1-61}$$

式中　y_1、y_2——被控参数的第一和第二波峰值。

衰减率 φ 和系统稳定性之间的关系如下：

$0<\varphi<1$，过渡过程为衰减振荡过程，如图 1-36（b）所示。

$\varphi=1$，过渡过程为非周期过程，如图 1-36（a）所示。

$\varphi<0$，过渡过程为发散振荡过程，如图 1-36（d）所示。

$\varphi=0$，过渡过程为等幅振荡过程，如图 1-36（c）所示。

热工控制过程中一般要求 $\varphi=0.75\sim0.9$，对应的衰减比是 4∶1～10∶1。

（2）最大动态偏差和超调量。最大动态偏差是指设定值阶跃扰动时，过渡过程开始后第一个波峰超过其新稳态值的幅度，即图 1-37 中的 y_1。

最大动态偏差占被控量稳态变化幅度的百分数称为超调量，即

$$\sigma\%=\frac{y_1}{y(\infty)}\times100\%$$

最大动态偏差和超调量是控制系统动态准确性的一种衡量指标。

（3）稳态误差。稳态误差也称为残差，是指过渡过程结束后，被控量新的稳态值与设定值之间的差值，即 $e_{ss}=r-y(\infty)$，它是控制系统稳态准确性的一种衡量指标。

（4）调节时间。调节时间 t_s 是从过渡过程开始到结束所需的时间。理论上，t_s 是趋于 ∞ 的，实际上，一般认为当被控量已进入其稳态值的 95%或 98%范围内，就算过渡过程已经结束。调节时间是衡量控制系统快速性的指标。调节时间越短，系统的品质也就越好。

衰减比或衰减率、最大动态偏差或超调量和调节时间是衡量控制系统的动态指标，而稳态误差是衡量控制系统的静态指标。

五、单回路控制系统的控制器参数整定

1. 整定的基本概念

前面指出，单回路控制系统仅由控制器和被控对象两部分组成；被控对象的动态特性是不容易改变的，要取得满意的控制效果，就要设置合适的控制器参数，因此单回路控制系统的参数整定实际上就是控制器的参数整定问题。

所谓控制系统的整定，是指在控制系统的结构已经确定、控制仪表与被控对象等都处在正常状态的情况下，适当选择控制器的参数（δ、T_i、T_d）使控制仪表的特性和被控对象的特性配合，从而使控制系统的运行达到最佳状态，取得最好的控制效果。应当指出，参数整定一般只能在一定范围内起作用，绝不能误认为整定是“万能”的。

合理地设置控制器的各个参数，是针对控制系统某一性能指标而言的。在热工生产过程中，通常要求控制系统具有一定的稳定裕量，即要求过程有一定的衰减率 φ，在这一前提下，要求控制过程有一定的快速性和准确性，换言之稳定性是首要的。所谓准确性就是要求控制过程的动态偏差（以超调量 $\sigma\%$ 表示）和静态偏差（e_{ss}）尽量地小，而快速性则是要求控制过程的时间尽可能地短。然而，控制过程的稳定性、准确性、快速性三者之间常常是互相矛盾、相互制约的，所以应结合具体生产过程及其要求来综合考虑。

2. 整定的一般原则

（1）安全性原则。由于电站生产过程对安全性的特殊要求，电站控制系统的整定必须遵从安全第一的原则。这不仅是要求进行参数整定时把稳定性放在第一位，还要求在系统调试过程中进行特性试验、手/自动切换以及前馈量施加时，要保证对生产过程的干扰最小，以利于安全生产。

（2）平稳性原则。在工程整定过程中，不仅要使过程输出满足性能指标要求，整定参数时还必须考虑现场执行设备的要求，控制输出一般不能变化太快或太频繁，且最好不要超出执行设备输出的上、下限，即对控制器输出的平稳性有一定要求。

（3）“先弱后强”原则。在工程整定过程中，调节作用的施加应按先弱后强的顺序逐步进行。

（4）有序性原则。在整定 PID 调节参数时，一般按先比例后积分和微分的顺序进行，以利于系统的稳定，即“先比例后积分和微分”，但也有一些整定方法采用“先积分和微分后比例”的顺序进行整定；对多回路的复杂控制系统，通常先整定内回路，再整定外回路，按由内而外的顺序进行，即“先内后外”；对前馈—反馈复合系统，通常先整定反馈控制器，再整定前馈补偿器，即先反馈后前馈。

3. 整定的一般过程

（1）被控对象动态特性的获取。这里，被控对象动态特性是一个广义的概念，根据整定方法的不同，包括由经验得到的对被控对象的了解、被控对象的某些特性参数、由传递函数表达的数学模型等。过程控制中获取被控对象动态特性的方法，根据整定方法的不同也有很多种，如电站控制系统常常通过开环阶跃扰动试验获得对象的飞升特性。

（2）整定参数的计算或仿真寻优。在获取被控对象动态特性的基础上，依整定的方法不同，除了根据自动控制理论进行理论计算外，还常常采用一些工程整定的经验公式。随着计算机的广泛应用，在获得被控对象数学模型的条件下，采用计算机仿真来优化控制器参数的整定方法越来越受到工程技术人员的重视，这样可以大大简化整定优化的过程。目前已有许多控制系统优化仿真软件和工具，如 Matlab 的 Simulink 等。

（3）现场投运与品质检验。计算或寻优得到的控制器参数由于各方面的原因，一般不可能就是实际运行控制系统的最好参数，还需要经过现场的反复投试和调整，直到获得满意的控制效果。现场投试过程中，非常重要的就是要进行系统品质指标的检验。在电站热工控制系统中，常用的品质检验方法是进行扰动试验，包括设定值阶跃扰动试验、负荷扰动试验、内扰试验（即手动改变控制输出后系统再投入自动的试验方法）等。

4. 整定的基本方法

控制系统的整定方法很多，可归纳为两大类。一类是理论计算整定法，即基于被控对象的数学模型，通过计算直接求得控制器的整定参数。由于机理分析或测试所得的模型往往存在一些误差，同时整定的计算方法大多比较烦琐，限制了这类方法的工程应用。但随着测试方法的完善和计算机在生产过程中的广泛应用，通过计算机自动进行参数整定的理论计算方法将不断得到应用和推广。另一类称为工程整定法，其中有些基于对象的开环阶跃响应曲线，有些则直接在闭环系统中进行，方法简单，易于掌握。虽然它们是近似的经验方法，但相当实用。本书只介绍工程整定方法。

PID控制器参数的工程整定方法，主要有响应曲线法、临界比例带法、衰减曲线法、试凑法、经验法等。下面介绍几种最常用的工程整定方法。

（1）响应曲线法。响应曲线法是一种以被控对象控制通道的阶跃响应为依据，根据响应曲线求得几个反映被控对象特性的参数，并通过一些经验公式求取参数整定值的开环整定方法，也称动态特性参数法或飞升曲线法。整定的具体方法和步骤如下：

1）在控制系统开环并处于相对稳定的情况下，手动阶跃改变控制器的输出，阶跃的幅度应在安全条件下使输出的变化尽量显著（电站热工控制系统常常使阶跃的幅度控制在3%～10%范围内），同时记录被控对象的响应曲线。对有自平衡能力被控对象，阶跃试验应使系统达到另一平衡点并保持稳定；对无自平衡能力被控对象，阶跃试验应考虑安全性要求，在被控量允许的变化范围内结束试验。

2）根据被控对象的响应曲线求取对象的特性参数 ε、τ、T，如图1-38所示。图1-38（b）所示为有自平衡能力被控对象 $K=\dfrac{\Delta y}{\Delta u}$，$\varepsilon=\dfrac{K}{T}=\dfrac{\Delta y(\infty)}{T\Delta u}$；图1-38（c）所示为无自平衡能力被控对象 $\varepsilon=\dfrac{\tan\theta}{\Delta u}$。

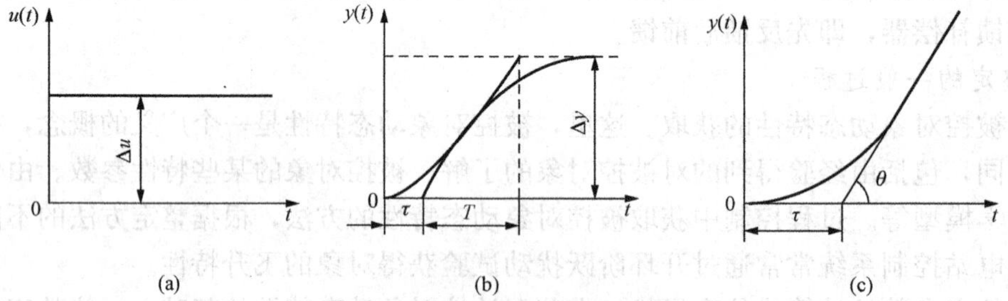

图1-38　根据飞升曲线求对象特性参数

（a）阶跃输入信号 Δu；（b）有自平衡能力对象响应曲线；（c）无自平衡能力对象响应曲线

3）根据响应曲线法的经验公式，见表1-6，结合控制器的选型，整定计算控制器参数。

表1-6　　响应曲线法整定参数计算表

控制规律	无自平衡对象或 $\tau/T\leqslant0.2$ 的有自平衡对象			$0.2<\tau/T<1.5$ 的有自平衡对象		
	δ	T_i	T_d	δ	T_i	T_d
P	$\varepsilon\tau$	—	—	$2.6\varepsilon\tau\dfrac{\tau/T-0.08}{\tau/T+0.7}$	—	—
PI	$1.1\varepsilon\tau$	3.3τ	—	$2.6\varepsilon\tau\dfrac{\tau/T-0.08}{\tau/T+0.6}$	$0.8T$	—
PID	$0.85\varepsilon\tau$	2.0τ	0.5τ	$2.6\varepsilon\tau\dfrac{\tau/T-0.15}{\tau/T+0.88}$	$0.8T+0.2\tau$	$0.25T_i$

4）将第3）步求得的整定参数作为初步估计值进行闭环投运及调试，进一步修正调节参数，直到响应曲线满意为止。

（2）临界比例带法。临界比例带法是一种基于纯比例作用下，由控制系统临界振荡试验求得特性参数（临界比例带δ_{cr}和临界振荡周期T_{cr}），并利用经验公式来求取控制器最佳参数的闭环整定方法，也称稳定边界法。它的特点是不需要知道被控对象的动态特性，而直接在闭环系统中进行整定。具体的整定方法和步骤如下：

1）将控制器置于纯比例控制（使$T_i \to \infty$，$T_d=0$），并将比例带置于较大的数值，然后把控制系统投入闭环运行。

2）待系统运行稳定后，逐步减小比例带，观察不同δ值下的控制过程，直到控制过程出现如图1-39所示的等幅振荡为止，即所谓临界振荡过程。记下此时的临界比例带δ_{cr}和系统的临界振荡周期T_{cr}。

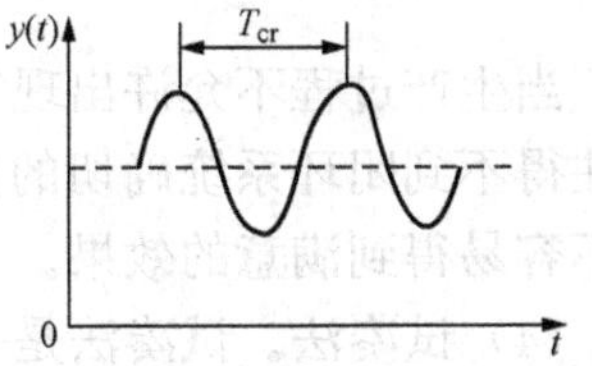

图1-39　临界振荡过程曲线

3）根据求得的δ_{cr}和T_{cr}，由表1-7可求得控制器的整定参数。

4）将控制器参数按求得的数值设置好，此时比例带可设置得大一些，作系统的阶跃扰动试验，观察控制过程，适当修改整定参数。

表1-7　　临界比例带法整定参数计算表（$\varphi=0.75$）

控制规律 / 整定参数	δ	T_i	T_d
P	$2\delta_{cr}$	—	—
PI	$2.2\delta_{cr}$	$0.85T_{cr}$	—
PID	$1.67\delta_{cr}$	$0.5T_{cr}$	$0.125T_{cr}$

在大多数热工生产过程中，对象的惯性比较大，用临界比例带法试验时出现的等幅振荡周期也较长。这种低频的振荡过程，生产过程一般是允许的。但是，某些系统（如锅炉汽包水位控制系统）不允许进行临界振荡试验，某些单容对象采用比例控制时，本质稳定不会出现振荡，这些系统都无法用临界比例带法进行整定。

（3）衰减曲线法。衰减曲线法是在临界比例带法基础上发展起来的闭环工程整定方法，它利用纯比例作用下产生给定衰减率振荡过程时的比例带δ_s和振荡周期T_s，根据经验公式来求取控制器的最佳参数。具体的整定方法和步骤如下：

1）将控制器置于纯比例控制，初始比例带置较大值，使系统投入闭环。

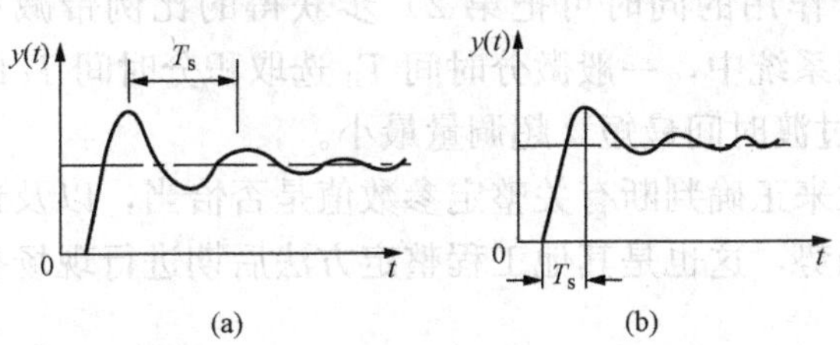

图1-40　衰减振荡过程曲线

（a）$\varphi=0.75$；（b）$\varphi=0.9$

2）待系统运行稳定后，逐步减小比例带，直到系统出现如图1-40所示的4：1或10：1衰减振荡，记录此时的比例带δ_s和振荡周期T_s。

3）利用δ_s和T_s，根据表1-8选取控制器的整定参数，并作扰动试验来观察调节过程，适当修正整定参数，直到满意为止。

表 1-8　衰减曲线法整定参数计算表

控制规律	$\varphi=0.75$			$\varphi=0.90$		
	δ	T_i	T_d	δ	T_i	T_d
P	δ_s	—	—	δ_s	—	—
PI	$1.2\delta_s$	$0.5T_s$	—	$1.2\delta_s$	$2T_s$	—
PID	$0.8\delta_s$	$0.3T_s$	$0.1T_s$	$0.8\delta_s$	$1.2T_s$	$0.4T_s$

当生产过程不允许出现等幅振荡时，可采用衰减曲线法，但对于扰动频繁的控制系统，往往得不到闭环系统确切的阶跃响应曲线，从而得不到准确的 δ_s、T_s，这时采用衰减曲线法不容易得到满意的效果。

(4) 试凑法。试凑法是一种不需要被控对象模型，根据各个控制器参数对系统控制性能的不同作用和影响，通过反复进行扰动试验，观察过渡过程曲线，逐步调整参数的整定方法，即“看曲线，调参数”。

控制器的不同参数对系统的控制性能具有不同作用和影响，见表 1-9，这里 PID 控制器采用$\frac{1}{\delta}\left(1+\frac{1}{T_i s}+T_d s\right)$的形式。

表 1-9　定值扰动试验下不同控制作用对系统控制性能的影响

控制作用变化	参数调整方向	稳定性	稳态偏差	衰减比（率）	超调量	上升时间	振荡频率
P 作用增强	$\delta\downarrow$	↓	↓	↓	↑	↓	↑
I 作用增强	$T_i\downarrow$	↓	↓	↓	↑	↓	↑
D 作用增强*	$T_d\uparrow$	↑	—	↑	↓	↓	↑

* 表中微分作用对系统性能的影响，指微分参数在一个适合范围内的一般情况，如微分作用过强有时其作用与期望的恰好相反，使系统的稳定性降低。

试凑法一般是按先比例、后积分、再微分的顺序进行试凑，具体步骤如下：

1) 先根据经验将控制器设置在一个较安全的纯比例控制位置，投入闭环运行，通过阶跃扰动试验，观察调节过程，直到获得相对满意的过程响应曲线（如衰减率 $\varphi=0.75$），否则改变比例带重复上述试验进行反复试凑。

2) 然后加入积分作用，同时将比例带放大 20% 左右，逐步减小积分时间，通过阶跃扰动试验进行试凑，直到获得相对满意的过程响应曲线。试凑过程中如果过程曲线振荡过强，则应适当增大比例带和积分时间；回复过慢，则减小比例带和积分时间。

3) 如果需要加入微分作用，在加入微分作用的同时可把第 2) 步获得的比例带减小 20% 左右，积分时间也可减小一些，过程控制系统中，一般微分时间 T_d 选取积分时间 T_i 的 1/10～1/3。微分作用经过反复试凑，以便使过渡时间最短，超调量最小。

试凑法的关键是根据过程的响应曲线形状来正确判断有关整定参数值是否恰当，以及预判改变某一整定参数后过程响应曲线的变化趋势，这也是其他工程整定方法后期进行现场投试进一步调整参数时普遍采用的办法。

(5) 经验法。用一些已经获得的同类型控制系统的参数来进行试验，往往是行之有效的方法，并在现场调试和生产过程中得到了较多的应用。具体作法如下：

1）根据已取得的调试经验，对将要整定的控制系统的参数有了基本的理解，预设一组控制器参数，将系统投入闭环运行。

2）进行相应的阶跃扰动（如给定值等），观察被控量或控制器输出的阶跃响应曲线。若控制品质不满意，则根据各整定参数对控制过程的影响改变控制器参数。这样反复试验，直到满意为止。

经验法简单，但需要有一定的现场经验。当采用 PID 控制时，有三个整定参数，反复试凑的次数增多，不易得到最佳整定参数。通常在调试现场，第一台机组所获得的各控制参数，都挪到后一台同类型的机组，然后再修改。不过，也有同类型机组之间被控对象的特性相差很多的，这时使用经验法反而不容易整定得好。

上述几种工程整定方法各有其优点，应根据具体的系统工艺特点、安全要求以及作用到系统的扰动情况等，选择一种合适的整定方法。然而，无论采用何种方法获得的控制器参数，在实际运行时都要进行修改才能得到满意的控制效果。

六、除氧器压力控制系统整定

除氧器压力控制系统为单回路控制系统，其方框图如图 1-41 所示。

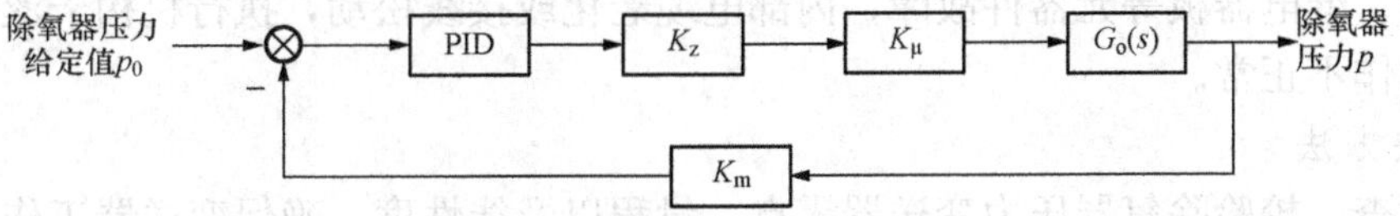

图 1-41　除氧器压力控制系统方框图

PID—控制器；K_z—执行机构；K_μ—调节阀；K_m—压力变送器；$G_o(s)$—压力控制对象

除氧器压力控制系统控制器的参数整定可用前面介绍的单回路控制系统整定方法进行。

七、除氧器压力控制系统的投入与撤除

1. 除氧器压力控制系统投入条件

除氧器压力控制系统投入条件：

(1) 除氧器运行正常，运行方式符合自动调节的要求；

(2) 调节阀有足够的调节范围；

(3) 除氧器压力指示准确，记录清晰；

(4) 除氧器压力保护装置投入运行。

2. 除氧器压力控制系统的撤除

发生以下情况可撤除自动：

(1) 稳定运行工况下，除氧器压力超出报警值；

(2) 当调节阀已全开而压力仍继续下降，或调节阀已全关而压力仍继续上升；

(3) 除氧器运行方式改变，不符合自动调节的要求。

八、除氧器压力控制系统的常见故障与维护

1. 故障现象

除氧器压力自动系统不正常或不能投入。

2. 原因分析

(1) 除氧器压力变送器测量信号故障（测量取样管路堵、测量管路漏、变送器膜盒损坏、变送器电缆破损、变送器漂移严重、变送器信号采集模件通道故障等），导致自动系统

不正常或不能投入。

（2）除氧器压力自动控制回路中的任意一个算法输出点质量坏，导致自动不能投入。

（3）除氧器压力自动定值与实际值偏差超过允许值时，自动不能投入。

（4）除氧器压力自动系统输出指令与执行机构反馈值偏差超过允许值时（如2%，延时5s），自动不能投入。

（5）除氧器压力调门指令信号DCS通道故障。DCS通道故障一般是DCS系统AO模件通道由于带负载能力下降，导致指令信号与实际不符；或通道所在的模件电源故障；或AO模件所在通道无输出；或指令信号电缆受干扰导致指令信号频繁波动；或就地执行机构指令信号硬件出现故障。

（6）除氧器压力系统执行机构如采用气动执行机构，动力气源压力不足或者气源含水、含油过多时、电气转换器转换不正常、气动定位器调试不当将导致执行机构动作不正常；过滤减压阀、气缸膜片等设备存在故障或执行机构卡涩，导致除氧器压力调门随动性差，引起控制系统不正常。

（7）除氧器压力系统执行机构如采用电动执行机构，动力电源故障、执行机构内部电源板、控制板、继电器板等元器件故障，内部电缆老化或接线松动，执行机构卡涩等均会导致执行机构动作不正常。

3. 解决方法

（1）检查、校验除氧器压力变送器零点、量程以及线性度，确保变送器工作正常。

（2）通过定值扰动试验，检查除氧器压力自动系统的控制回路及其参数设置是否恰当，确保其符合各种工况下的自动控制品质要求。

（3）检查DCS输出指令4～20mA是否与逻辑输出值相同，检查输出指令无跳变，确保指令信号无干扰源。

（4）通过串、并联方法，检查调节器输出指令到执行机构时，是否有标准电流信号4～20mA对应0%～100%，否则应更换执行机构电气转化器或定位器。

（5）如果出现指令坏点或设定值坏点，检查DCS模件通道是否故障或电源故障，并根据故障点进行更换模件或更换电源等处理工作。

（6）检查指令信号和反馈信号的24V电源，如电源失去，检查更换保险管。

（7）检查处理控制除氧器压力气动执行机构的定位器、电气转换器、过滤减压阀等设备存在的故障，使得控制系统动作快速、准确、稳定，减少控制系统在就地设备的延时环节；检查执行机构反馈连杆，确保其连接紧固。在紧固的基础上，检查其是否能够保持，否则应检查确保气源管路严密，检查确保气源压力在定位器要求的工作压力范围内，检查确保执行机构气动门膜片严密。

（8）检查处理除氧器压力调节电动执行机构的动力电源、执行机构内部电源板、控制板、继电器板、内部电缆或接线端子排、执行机构是否卡涩等，确定故障点后及时处理。

4. 防范措施

（1）机组大、小修时，校验除氧器压力自动系统中的变送器，除氧器压力自动系统测量管路排污，检查电伴热系统，保证测量准确。

（2）机组大、小修时，检查核对除氧器压力自动系统中的回路及其参数应符合调节设置，检查除氧器压力自动系统的调节器输出0%～100%对应执行机构的0%～100%开度。

（3）机组大、小修时，联系机务人员检查除氧器压力调节门的机械部分无卡涩现象，以降低执行机构负载。

（4）机组正常运行时，通过定期检查元、器件工作状态以及趋势分析，确定 DCS 系统以及就地设备运行正常，及时发现自动控制回路以及设备存在的潜在隐患，确保设备在发生较大故障前提前发现问题，及时处理。

【任务准备】

一、引导问题

学习完相关知识后，需回答下列问题：

（1）除氧器压力控制系统的品质指标有哪些？

（2）如何整定除氧器压力控制系统的参数？

（3）除氧器压力控制系统的投入撤除条件有哪些？

（4）除氧器压力性能指标试验的目的是什么？

（5）除氧器压力性能指标试验的条件有哪些？

（6）除氧器压力性能指标试验的基本方法是什么？

（7）除氧器压力性能指标试验的安全措施有哪些？

二、制定试验方案

在正确回答引导问题后，依据行业（企业）规程，结合附录 A 所给出的试验方案样表制定除氧器压力控制系统性能测试试验方案。

【任务实施】

根据制定好的试验方案，按照试验步骤，完成试验。

下面给出某电厂试验操作步骤，供参考。

（1）做增加除氧器压力定值扰动试验时，应事先将除氧器压力调低些，并在给定值的 ±50kPa范围内变化 5min。

（2）在自动状态下，在原设定值的基础上增加 50kPa，观察并记录试验曲线。同时，计算除氧器压力动态偏差、静态偏差、稳定时间、过渡过程衰减率等数据。

（3）做减小除氧器压力定值扰动试验时，应事先将除氧器压力调高些，并在给定值的 ±50kPa范围内变化 5min。

（4）在自动状态下，在原设定值的基础上减小 50kPa，观察并记录试验曲线。同时，计算除氧器压力动态偏差、静态偏差、稳定时间、过渡过程衰减率等数据。

（5）对不满足品质指标的数据，要分析原因，优化调节参数，调整热控装置，直到除氧器压力扰动试验满足品质指标的要求，完成试验报告（试验报告格式参见附录 C）。

注意　在试验过程中，如危及到机组的安全运行，请运行人员立即退出试验，以确保机组安全。

图1-42所示为某600MW亚临界仿真机组并网时的除氧器压力控制系统性能指标试验曲线。

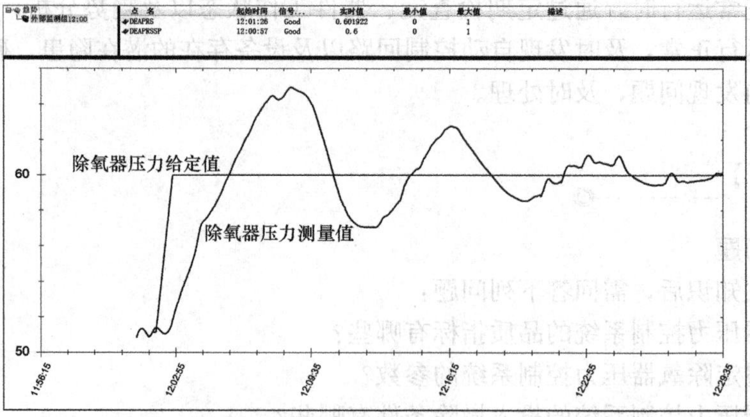

图1-42 除氧器压力控制系统性能指标试验曲线

【检查评估】

检查任务的完成情况，检查评估表参见表1-3。

项目二　汽温控制系统运行与维护

【项目描述】

蒸汽温度（过热蒸汽温度、再热蒸汽温度）是火力发电厂热力系统中的重要参数，蒸汽温度控制品质的优劣直接影响到整个机组的安全和经济运行，蒸汽温度控制系统是机组的重要控制系统之一。目前，火力发电机组是电网调峰的主要力量，因此不仅对锅炉、汽轮机及辅助设备要求有较大的适应负荷变化能力，对蒸汽温度控制系统也提出了较高的要求。

因为大型机组广泛采用中间再热运行方式，所以蒸汽温度控制系统包括过热蒸汽温度控制和再热蒸汽温度控制系统。因为锅炉的构造、静态特性和动态特性的不同，所以就有不同的蒸汽温度自动控制方案，以满足蒸汽温度控制的需要。本项目主要针对汽包锅炉的蒸汽温度控制系统。

本项目主要完成汽温控制对象特性试验、汽温控制方案分析和汽温控制系统性能测试等三项工作任务。

通过本项目的学习，使学生能理解汽温控制系统的工作原理，能识读汽温控制系统逻辑图，能进行对象动态特性试验和品质指标试验，最终能完成汽温控制系统的运行维护工作。

任务一　汽温控制对象特性试验

【学习目标】

(1) 熟悉汽水系统工艺流程，理解过热器和再热器在热力系统中的作用；
(2) 理解汽温控制对象动态特性的特点；
(3) 掌握汽温控制对象动态特性的试验方法；
(4) 能根据行业技术标准拟定汽温控制对象动态特性试验方案；
(5) 能根据试验方案完成汽温控制对象动态特性试验；
(6) 能根据试验结果分析汽温控制对象动态特性特点，并完成试验报告；
(7) 熟悉电力生产安全规定，严格遵守“两票三制”；
(8) 具有团队合作意识，养成严谨求实的工作作风。

【任务描述】

汽温动态特性试验目的是求取在扰动作用下汽温变化的飞升特性曲线，为控制方案拟订和控制参数整定提供依据。

过热蒸汽温度动态特性试验的试验内容主要包括二级减温水扰动下主蒸汽温度、二级导前汽温动态特性，一级减温水扰动下中间点温度、一级导前汽温动态特性等；再热蒸汽温度动态特性试验的试验内容主要包括摆动燃烧器倾角或尾部烟道控制挡板摆动下的再热蒸汽温度动态特性、再热器减温水扰动下的再热蒸汽温度动态特性。

通常，在机组投运前、锅炉A级检修或控制策略改变时，需要进行汽温动态特性试验。试验宜分别在70%和100%两种负荷下进行，每一负荷下的试验宜不少于两次，记录试验数据和曲线，并提交试验报告。

本任务建议采用项目教学法组织教学，其实施过程参见表1-1。

【知识导航】

一、汽温控制任务

1. 过热汽温控制任务

过热汽温是影响机组安全运行及经济运行的重要参数之一，过热汽温较高时，机组热效率则相对较高。但过高的过热汽温是汽轮机金属材料所不允许的。因为过热器处于锅炉的高温区且承受着高压，尽管它的材料采用的是昂贵的耐高温高压的合金钢，但主蒸汽温度的设计值已接近钢材允许的极限温度；强度方面的安全系数也很小。所以过热器金属超温是不允许的。

过热汽温控制的任务是维持过热器出口汽温即主蒸汽温度在允许的范围内。并对过热器实现保护，使管壁金属温度不超过允许的工作范围。正常运行时，一般过热器温度与额定值偏差不超过±5℃。

2. 再热汽温控制任务

对于大容量、高参数机组，为了提高机组的循环效率，防止汽轮机末级带水，需采用中间再热系统。新蒸汽经过高压缸做功后，再回到锅炉的再热器吸热，被加热后的再热蒸汽送往中、低压缸继续做功。提高再热汽温对于提高循环热效率是有利的，但受金属材料的限制。

再热蒸汽温度控制系统的任务是将再热蒸汽温度控制在某个定值上；此外，在低负荷时，或机组甩负荷时，甚至汽轮机跳闸时，保护再热器不超温，以保证机组的安全运行。

二、过热汽温控制对象的静态与动态特性

影响过热汽温的因素很多，有些是设计问题，也有许多是运行问题，因此要维持一定的过热汽温，先要分析一下影响过热汽温的因素。只有这样才能设计出优良的过热汽温控制系统。

（一）过热汽温控制对象的静态特性

1. 锅炉负荷与过热汽温的静态关系

锅炉负荷（一般可用总风量代表）增加时，炉膛中燃烧的燃料增加，但炉膛中的最高温度没有多大变动，炉膛辐射放热量相对变化不大，使得炉膛出口烟温增高。这说明负荷增加时，每千克燃料的辐射放热百分率减少；而在炉膛后的对流换热区中，由于烟温和烟速的提高，每千克燃料的对流放热百分率将增大。因此，对于对流式过热器来说，当锅炉的负荷增加时，出口汽温的稳态值升高；辐射式过热器则其有相反的汽温特性，即当锅炉负荷增加时，会使出口汽温的稳态值降低。如图2-1所示。

两种过热器的串联配合，可以取得较平稳的汽温特性，但在一般采用这两种过热器串联的锅炉中，过热器出口蒸汽温度在某个负荷范围内，随锅炉负荷的增加将有所升高。

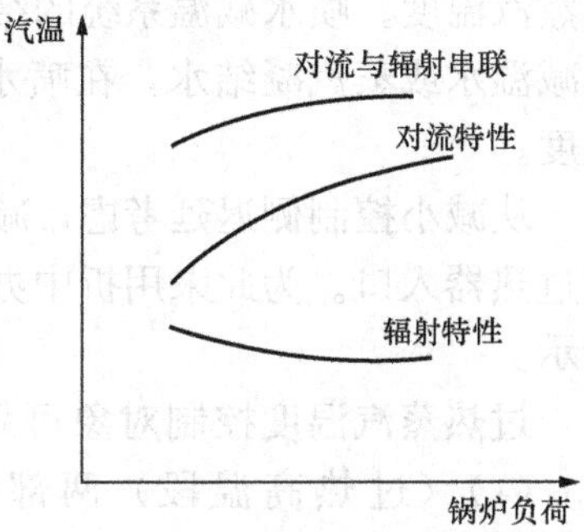

图 2-1　锅炉负荷与过热汽温的静态关系

2. 过量空气系数与过热汽温的静态关系

过剩空气量改变时，燃烧生成的烟气量也改变，因而所有对流受热面吸热改变，而且对离炉膛出口较远的受热面影响显著。目前大多数锅炉的过热器均以对流吸热为主，当增大过剩空气量时，将使过热汽温上升。

3. 给水温度与过热汽温的静态关系

提高给水温度，将使过热汽温下降，这是因为产生每千克蒸汽所需的燃料量减少了，流经过热器的烟气量也减少了。因此，是否投入高压给水加热器会使给水温度相差很大，这对过热汽温有明显影响。

4. 燃烧器的运行方式与过热汽温的静态关系

在炉膛内投入高度不同的燃烧器或改变燃烧器倾角会影响炉内温度分布和炉膛出口烟温，因而也会影响过热汽温。火焰“中心”相对提高时，过热汽温将升高。

5. 进入过热器的蒸汽热焓与过热汽温的静态关系

一定压力下，过热器入口蒸汽焓值增加，将使出口汽温增加；采用喷水减温时，喷水量增加，进入过热器的蒸汽热焓降低，过热汽温将下降。同一负荷下，当锅炉汽包压力较低时，进入过热器的饱和蒸汽焓值比较高压力下的饱和蒸汽焓值要高，但从汽包产生的饱和蒸汽量却减少了，所以出口主蒸汽温度将增加。

6. 其他因素与过热汽温的静态关系

(1) 受热面清洁程度。过热器之前的受热面发生积灰或结渣时，进入过热器的烟温升高，因而使过热汽温上升，而过热器本身发生积灰或结渣将使过热汽温下降。

(2) 饱和蒸汽用量。当锅炉的吹灰器或其他辅机使用饱和蒸汽时，为了供应饱和蒸汽就需要增加燃料，其结果将使过热汽温升高。

(3) 排污量。排污对过热汽温的影响和使用饱和蒸汽一样，但由于排污水的焓较低，故影响较小。

(4) 燃料性质对过热汽温的影响。当由煤粉改燃油时，由于炉膛内的辐射吸热百分率增大，过热汽温将降低。

(5) 再热汽温控制挡板位置。尾部烟道中再热汽温控制挡板位置对过热汽温有较大影响。例如，当关小再热器烟道挡板（一般相应开大过热器挡板）时，过热汽温会升高。

（二）过热汽温控制对象的动态特性

影响过热汽温的因素很多，其中，蒸汽流量、烟气传热量、过热器入口温度（减温水量）是三个最主要的因素。下面分别对这些扰动情况下汽温控制对象的动态特性进行分析。

1. 减温水流量 W_B 扰动下汽温的动态特性

在设计锅炉时，为了保证锅炉在负荷小于额定值某一范围内的汽温仍能达到给定值，总是要使额定负荷下过热蒸汽温度高于其额定值（即正常给定值）。对高压锅炉来说，过热蒸汽温度一般要比额定值高 40～60℃。为此，通常采用在蒸汽中喷入减温水的方法来控制过热蒸汽温度。喷水减温系统的结构如图 2-2 所示（图中只画出一级减温）。从锅炉给水中取出减温水或蒸汽凝结水，在喷水减温器中与蒸汽混合，水吸收蒸汽的热量，从而降低蒸汽温度。

从减小控制侧迟延考虑，减温器应装在过热器出口；从保护过热器管考虑，减温器应装在过热器入口。为此采用折中办法，将减温器装在过热器低温段与高温段之间，如图 2-2 所示。

过热蒸汽温度控制对象可划分为对象导前区 $W_{ob2}(s)$（主要为减温器）和对象惯性区 $W_{ob1}(s)$（过热高温段）两部分，如图 2-3 所示。这两部分串联组成对象控制通道 $W_{o\mu}(s)$，即

$$W_{o\mu}(s)=\frac{\theta_1(s)}{\mu(s)}=W_{ob2}(s)W_{ob1}(s) \tag{2-1}$$

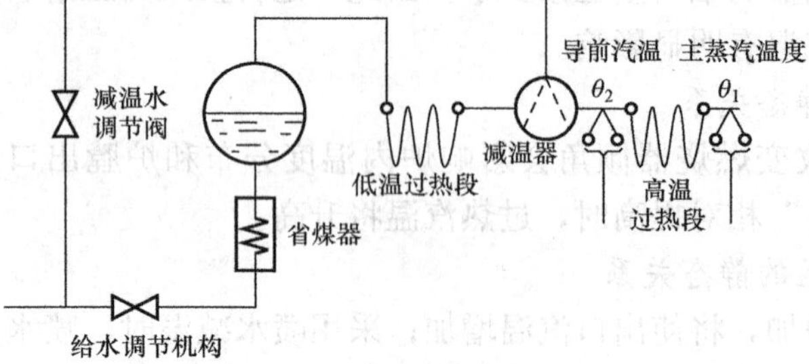

图 2-2 喷水减温系统结构图

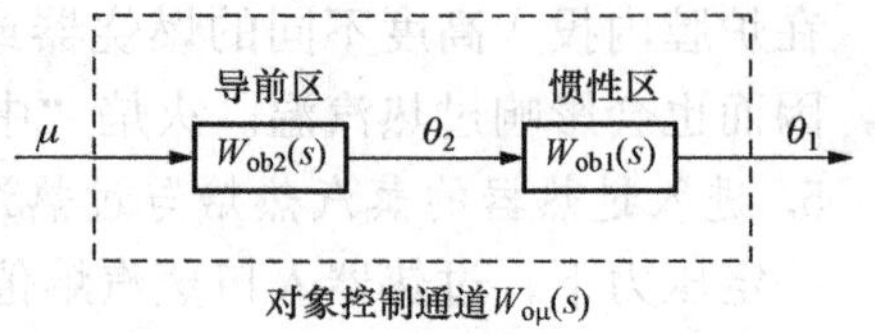

图 2-3 过热蒸汽温度对象控制通道

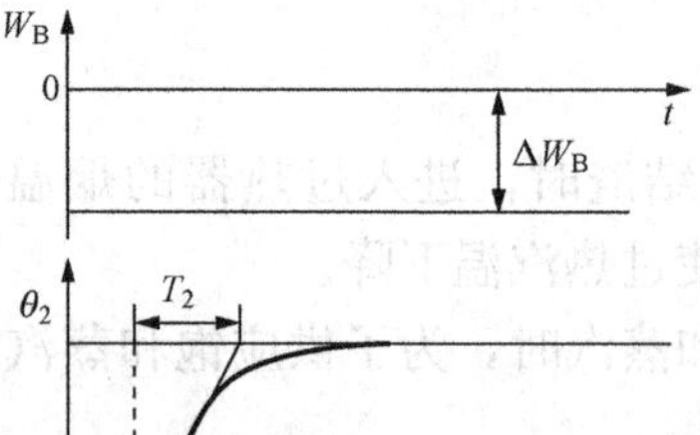

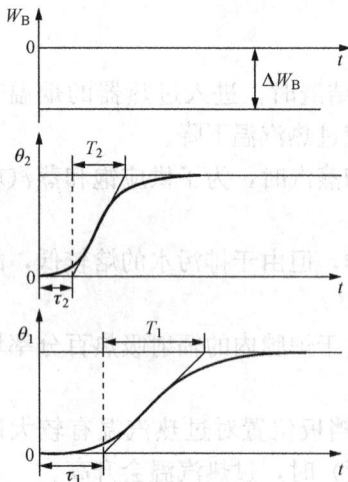

图 2-4 减温水扰动下过热蒸汽温度的阶跃响应曲线

图 2-4 表示减温水量控制阀开度 μ 阶跃关小下，由试验得出的导前汽温 θ_2 与过热蒸汽温度 θ_1 的响应特性。可以看出，对象导前区和对象控制通道的动态特性都有惯性，且是有自平衡能力的对象。导前区的惯性较小，而控制通道的惯性较大。从图 2-4 中可求出导前区以及控制通道的参数，一般 τ=30～60s，T=40～100s。

过热蒸汽温度对象的导前区及控制通道的传递函数可表示为

$$W_{ob2}(s)=\frac{\theta_2(s)}{\mu(s)} \tag{2-2}$$

$$W_{o\mu}(s)=\frac{\theta_1(s)}{\mu(s)}=W_{ob2}(s)W_{ob1}(s) \tag{2-3}$$

对象惯性区的传递函数可表示为

$$W_{ob1}(s)=\frac{\theta_1(s)}{\theta_2(s)} \tag{2-4}$$

2. 蒸汽负荷 D 扰动下汽温的动态特性

当要求锅炉蒸发量增加时，控制系统使燃料量和送风量增加。流过过热器对流过热段的烟气流量和烟气温度都增加，使对流过热段出口汽温上升。同时，由于锅炉炉膛温度基本未变，因而，过热器辐射过热段受热量基本不变。此时，流过过热器的蒸汽流量增大，反而使

辐射过热段出口汽温下降。对于锅炉来说，对流受热面通常要大于辐射受热面，所以当锅炉蒸发量增加时，过热器出口汽温上升。

当锅炉蒸发量阶跃增大时，过热蒸汽温度的响应曲线如图 2-5 所示，是有惯性、有自平衡能力的特性，且迟延时间 τ 较小（相对于减温水量扰动）。一般来说 $\tau=10\sim20s$，$T=100s$。τ 较小的原因是：在蒸汽流量扰动时，烟气流速和蒸汽流速几乎是沿整个过热器管道长度同时变化的，因而烟气传给蒸汽的热量也几乎是沿过热器管长度同时发生的，所以汽温变化的迟延时间 τ 较小。在蒸汽负荷扰动下，汽温的 τ/T 较小，即动态特性较好，但由于蒸汽负荷是由外界用户及电网要求决定的，因此，它不能作为控制汽温的手段。

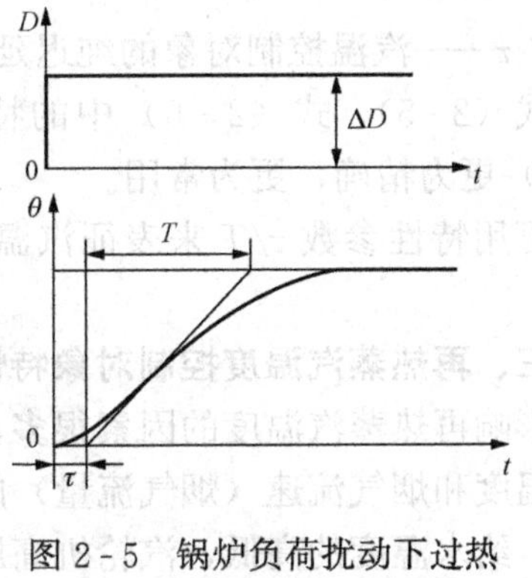

图 2-5　锅炉负荷扰动下过热蒸汽温度的阶跃响应曲线

3. 烟气侧 Q_y 扰动时汽温的动态特性

来自烟气侧的扰动因素有给粉不均匀、锅炉及制粉系统漏风量变化、流过过热器的烟气流量变化、燃烧火焰中心位置改变、煤种改变、蒸发受热面结焦等。这些因素归纳起来可分成两个方面，即烟气流速和烟气温度的变化。

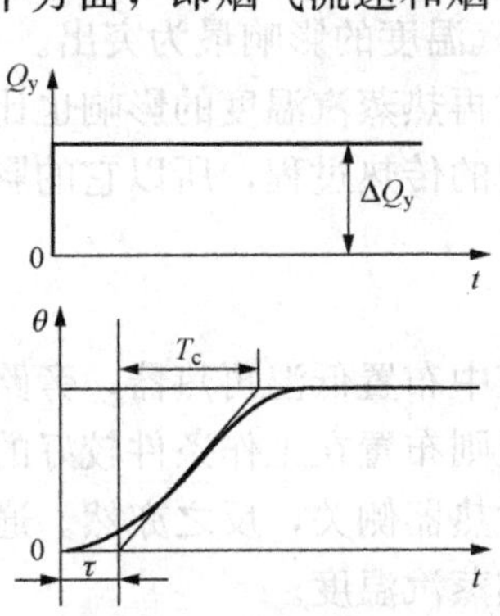

图 2-6　烟气热量扰动下过热蒸汽温度的阶跃响应曲线

烟气流速或烟气温度阶跃扰动时汽温对象的响应特性曲线如图 2-6 所示。由于烟气流速或烟气温度几乎是沿整个过热器管长度变化的，因而，汽温的响应较快，惯性也较小（$\tau=10\sim20s$，$T=100s$），故可利用改变烟气流速或烟气温度作为控制汽温的手段。比如说，用烟气旁路、烟气再循环、改变燃烧器喷燃角度等方法。但这些控制手段较复杂，所以过热蒸汽温度控制采用较少，而在再热蒸汽温度控制中采用得较多。

（三）过热汽温控制对象传递函数

由上述分析可以看出，在各种扰动下（主蒸汽流量、烟气量、减温水量），过热汽温控制对象动态特性的形状都一样，并呈现出以下三个特点：

（1）有迟延，可用迟延时间 τ 表示；

（2）有惯性，可用时间常数 T 表示；

（3）有自平衡能力。

汽温控制对象的动态特性可用以下传递函数来表示

$$W(s)=\frac{K}{(1+Ts)^n} \tag{2-5}$$

式中　K——汽温控制对象的放大倍数；

T——汽温控制对象的时间常数；

n——对象传递函数的阶数。

汽温控制对象的动态特性也可用以下传递函数来表示

$$W(s)=\frac{K}{1+Ts}e^{-\tau s} \tag{2-6}$$

式中 τ——汽温控制对象的纯迟延时间。

式（2-5）、式（2-6）中的特性参数可以从阶跃响应曲线上求取。式（2-5）较式（2-6）更为精确，更为常用。

可用特性参数 τ/T 来表征汽温控制对象动态特性的好坏，τ/T 越大，控制对象越难以控制。

三、再热蒸汽温度控制对象特性

影响再热蒸汽温度的因素很多，例如机组负荷的大小，火焰中心位置的高低，烟气侧的烟气温度和烟气流速（烟气流量）的变化，各受热面的积灰程度，燃料、送风和给水的配比情况，给水温度的高低，汽轮机高压缸排汽参数等，其中最为突出的影响因素是负荷扰动和烟气侧扰动。

因为再热蒸汽的汽压低，质量流速小，传热参数小，所以再热器一般布置在锅炉的后烟井或水平烟道中，它具有纯对流受热面的汽温静态特性（单位质量工质的吸热量随负荷的下降而降低）。而且，当机组蒸汽负荷变化时，再热蒸汽温度的变化幅度比过热蒸汽温度的变化幅度要大，例如，某机组负荷降低30%时，再热蒸汽温度下降28～35℃，差不多是负荷每降低1%再热蒸汽温度下降1℃。因此，负荷扰动对再热蒸汽温度的影响最为突出。

因为烟气侧的扰动是沿整个再热器管长进行的，所以它对再热蒸汽温度的影响也比较显著。但烟气侧的扰动对再热蒸汽温度的影响存在着管外至管内的传热过程，所以它的影响程度次于蒸汽负荷的扰动。

1. 烟气挡板控制

采用烟气挡板需把尾部烟道分成两个并联烟道，在主烟道中布置低温再热器，旁路烟道中布置低温过热器。在低温过热器下面布置省煤器，调温挡板则布置在工作条件较好的省煤器下面。主、旁两侧挡板的动作是相反的，即再热器侧开，过热器侧关，反之亦然。通过调节烟气挡板的开度，改变流经再热器的烟气流量，来调整再热蒸汽温度。

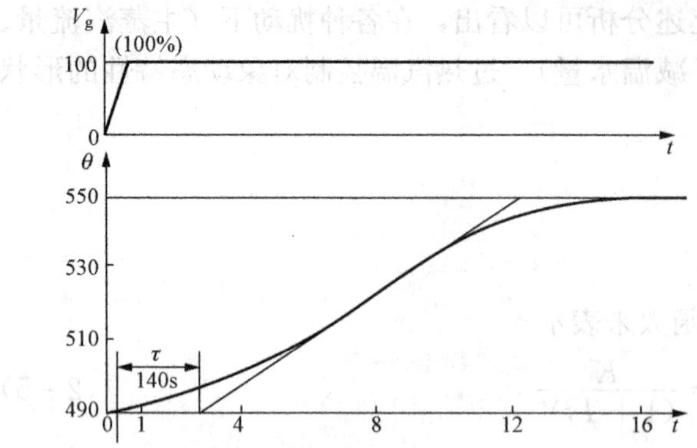

图 2-7 烟气挡板控制再热蒸汽温度的动态特性

再热蒸汽温度控制对象的动态特性依控制方式的不同而不同，其特点是有延迟、有惯性和有自平衡能力。图 2-7 是再热蒸汽温度的动态特性，当挡板从0%～100%变化时，再热蒸汽温度变化58℃，滞后时间140s。

2. 摆动燃烧器角度

采用摆动燃烧器角度主要通过调节摆动式燃烧器喷嘴的上下倾角（一般$-30°\leqslant\varphi\leqslant30°$），可以改变炉内高温火焰中心的位置。当喷嘴向上倾斜时，火焰中心上移，炉内吸收热量将减少，炉膛出口烟温会升高，对流受热面的吸热量就要增大。但是，受热面离炉膛出口越远，吸热量的增加就要减少。燃烧器的倾角不能太大，上倾角过大会增加燃料的未完全燃烧损失，下倾角过大会造成冷灰斗的结渣。燃烧器角度扰动下的对象动态特性曲线如图2-8所示。

3. 事故喷水

当调整烟气挡板或摆动燃烧器角度不能奏效时，只能辅以事故喷水减温。因为过多的喷水会使汽轮机低压缸的通汽量变大，增加冷凝损失，对热力循环的经济性影响较大。所以喷水减温不能作为主要调节手段，而只能作为一种降温的辅助措施。在再热蒸汽温度控制系统中仅作为事故喷水减温。事故喷水减温对象特性与过热蒸汽喷水减温特性相似，在此不再复述。

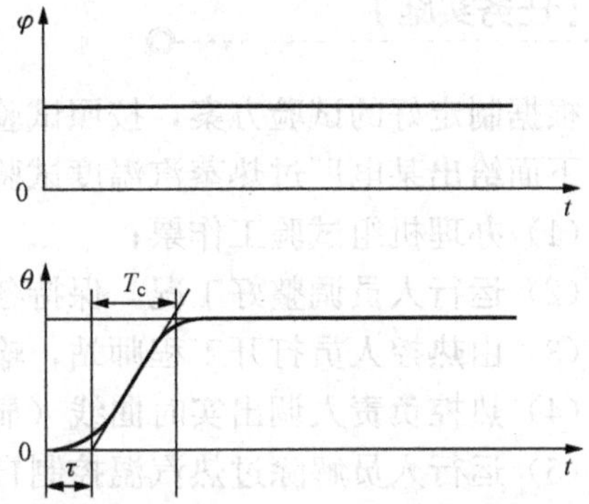

图2-8　燃烧器角度控制再热蒸汽温度的动态特性

四、汽温动态特性试验的基本方法

减温水扰动下过热蒸汽温度动态特性试验的基本方法如下：

(1) 保持机组负荷稳定、锅炉燃烧率不变；

(2) 置减温控制于手动控制方式，手操并保持在过热蒸汽温度稳定运行5min左右；

(3) 一次关小（开大）减温水调节阀开度，幅度以减小（开大）10%减温水流量为宜；

(4) 保持其扰动不变，记录主蒸汽温度变化情况；

(5) 待主蒸汽温度上升（下降）并稳定在新值时结束试验。

重复上述试验2～3次，分析减温水阶跃扰动下过热蒸汽温度变化的飞升特性曲线，求取其动态特性参数。

再热蒸汽温度动态特性试验的基本方法与过热蒸汽温度动态特性试验类似，在此不再赘述。

【任务准备】

一、引导问题

学习完相关知识后，需回答下列问题：

(1) 过热器布置在汽水系统中的哪个位置？其作用是什么？

(2) 再热器布置在汽水系统中的哪个位置？其作用是什么？

(3) 影响过热蒸汽温度的主要扰动有哪些？过热蒸汽温度动态特性有何特点？

(4) 影响再热蒸汽温度的主要扰动有哪些？再热蒸汽温度动态特性有何特点？

(5) 过热（再热）动态特性试验的目的是什么？

(6) 过热（再热）动态特性试验的条件有哪些？

(7) 过热（再热）动态特性试验的基本方法是什么？

(8) 过热（再热）动态特性试验的安全措施有哪些？

二、制定试验方案

在正确回答引导问题后，依据行业（企业）规程，结合附录A所给出的试验方案样表制定过热（再热）蒸汽温度动态特性试验方案。

【任务实施】

根据制定好的试验方案，按照试验步骤，完成试验。

下面给出某电厂过热蒸汽温度试验操作步骤，供参考。

（1）办理机组试验工作票；

（2）运行人员调整好工况，保持各主要参数稳定（负荷、主蒸汽压力、水位）；

（3）由热控人员打开工程师站，输入密码，进入工程师环境；

（4）热控负责人调出实时曲线（显示范围，时间适当设置）；

（5）运行人员解除过热汽温控制自动至手动，手操并保持在过热蒸汽温度给定值±5℃稳定运行5min左右；

（6）快速开大减温水调节阀开度，幅度以开大10%减温水流量为宜，保持其扰动不变，记录试验曲线，待主蒸汽温度下降并稳定在新值时结束试验；

（7）快速关小减温水调节阀开度，幅度以关小10%减温水流量为宜，保持其扰动不变，记录试验曲线，待主蒸汽温度上升并稳定在新值时结束试验；

（8）同样步骤做三次试验，取两条基本相同的曲线作为试验结果；

（9）分析减温水流量阶跃扰动下过热蒸汽温度变化的飞升特性曲线，求取其动态特性参数，并完成试验报告（试验报告格式参见附录B）。

注意 在试验过程中，如危及到机组的安全运行，请运行人员立即退出试验，以确保机组安全。

图2-9、图2-10所示分别为某300MW亚临界仿真机组过热汽温和再热汽温控制对象动态特性试验曲线。

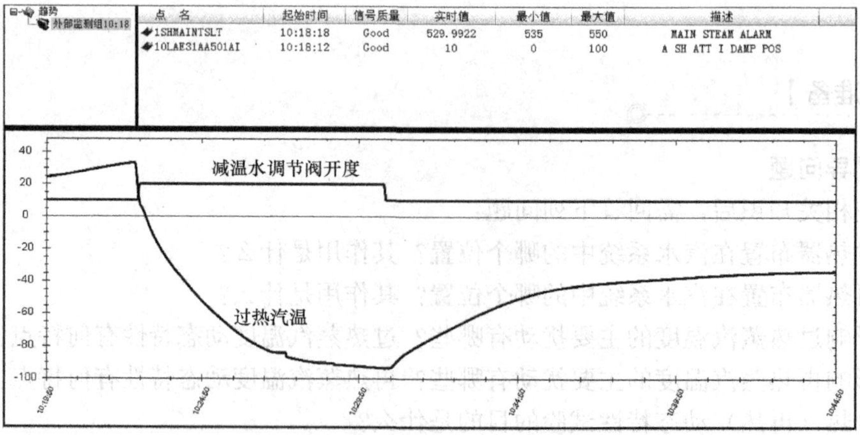

图2-9 过热汽温控制对象动态特性曲线

【检查评估】

检查任务的完成情况，检查评估表参见表1-3。

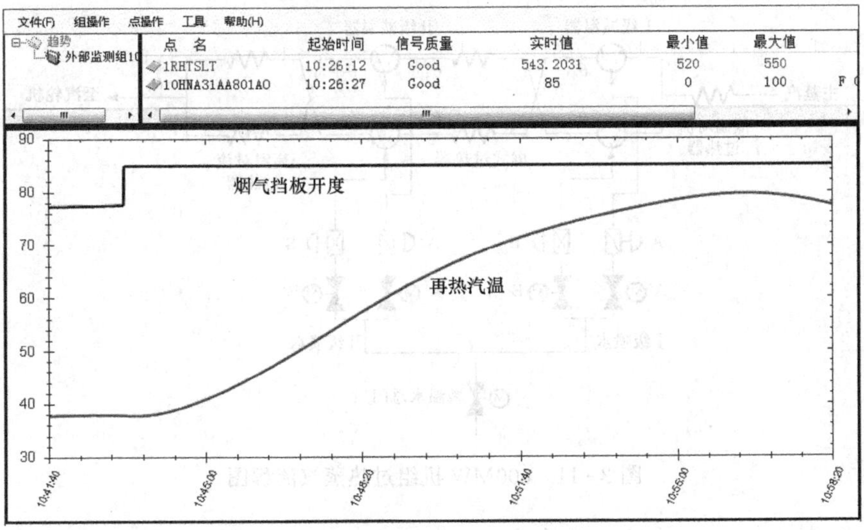

图 2-10　再热汽温控制对象动态特性曲线

任务二　汽温控制方案分析

【学习目标】

(1) 掌握串级控制系统的结构组成，理解其工作原理；
(2) 掌握汽温控制的基本手段；
(3) 理解汽温控制方案的工作原理；
(4) 能识读模拟量控制系统逻辑图符号；
(5) 会分析汽温控制系统的结构组成与工作过程；
(6) 会编制模拟量控制系统分析报告；
(7) 养成善于动脑、勤于思考的学习习惯，具有与人沟通和交流的能力。

【任务描述】

一、过热汽温控制方案分析任务

某 600MW 发电机组采用 2028t/h 汽包锅炉的过热蒸汽流程图如图 2-11 所示。

过热器系统设有两级喷水减温器，用来调节过热蒸汽温度：一级减温器布置在低温过热器出口联箱至屏式过热器进口联箱的连接管上；二级减温器布置在屏式过热器出口联箱至高温过热器进口联箱的连接管上。一、二级减温器均在左（A）、右（B）两侧对称布置。

两级减温器均采用多孔喷管式，垂直于减温器筒体轴线的笛形管上有许多小孔，减温水从小孔喷出并雾化后，与同方向的蒸汽进行混合，达到降低汽温的目的，调温幅度通过调节喷水量加以控制。

一级减温器在运行中作汽温的粗调，是过热汽温的主要调节手段，并对屏式过热器起保护作用，同时也可调节低过左、右侧的蒸汽温度偏差。当切除高压加热器时，喷水量剧增，

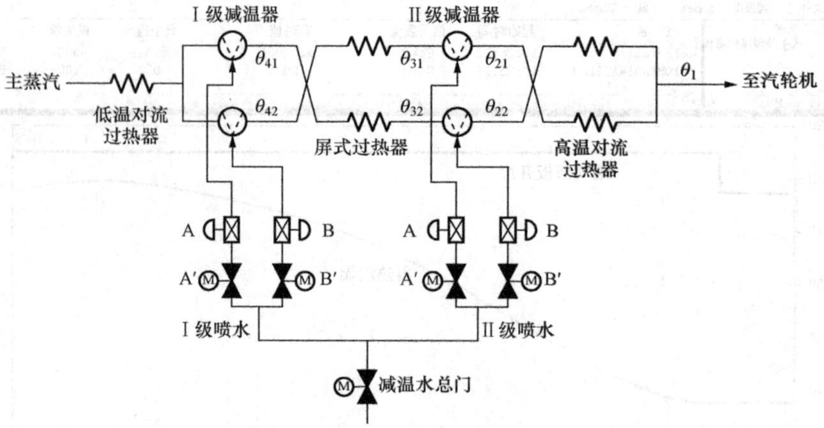

图 2-11　600MW 机组过热蒸汽流程图

此时大量喷水必须通过一级减温器，以防屏式过热器和高温过热器超温。二级减温器作为调节过热蒸汽左、右侧的汽温偏差和汽温微调用，以确保蒸汽出口温度等于给定值。

每个喷水减温管路上均配备有电动调节阀。减温器和调节阀不但能够保证正常工况下过热蒸汽达到额定温度，还能保证包括切高压加热器工况在内的其他工况下蒸汽温度均能达到额定值。

过热蒸汽温度控制系统的逻辑图如图 2-27、图 2-28 所示。试分析过热蒸汽温度控制系统的结构组成和工作原理，并提交分析报告。

二、再热汽温控制方案分析任务

某 600MW 亚临界机组的再热汽温调节主要采用挡板调温方式，通过操纵尾部烟道内的过热器侧和再热器侧烟气调节挡板，利用烟气流量和再热蒸汽出口温度的比例关系来调节挡板开度，从而控制流经再热器侧和过热器侧的烟气量，达到调节再热汽温的目的。流经再热器侧的烟气量份额随锅炉负荷的降低而增加，在一定的负荷范围内维持再热汽温为额定值。

在再热蒸汽的进口管道上，还设置了两个再热器事故喷水减温器用于控制紧急状态下的再热汽温，再热器事故喷水减温器也采用多孔喷管式；另外，在低负荷时还可以适当增大炉膛进风量，作为再热蒸汽温度调节的辅助手段。

再热蒸汽温度控制系统的逻辑图如图 2-30、图 2-31 所示。试分析再热蒸汽温度控制系统的结构组成和工作原理，并提交分析报告。

本任务建议采用案例教学法组织教学，其实施过程参见表 1-4。

【知识导航】

一、汽温控制手段

1. 过热汽温控制手段

汽温对象在不同的扰动作用下，其动态特性参数的数值（延迟时间 τ、时间常数 T_c、自平衡率 ρ）可能有很大差别。为了在控制机构动作后能及时地对汽温产生影响，要求在控制机构动作后，汽温对象的动态特性具有较小的 τ 和 T_c，因此正确选择控制汽温的手段是非常重要的。

从过热蒸汽温度对象动态特性来看，蒸汽流量或烟气流量变化时，蒸汽温度动态反应较快；而减温水量变化时，蒸汽温度动态反应较慢。由于蒸汽流量由机组负荷决定，不能作为控制量，因而改变烟气热量（改变烟温或烟气流量）是比较理想的蒸汽温度控制手段，但目前改变烟气热量是控制再热蒸汽温度的重要手段。因此，尽管喷水减温的控制特性不够理想，但由于其结构简单、调温能力强和易于实现自动化，还是被广泛采用作为过热蒸汽温度调节手段。

如图 2-12 所示，减温器一般安装在过热器的中间部位，这样既能保证控温灵敏性，又能保护高温过热器。喷水减温是将水直接喷进蒸汽，利用水吸收蒸汽的汽化潜热，从而改变过热蒸汽温度 θ_2，最终达到控制出口蒸汽温度 θ_1 的目的。

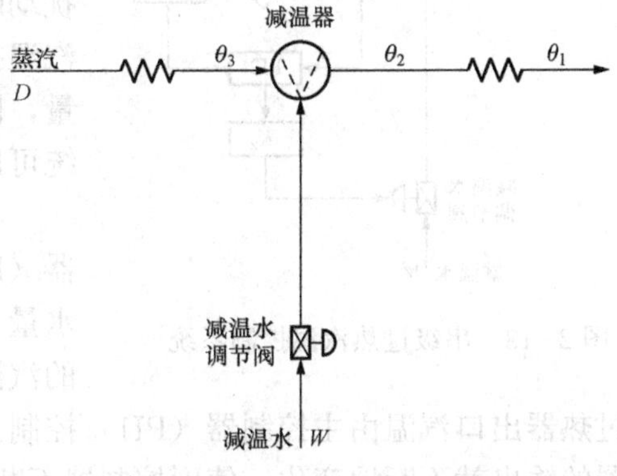

图 2-12　喷水减温控制蒸汽温度示意

此外，锅炉能够保持额定蒸汽温度的负荷范围称调温范围，减温水量减为零时的负荷，称蒸汽温度控制点。大型锅炉的蒸汽温度控制点，在定压运行时一般为 60%～70%MCR（Maximum Continuous Rating），在变压运行时则可延伸到 30%MCR。用减温器作为过热蒸汽温度的调节手段时，要求有足够的控制余量，一般在减温水门全关的情况下，减温器入口蒸汽温度要高于给定值约 30%～40%。

对采用喷水减温的过热蒸汽温度控制系统，有的机组只采用一级减温，这种系统比较简单，但因被控对象在基本扰动下的迟延时间太长，往往在机组负荷变动等扰动下蒸汽温度偏差较大。目前大多数机组都采用二级（或三级）喷水减温控制方式。对采用二级喷水减温的过热蒸汽温度控制系统，如果仅从锅炉出口蒸汽温度的控制效果来考虑，则一级减温相当于粗调，二级减温相当于细调。

2. 再热汽温控制手段

从控制的角度讲，以对被控量影响最大的因素作为控制手段对控制最有利。但在再热蒸汽温度控制中，由于蒸汽负荷是由用户决定的，故不可能用改变蒸汽负荷的方法来控制再热蒸汽温度。因此，对于再热蒸汽温度，一般以烟气控制方式为主，可采用的烟气控制方法有改变烟气挡板的位置、采用烟气再循环、调整燃烧器的倾角来控制再热汽温。这几种再热汽温控制方法各有优缺点，但就可靠性、滞后时间、对其他参数的影响、运行经济性等技术指标而言，改变烟气挡板位置和调整燃烧器倾角的方法优于其他方法。

作为烟气挡板控制或燃烧器倾角控制的辅助控制手段是微量喷水或事故喷水减温方法。当调整烟气挡板或改变燃烧器倾角不能将再热汽温控制住，再热汽温高过定值时，须通过喷水快速降低再热汽温。由于采用减温水控制再热汽温会降低机组的循环热效率，因此不宜作为再热汽温的主要控制手段。

二、过热汽温控制方案

（一）串级汽温控制

1. 系统结构

采用喷水减温的串级汽温控制系统方案如图 2-13 所示。从被控对象动态特性看，减温水扰动下的汽温动态特性具有一定的延时和较大的惯性，仅采用过热器出口汽温设计的过热汽温控制系统难以满足生产要求，可采用减温器出口的蒸汽温度作为导前信号。在有关扰动下，尤其是减温水扰动时，减温器出口处的汽温要比过热器出口处的汽温提前反映扰动作用，从而可及时地调整减温水量，因此，采用导前汽温信号构成串级汽温控制系统可以改善汽温控制的品质。

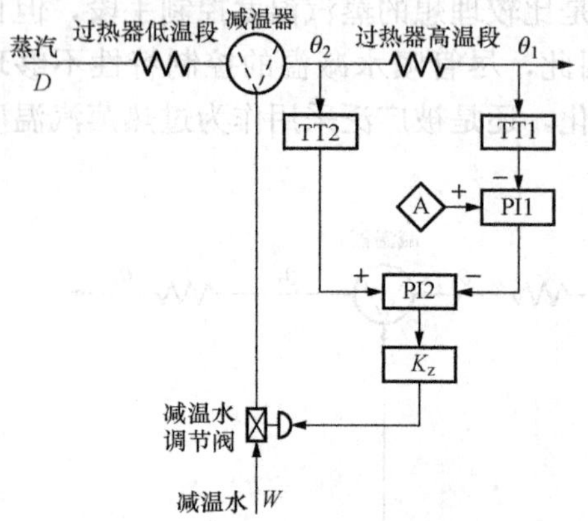

图 2-13 串级过热汽温控制系统

在该方案中，只要导前汽温发生变化，副控制器（PI2）就去改变减温水控制阀的开度，改变减温水量，初步维持后段过热器入口（减温器出口）处的汽温，对后段过热器出口过热汽温起粗调作用。后段过热器出口汽温由主控制器（PI1）控制。只要后段过热器出口汽温未达到给定值，主控制器的输出就不断地变化，使副控制器不断地去改变减温水量，直到过热汽温恢复到给定值为止。稳态时，减温器出口的汽温，即导前汽温可能与原来数值不同，而过热汽温一定等于给定值。

由于导前汽温能比过热汽温提前反映扰动对过热汽温的影响，尤其是减温水扰动，显然串级控制系统可以减小过热汽温的动态偏差。

2. 系统工作原理

从图 2-13 可以知道，所谓串级控制系统，是指控制系统中有两个相互串联的控制器，主控制器的输出作为副控制器的给定值，由副控制器的输出去操纵调节阀，两个反馈通道分别将测量信号送入两个控制器并以此形成双回路控制系统。这样的控制系统称为串级控制系统（简称串级系统）。

对于串级控制系统的基本概念可以从以下几个方面来理解和掌握。

1）串级控制系统中有两个控制器，这两个控制器相互串联，前一个控制器的输出作为后一个控制器的输入。这两个控制器分别叫主控制器和副控制器，即主控制器的输出进入副控制器，作为副控制器的给定值。

2）串级控制系统中有两个反馈回路，并且一个回路嵌套在另一个回路之中，处于里面的回路称为副回路（内回路），处于外面的回路称为主回路（外回路）。

3）串级控制系统中有两个测量反馈信号，称为主参数和副参数，分别作为主、副控制器的反馈输入信号。

（1）系统组成。由串级控制系统的基本概念可以知道，串级控制系统主要由两个控制器（主、副控制器）、两个测量变送器、一个执行器、一个调节阀门和被控对象组成。系统原理框图如图 2-14 所示。

下面结合串级过热汽温控制系统详细分析串级控制系统的结构。由图 2-13 可以绘制串

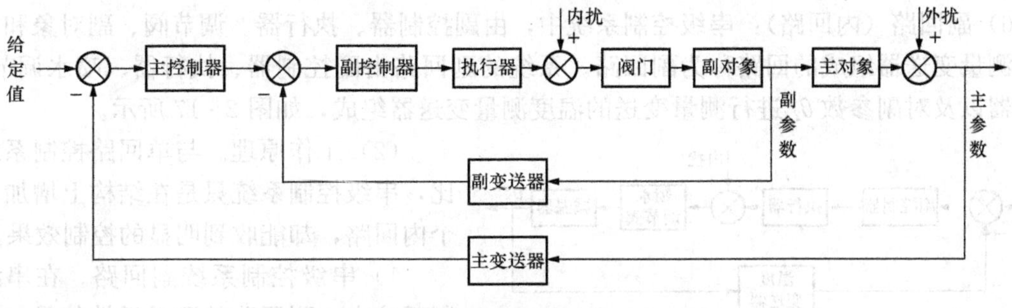

图 2-14　串级控制系统原理方框图

级过热汽温控制系统的原理方框图，如图 2-15 所示。

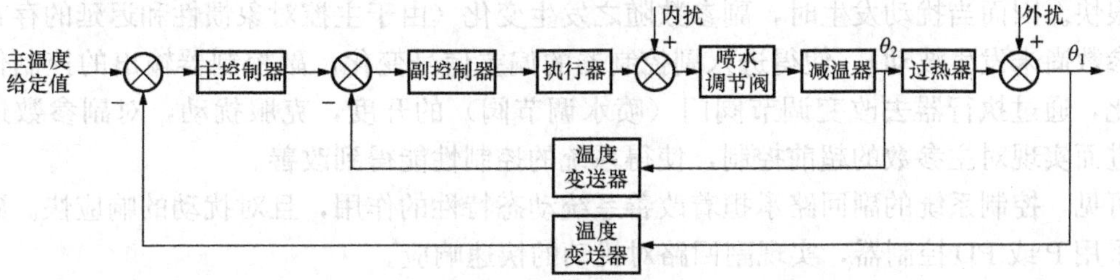

图 2-15　串级过热汽温控制系统原理方框图

结合图 2-15，相关的专业术语介绍如下：

1）主参数（主变量）。串级控制系统中最主要的被控参数称为主参数，过热蒸汽温度 θ_1 就是主参数。

2）副参数（副变量）：串级控制系统中能提前反映主参数变化趋势的中间参数，称为副参数，过热器高温段入口处的蒸汽温度 θ_2 就是副参数。副参数的引入是为了提高控制质量，克服对象的大惯性和大迟延。

3）主控制器：输入为主参数测量反馈信号与主参数给定值信号的偏差，其输出作为另一个控制器给定值的那个控制器称为主控制器。

4）副控制器：其给定值由主控制器的输出决定，输入为主控制器输出与副参数测量变送信号的偏差信号，输出控制信号给执行器的那个控制器称为副控制器。

5）主回路（外回路）：串级系统中，断开副控制器的测量反馈通道后的闭合回路称为主回路或外回路。系统的主回路是由主控制器、副控制器、执行器、喷水调节阀、减温器、过热器高温段以及对主参数 θ_1 进行测量变送的温度变送器组成，如图 2-16 所示。

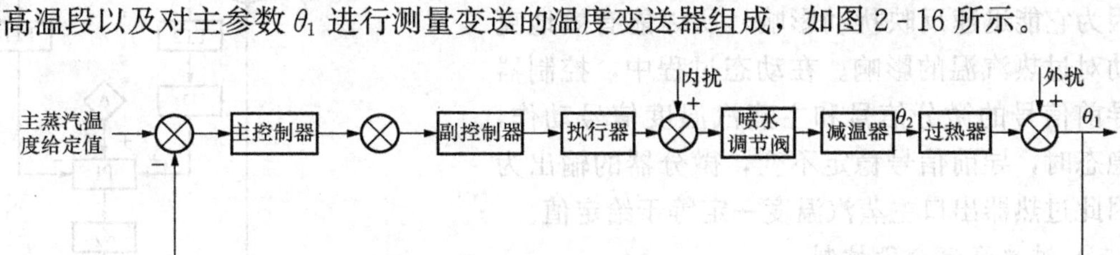

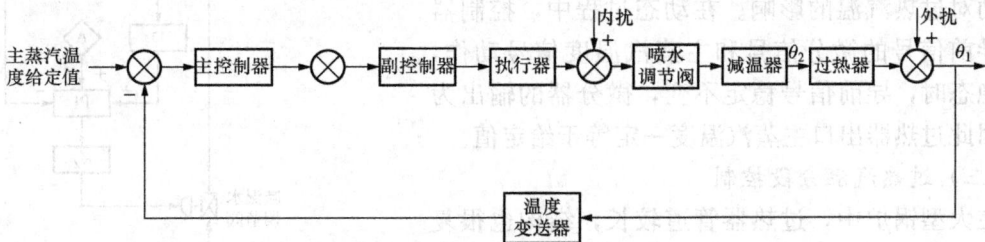

图 2-16　串级过热汽温控制系统主回路

6）副回路（内回路）：串级控制系统中，由副控制器、执行器、调节阀、副对象和副参数的测量变送器组成的回路称为副回路。系统的副回路由副控制器、执行器、喷水调节阀、减温器以及对副参数 θ_2 进行测量变送的温度测量变送器组成，如图 2-17 所示。

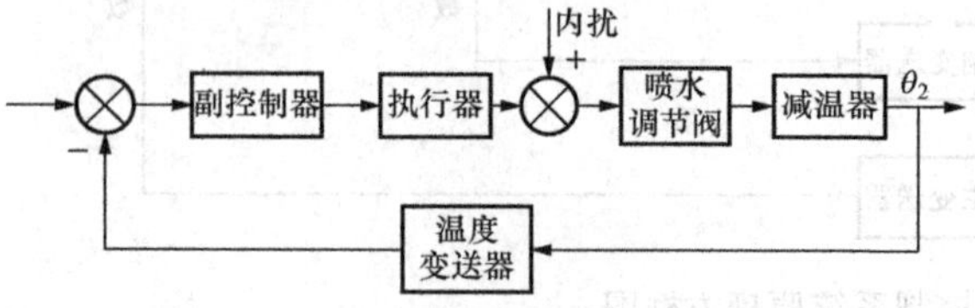

图 2-17 串级过热汽温控制系统副回路

（2）工作原理。与单回路控制系统相比，串级控制系统只是在结构上增加了一个内回路，却能收到明显的控制效果。

1）串级控制系统副回路。在串级控制系统中，副回路的测量反馈信号（副参数，过热汽温控制系统中的 θ_2）超前于主信号（主参数，过热汽温控制系统中的 θ_1）的变化，且与主信号的变化方向相同，对扰动的响应很快。因而当扰动发生时，副参数随之发生变化（由于主控对象惯性和迟延的存在，此时主参数尚未发生波动），使得进入副控制器的偏差信号变化，副控制器输出的控制作用发生变化，通过执行器去改变调节阀门（喷水调节阀）的开度，克服扰动，对副参数进行控制，进而实现对主参数的超前控制，使得系统的控制性能得到改善。

可见，控制系统的副回路承担着改善系统动态特性的作用，且对扰动的响应快。副控制器常采用 P 或 PD 控制器，实现副回路对扰动的快速响应。

由以上分析可以知道，串级控制系统的副回路可以看作一个快速随动系统，在分析系统时，可以用一个比例环节等效代替。

2）串级控制系统主回路。串级控制系统的主回路是一个定值系统，承担着主参数的定值控制任务，因而主控制器一般采用 PI 或 PID 控制规律。

主控制器输入信号为主参数给定值与其测量反馈信号的偏差信号，由于被控对象惯性和迟延的存在，当扰动发生时，主回路的动作要落后于副回路，它的控制作用是在副回路控制作用的基础之上进行的，使得系统的整体控制作用变强。当主参数在扰动的作用下发生变化而偏离给定值时，主控制器的输出变化，即改变副控制器的给定值，使得副控制器输出的控制作用变化，通过执行器去改变调节阀门（喷水调节阀）的开度，实现对主参数的控制，使系统达到稳态时，主参数稳定在给定值上。

（二）导前微分汽温控制

图 2-18 所示为采用导前信号的微分作为补充信号的汽温控制系统。如果不加入这个导前微分信号，控制系统就是一个只根据主蒸汽温度进行控制的单回路系统。加入这个导前微分信号后，因为它能迅速反映扰动影响，所以能有效地克服扰动对过热汽温的影响。在动态过程中，控制器根据导前信号的微分信号和主蒸汽温度信号动作，但在稳态时，导前信号稳定不变，微分器的输出为零，因此过热器出口主蒸汽温度一定等于给定值。

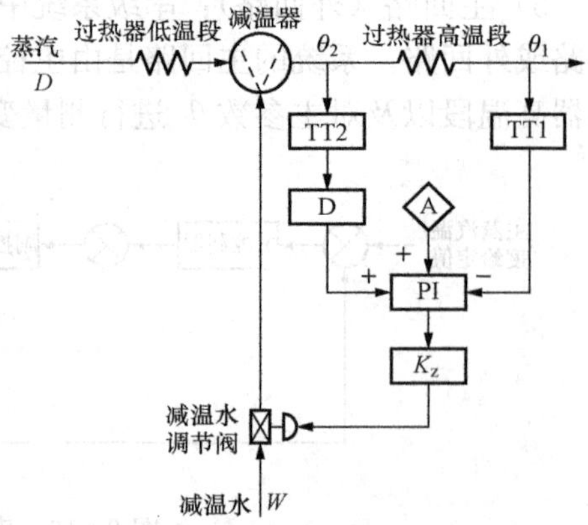

图 2-18 导前微分过热汽温控制系统

（三）过热汽温分段控制

在大型锅炉中，过热器管道较长，结构也很复杂，为了进一步改善控制品质，可以采用分段汽温控制系统，即将整个过热器分为若干段，每段设置一个减温器，分别控制各段的汽温，以维持过热汽温为给定值。对于大型锅炉，设置的减温器有 2 个或 3～4 个之多。

对于分段控制系统，由于过热器受热面传递形式和结构的不同，可以采用不同的控制方法，一般采用下述两种控制方案。

1. 分别设置独立的定值控制系统

如图 2 - 19 所示，两级减温水控制方案分别采用串级控制策略。第Ⅰ级减温水将Ⅱ段过热器（屏式过热器）出口汽温控制在某个定值；第Ⅱ级减温水将Ⅲ段过热器（高温对流过热器）出口汽温（即过热蒸汽温度）控制在给定值，这种系统可称为分段定值控制系统。分成两级减温后，各级控制系统的对象特性的迟延和惯性都要比只采用串级减温水方案时的对象特性的迟延和惯性小，因而可以改善控制品质。在这种系统中两级减温水的控制是独立的，两个控制系统可分别整定，可独立地投入运行。

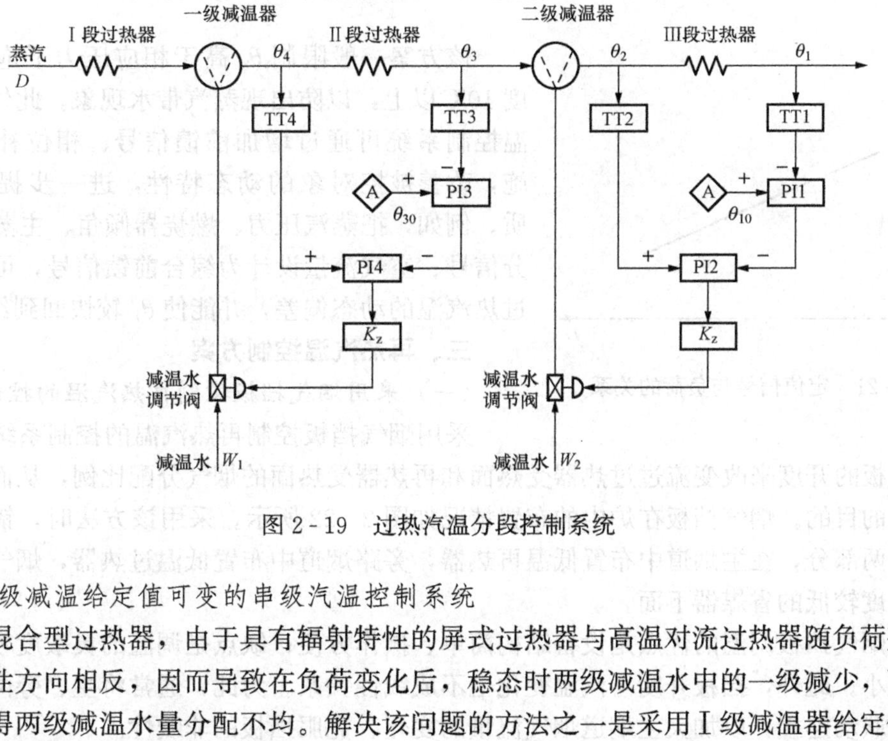

图 2 - 19　过热汽温分段控制系统

2. Ⅰ级减温给定值可变的串级汽温控制系统

对于混合型过热器，由于具有辐射特性的屏式过热器与高温对流过热器随负荷变化的汽温静态特性方向相反，因而导致在负荷变化后，稳态时两级减温水中的一级减少，而另一级增加，使得两级减温水量分配不均。解决该问题的方法之一是采用Ⅰ级减温器给定值可变的过热汽温控制方案，如图 2 - 20 所示。

该系统是在串级过热汽温控制系统的基础上改进的，改进后的Ⅰ级减温控制的给定值信号 θ_{30} 是由函数模块 $f(x)$ 产生的，函数器 $f(x)$ 输出的给定值 θ_{30} 随负荷 D 升高而降低。定值信号与蒸汽负荷间的关系如图 2 - 21 所示。

当负荷增大时，θ_3 降低，θ_1 升高，给定值 θ_{30} 减小，且 $\theta_3 > \theta_{30}$。Ⅰ级过热汽温控制系统增大一级减温水流量 W_1，使 θ_3 继续降低到与给定值 θ_{30} 相等，相当于对 θ_1 的粗调；Ⅱ级汽温控制系统增大二级减温水流量 W_2，使 θ_1 降低到与给定值 θ_{10} 相等。

由上述工作过程可见，两级减温水流量变化方向相同，克服了基本串级汽温控制系统的缺陷。该系统适用于在较大范围内参与电网调峰调频的单元机组，得到了广泛应用。

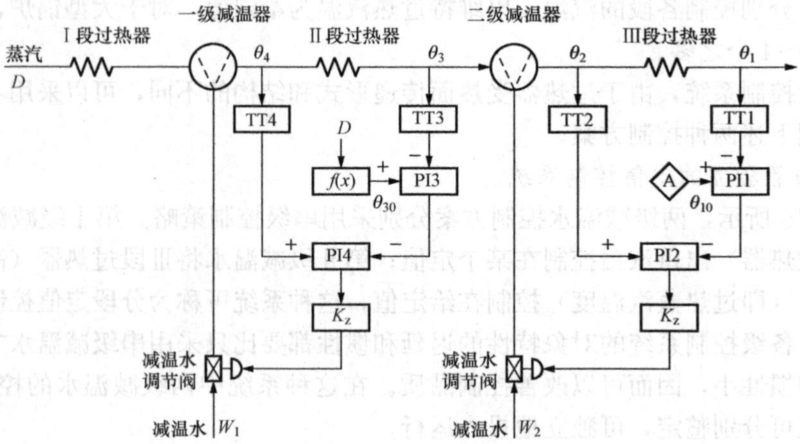

图 2-20 Ⅰ级减温给定值可变的过热汽温控制系统

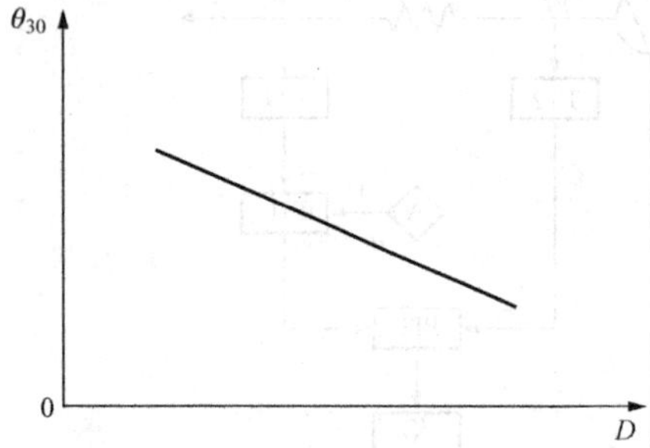

图 2-21 定值信号与负荷的关系

该方案一般限制 θ_3 高于相应压力下饱和蒸汽温度10℃以上，以防出现蒸汽带水现象。此外，Ⅱ级汽温控制系统可通过增加前馈信号、相位补偿器等措施，改善被控对象的动态特性，进一步提升控制品质。例如，把蒸汽压力、燃烧器倾角、主蒸汽温度微分信号、空气流量设计为综合前馈信号，可有效减小过热汽温的动态偏差，并能使 θ_1 较快回到给定值 θ_{10}。

三、再热汽温控制方案

（一）采用烟气挡板控制再热汽温的控制系统

采用烟气挡板控制再热汽温的控制系统是通过控制烟气挡板的开度来改变流过过热器受热面和再热器受热面的烟气分配比例，从而达到控制再热汽温的目的。烟气挡板在炉内的布置情况如图 2-22 所示。采用该方法时，锅炉的尾部烟道分为两部分，在主烟道中布置低温再热器，旁路烟道中布置低温过热器，烟气挡板布置在烟气温度较低的省煤器下面。

采用烟气挡板调温的优点是设备结构简单、操作方便；缺点是调温的灵敏度较差、调温幅度也较小。此外，挡板开度与汽温变化也不成线性关系。为此，通常将主、旁两侧挡板按相反方向联动连接，以加大主烟道烟气流量的变化、克服挡板的非线性。

当采用改变烟气流量作为控制再热汽温的手段时，控制通道的迟延和惯性较小，因此原则上只需采用单回路控制系统控制再热汽温。考虑到负荷变化是引起再热汽温变化的主要扰动，把主蒸汽量（负荷）作为前馈信号引入控制系统将有利于再热汽温的稳定，图 2-23 给出了改变烟气挡板位置控制再热汽温的一种方案。

正常情况下，即当再热汽温处于给定值附近变化时，通过改变烟气挡板开度来消除再热汽温的偏差，蒸汽流量 D 作为负荷前馈信号通过函数模块 $f_3(x)$ 去直接控制烟气挡板。当 $f_3(x)$的参数整定合适时，能使负荷变化时再热汽温保持基本不变或变化很小。反相器 $-K$ 用以使两个挡板反向动作。

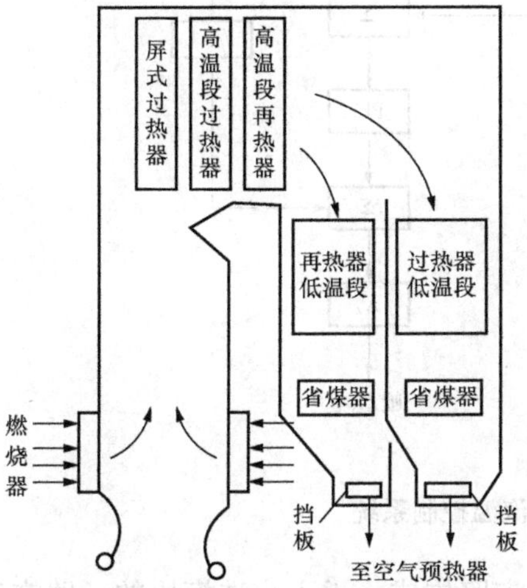

图 2-22　烟气挡板控制再热汽温烟道布置示意

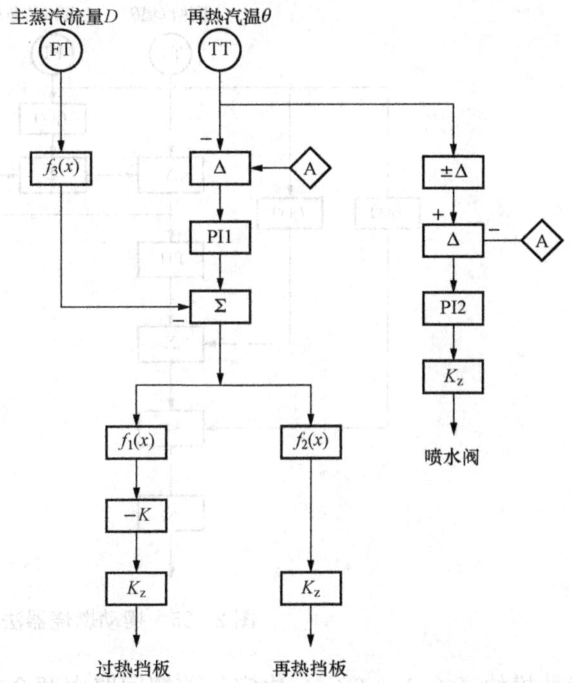

图 2-23　采用烟气挡板控制再热汽温的系统

喷水减温控制器 PI2 也是以再热汽温作为被控信号，但该信号通过比例偏置器±Δ 被叠加了一个负偏置信号（它的大小相当于再热汽温允许的超温限值）。这样，当再热汽温正常时，喷水控制器的入口端始终只有一个负偏差信号，它使喷水阀全关。只有当再热汽温超过规定的限值时，控制器的入口偏差才会变为正，从而发出喷水减温阀开的指令，这样可防止喷水门过分频繁的动作而降低机组热经济性。

（二）采用摆动燃烧器倾角控制再热汽温的控制系统

采用摆动燃烧器倾角控制再热汽温的控制系统通过改变燃烧器倾斜角度来改变炉膛火焰中心的位置和炉膛出口的烟气温度，使各受热面的吸热比例相应发生变化，达到控制再热汽温的目的。燃烧器摆动角度对炉膛出口烟气温度的影响如图 2-24 所示。

由图 2-24 可见，燃烧器上倾时可提高炉膛出口烟气温度，燃烧器下倾时可以降低炉膛出口烟气温度，因此改变燃烧器倾角能够控制再热汽温。例如低负荷时可通过上倾燃烧器来提高再热汽温使其维持给定值。图 2-25 所示是采用该方法的一个控制系统图。

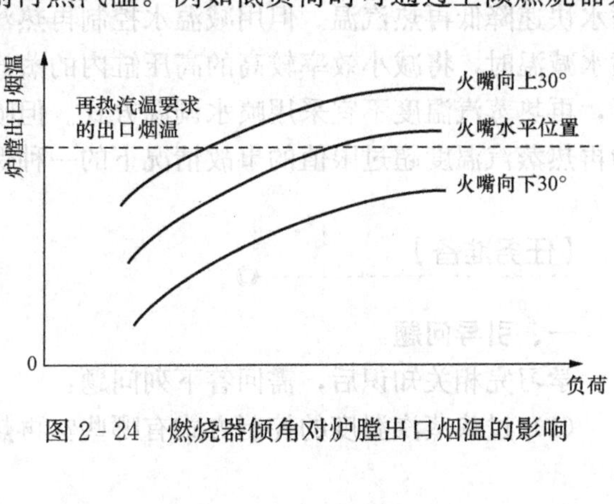

图 2-24　燃烧器倾角对炉膛出口烟温的影响

燃烧器控制系统是一个单回路控制系统，定值器 A 给出的再热汽温给定值经过主蒸汽流量 D 的 $f_1(x)$ 修正后作为控制器的给定值，与再热器出口汽温相比较，其偏差值送入 PI1 控制器。为了抑制负荷扰动引起的再热汽温变化，系统增加了主蒸汽流量的前馈补偿回路，补偿特性由两个

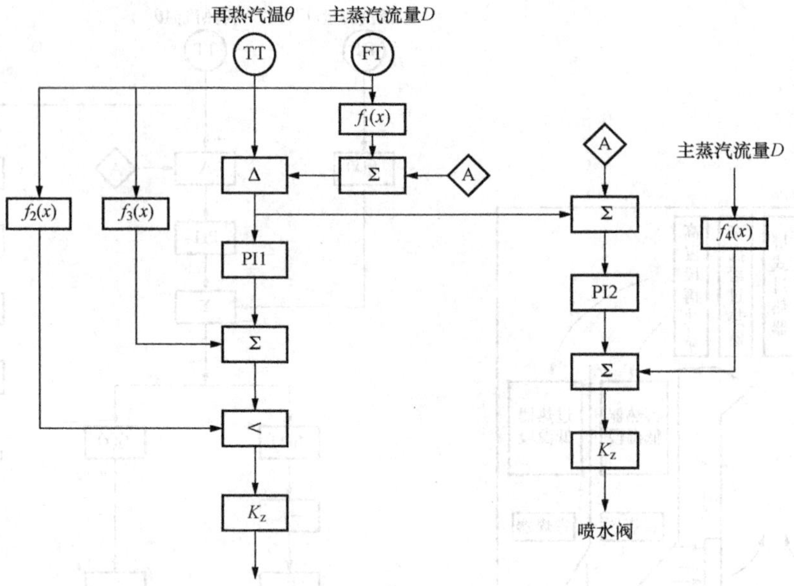

图 2-25　摆动燃烧器法再热汽温控制系统

函数模块 $f_2(x)$、$f_3(x)$ 决定，前馈回路由两个并行支路构成，送入小选模块的一路在动态过程中可以加强控制作用。例如，当出现负荷增加的瞬间，前馈控制迅速动作，动态瞬间 $f_2(x)$ 的输出值小于控制器 PI1 的输出，经小选后，可以使火嘴快速下摆，以抑制再热汽温的上升。当控制器的输出减小以后，小选模块平稳地过渡到输出 PI1 控制值来控制火嘴摆角，反之亦然。在负荷降低时，$f_2(x)$ 输出值增大，使火嘴迅速上摆，抑制再热汽温的下降。

当再热汽温超出给定值，偏差达一定值时，喷水减温系统便自动投入，通过喷水减温来限制再热汽温的升高。该系统 PI2 控制器的测量值为再热汽温的偏差信号，给定值为再热汽温偏差允许值。同样，为了改善控制过程的品质，也引入了由 $f_4(x)$ 构成的蒸汽流量动态补偿，原理同前述。

（三）采用微量喷水和事故喷水减温

烟气挡板控制或燃烧器摆角控制的辅助控制手段，是微量喷水和事故喷水减温方法。当用烟气挡板或改变燃烧器摆角不能将再热汽温控制住，并且再热汽温高过一定值时，则通过喷水快速降低再热汽温。但用减温水控制再热汽温会降低机组的循环效率，因为再热器采取喷水减温时，将减小效率较高的高压缸内的蒸汽流量，降低了机组热效率，所以在正常情况下，再热蒸汽温度不宜采用喷水调温方式。但喷水减温方式简单、灵敏、可靠，可以把它作为再热蒸汽温度超过限值的事故情况下的一种保护手段。

【任务准备】

一、引导问题

学习完相关知识后，需回答下列问题：

（1）过热蒸汽温度的控制方式有哪些？再热蒸汽温度的控制方式有哪些？

（2）汽温控制系统的基本方案有哪几种？

（3）串级控制系统有何特点？

【任务实施】

图 2-27、图 2-28、图 2-30、图 2-31 所示为某 600MW 亚临界机组过热汽温控制系统和再热汽温控制系统逻辑图，试分析其工作过程。（下面的分析过程仅供参考）

一、过热蒸汽温度控制系统分析

1. 控制目的

通过调节一级、二级过热器喷水量，维持锅炉出口过热汽温为给定值。

2. 系统功能

某 600MW 亚临界机组过热蒸汽热力系统如图 2-26 所示。

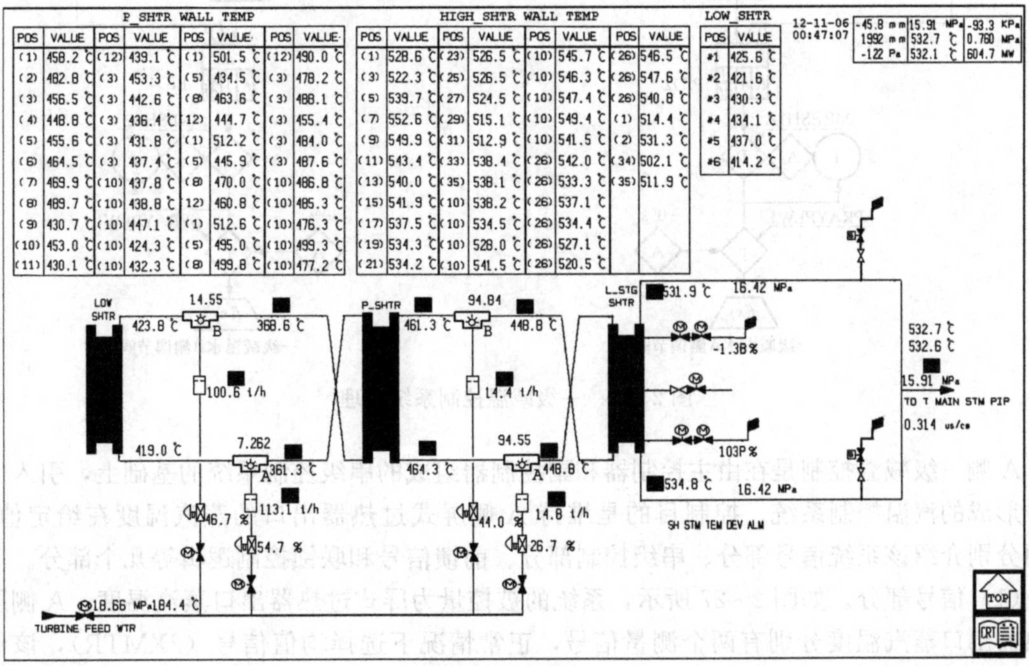

图 2-26　过热蒸汽热力系统

热力系统设计有 A、B 侧一级喷水调节阀及 A、B 侧二级喷水调节阀，A、B 侧一级减温调节阀控制屏式过热器出口汽温，A、B 侧二级减温调节阀控制锅炉出口过热汽温。

过热汽温控制采用两级喷水减温，一级减温布置在屏式过热器的入口，用于汽温粗调；二级减温器布置在高温过热器的入口，用于细调。该系统由两段相对独立的串级过热汽温控制系统构成。

3. 一级减温控制系统

一级减温控制系统结构如图 2-27 所示。

A、B 侧一级喷水减温控制系统的结构相同，均为串级控制系统。下面以 A 侧一级减温控制为例说明控制系统结构。

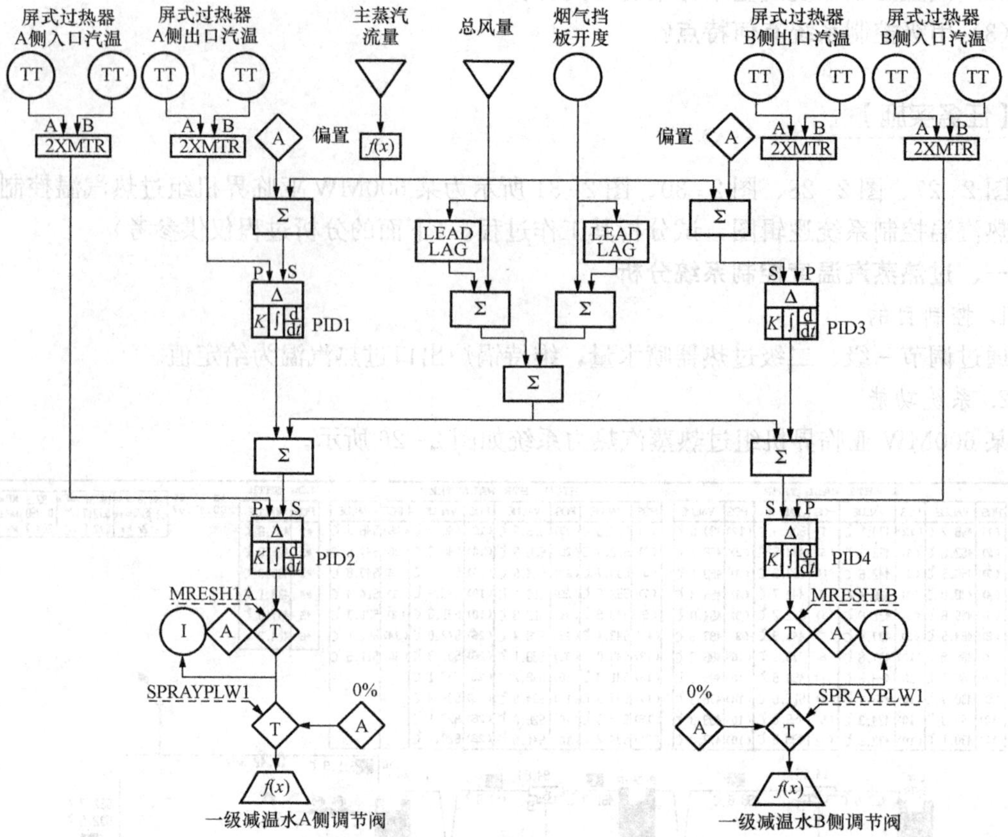

图 2-27 一级减温控制系统原理

A 侧一级减温控制是在由主控制器和副控制器组成的串级控制系统的基础上，引入前馈信号形成的汽温控制系统。控制目的是维持 A 侧屏式过热器出口的蒸汽温度在给定值上。下面分别介绍该系统信号部分、串级控制部分、前馈信号和联锁控制逻辑等几个部分。

(1) 信号部分。如图 2-27 所示，系统的被控量为屏式过热器出口蒸汽温度。A 侧屏式过热器出口蒸汽温度分别有两个测量信号，正常情况下选择均值信号（2XMTR），该信号经处理后输入到比较器。

A 侧屏式过热器出口蒸汽温度的给定值由两部分组成，一部分是由蒸汽流量代表的锅炉负荷经函数发生器 $f(x)$ 后给出基本给定值，另一部分是由运行人员根据机组的实际运行工况在上述基本给定值基础上手动进行的正负偏置。函数器的设置使机组在较低的负荷下就可投入汽温自动。

在副控制器（PID2）的输入端，还有由总风量、烟气挡板开度组成的前馈信号。

(2) 串级控制部分。串级控制系统主回路控制的过程变量为屏式过热器出口蒸汽温度，副回路控制的过程变量为一级减温器出口蒸汽温度。主回路控制的输出加上两个前馈信号后作为副回路的给定值，一个前馈信号由总风量经超前滞后环节（LEADLAG）后给出，另一个前馈信号由烟气挡板开度经超前滞后环节（LEADLAG）给出。

屏式过热器出口的蒸汽温度给定值与实际值的偏差是主控制器的输入信号。屏式过热器入口温度与主控制器输出的差，加上前馈信号，形成副控制器的输入偏差信号。当某种扰动引起屏式过热器出口蒸汽温度上升时，主控制器输入偏差减小，主控制器的输出下降，引起副控制器的输入偏差增大，副控制器的输出增加，使减温水增加，屏式过热器入口温度立即下降，经延时使屏式过热器出口汽温下降，进而使副控制器的输入偏差减小。这样，在过热汽温的迟延期间内，当主控制器输出还在减小时，屏式过热器入口温度也在同时减小，抑制了副控制器输出的进一步增加，从而防止了减温水过调。

(3) 前馈信号。如图 2-27 所示，在副控制器的输入端，系统引入总风量、烟气挡板开度等外扰信号作为前馈信号是十分有用的。这些扰动信号变化都会引起过热蒸汽温度的明显变化，因此将其引入系统，可以用来抑制它们对过热蒸汽温度的影响，改善屏式过热蒸汽温度的控制品质。如总风量增加时，过热汽温会上升，将总风量信号作为前馈信号引入系统，副控制器输入偏差增大、输出增加，增加减温水量，就可有效抑制汽温升高，改善系统在送风量扰动下的控制品质。

(4) 超驰关闭减温水逻辑（SPRAYPLW1）。所谓超驰控制就是当自动控制系统接到事故报警、偏差越限、故障等异常信号时，超驰逻辑将根据事故发生的原因立即执行自动切手动（MRE）、优先增（PRA）、优先减（PLW）、禁止增（BI）、禁止减（BD）等逻辑功能，将系统转换到预先设定好的安全状态，并发出报警信号。

当出现主燃料跳闸（MFT）、汽轮机跳闸（TURBINE TRIP）或负荷小于 $x\%$时，一级减温阀门 M/A 站强制输出为 0%，将超驰关闭一级减温水。当减温水调节阀的开度大于 $x\%$（如 5%），则发出一个脉冲信号打开隔离阀门，反之，当开度小于 $x\%$时，经延时，关闭隔离门 A′（由 SCS 实现），以彻底关断减温水。

需要说明的是，各级减温器的超驰关闭减温水逻辑条件是同样的。

(5) 强制手动逻辑（MRESH1A）。当出现下列情况之一时，A 侧一级过热器喷水减温阀 M/A 站强制切到手动状态：

1) A 侧屏式过热器出口汽温信号故障；

2) A 侧屏式过热器入口汽温信号故障；

3) 蒸汽流量信号故障；

4) 屏式过热器出口温度给定值与实际值偏差大；

5) 过热器一级减温水 A 侧调节阀控制指令与反馈偏差大；

6) MFT；

7) 汽轮机跳闸；

8) 锅炉负荷低于 20%。

4. 二级减温控制系统

二级减温控制系统结构如图 2-28 所示。

与一级减温器一样，二级减温器也设两个调节阀，两侧分别控制。A、B 侧二级喷水减温控制系统的结构相同，也是在由主控制器和副控制器组成的串级控制系统的基础上，引入前馈信号形成的汽温控制系统。与一级减温控制系统不同之处，一是高温过热器出口温度的给定值由运行人员手动设定，二是前馈信号中引入了代表机组负荷的主蒸汽流量信号。其他部分与一级减温控制类似，这里不再赘述。

当出现下列情况之一时，A 侧二级过热器喷水减温阀控制站强制切到手动状态：

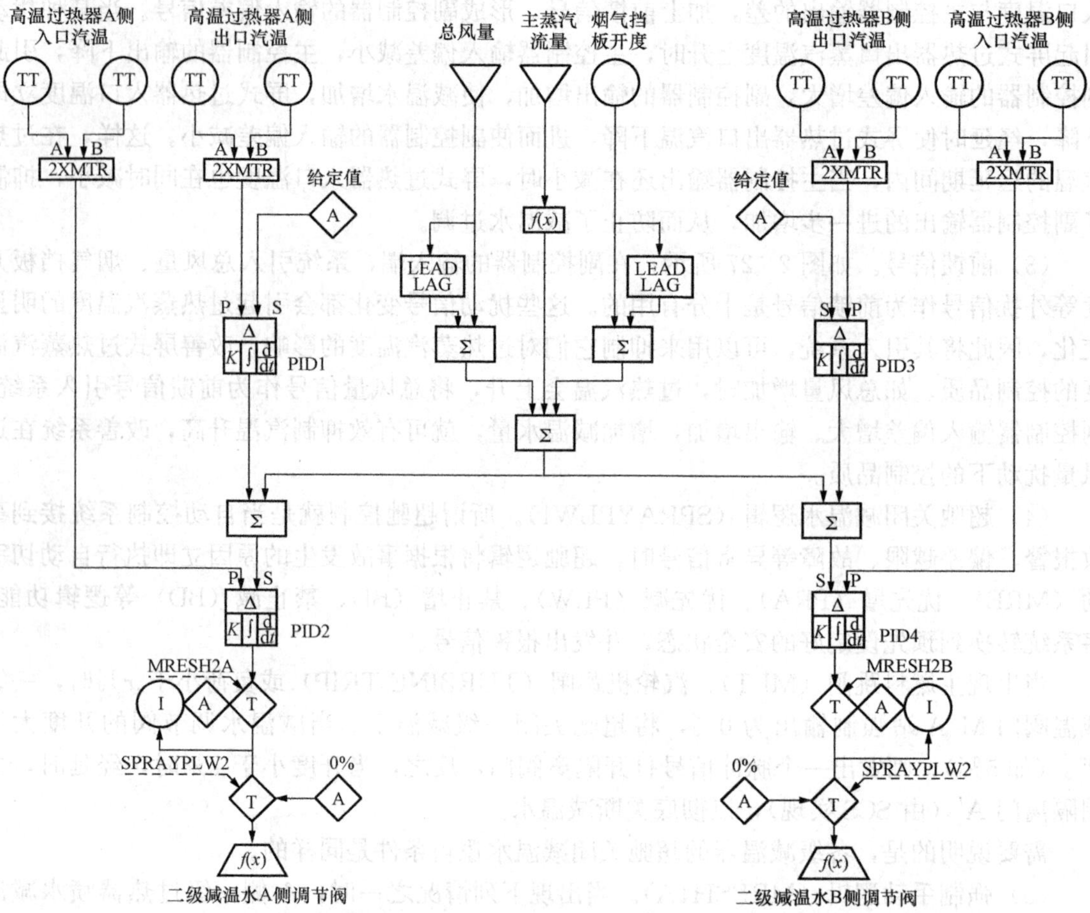

图 2-28 二级减温控制系统原理

（1）A 侧高温过热器出口汽温信号故障；

（2）A 侧高温过热器入口汽温信号故障；

（3）蒸汽流量信号故障；

（4）A 侧锅炉出口温度给定值与实际值偏差大；

（5）过热器二级减温水 A 侧调节阀控制指令与反馈偏差大；

（6）MFT；

（7）汽轮机跳闸；

（8）锅炉负荷低于 10%。

二、再热汽温控制系统分析

1. 控制目的

通过调节烟气挡板及再热器喷水量，维持锅炉出口再热汽温为给定值。

2. 系统功能

某 600MW 亚临界机组再热蒸汽热力系统如图 2-29 所示。

热力系统设计有再热器出口温度调节门（烟气挡板 1～3）、过热器出口温度调节门（烟气挡板 1A、1B、2A、2B）及 A 侧、B 侧再热器减温水调节阀。

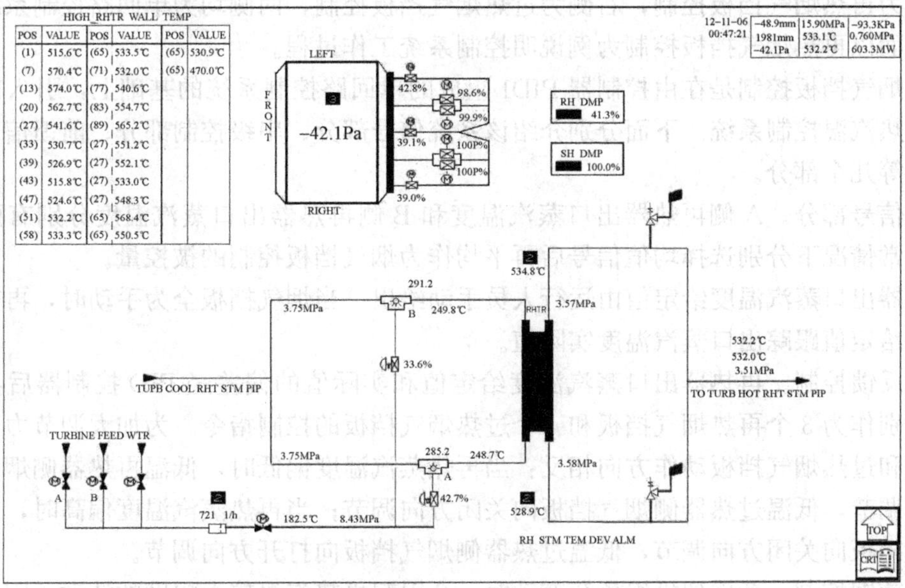

图 2-29　再热蒸汽热力系统

正常情况下由再热器出口温度调节门（烟气挡板 1～3）、过热器出口温度调节门（烟气挡板 1A、1B、2A、2B）控制锅炉出口再热汽温。如果因某种原因引起再热器出口汽温超温，再由 A、B 两侧的再热器减温水调节阀控制再热汽温。

3. 烟气挡板控制

再热汽温烟气挡板控制系统如图 2-30 所示。

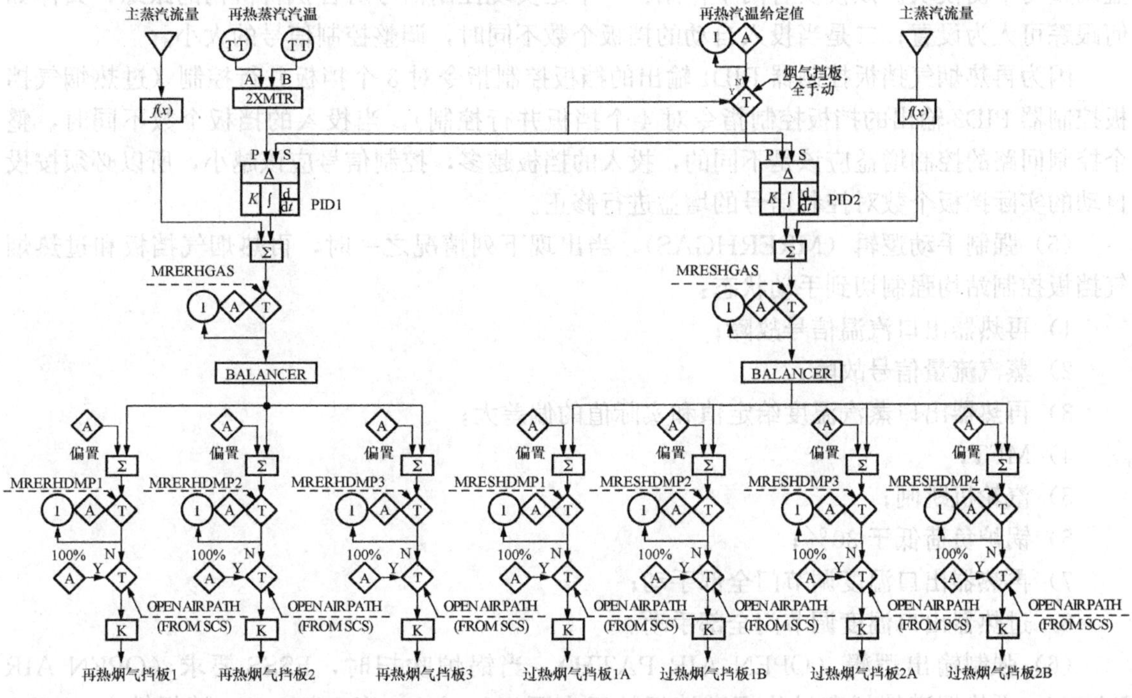

图 2-30　再热汽温烟气挡板控制系统

左侧为再热烟气挡板控制，右侧为过热烟气挡板控制，两侧均为单回路控制系统，结构相同。下面以再热烟气挡板控制为例说明控制系统工作过程。

再热烟气挡板控制是在由控制器 PID1 组成的单回路控制系统的基础上，引入前馈信号形成的再热汽温控制系统。下面分别介绍该系统信号部分、串级控制部分、前馈信号和联锁控制逻辑等几个部分。

（1）信号部分。A 侧再热器出口蒸汽温度和 B 侧再热器出口蒸汽温度分别有两个测量信号，正常情况下分别选择均值信号后再平均作为烟气挡板控制的被控量。

再热器出口蒸汽温度给定值由运行人员手动给出。当烟气挡板全为手动时，再热器出口蒸汽温度给定值跟踪出口蒸汽温度实际值。

（2）反馈控制。再热器出口蒸汽温度给定值和实际值的偏差经 PID 控制器后再加上前馈信号分别作为 3 个再热烟气挡板和 4 个过热烟气挡板的控制指令。为加大调节力度，再热烟气挡板和过热烟气挡板动作方向相反：当再热蒸汽温度偏低时，低温再热器侧烟气挡板向打开方向调节，低温过热器侧烟气挡板向关闭方向调节；当再热蒸汽温度偏高时，低温再热器侧烟气挡板向关闭方向调节，低温过热器侧烟气挡板向打开方向调节。

（3）前馈控制。考虑到机组负荷变动时，会引起再热汽温较大幅度的波动，因此，系统中引入了反映负荷变化的主蒸汽流量信号作为前馈信号。前馈信号分别由蒸汽流量经函数发生器 $f(x)$ 后给出。

在运行过程中，运行人员可根据机组实际运行情况，在每个烟气挡板开度指令上设置偏置。

（4）增益调整与平衡（BALANCER）。系统除设计有再热和过热烟气挡板 M/A 站外，每个挡板还有自己的 M/A 站，可分别对每个挡板进行独立操作，主站和分站之间设计有增益调整与平衡模块。该模块有两个作用：一个是实现控制信号对各执行机构的跟踪，具体如何跟踪可人为设置；二是当投入自动的挡板个数不同时，调整控制信号的大小。

因为再热烟气挡板控制器 PID1 输出的挡板控制指令对 3 个挡板并行控制（过热烟气挡板控制器 PID2 输出的挡板控制指令对 4 个挡板并行控制），当投入的挡板个数不同时，整个控制回路的控制增益应该是不同的，投入的挡板越多，控制信号应该越小，所以必须按投自动的实际挡板个数对控制信号的增益进行修正。

（5）强制手动逻辑（MRERHGAS）。当出现下列情况之一时，再热烟气挡板和过热烟气挡板控制站均强制切到手动状态：

1）再热器出口汽温信号故障；

2）蒸汽流量信号故障；

3）再热器出口蒸汽温度给定值和实际值的偏差大；

4）MFT；

5）汽轮机跳闸；

6）锅炉负荷低于 30%；

7）再热器出口温度调节门全部手动；

8）过热器出口温度调节门全部手动。

（6）强制输出逻辑（OPEN AIR PATH）。当锅炉吹扫时，FSSS 要求（OPEN AIR PATH）再热烟道挡板和过热烟道挡板处于全开（100%）；当 MFT 时，挡板锁定；MFT

复位后，挡板释放控制。在这些特殊情况下，再热烟道挡板和过热烟道挡板自动控制系统将由逻辑控制取代。

4. 再热器喷水控制

再热汽温喷水控制系统如图 2-31 所示。

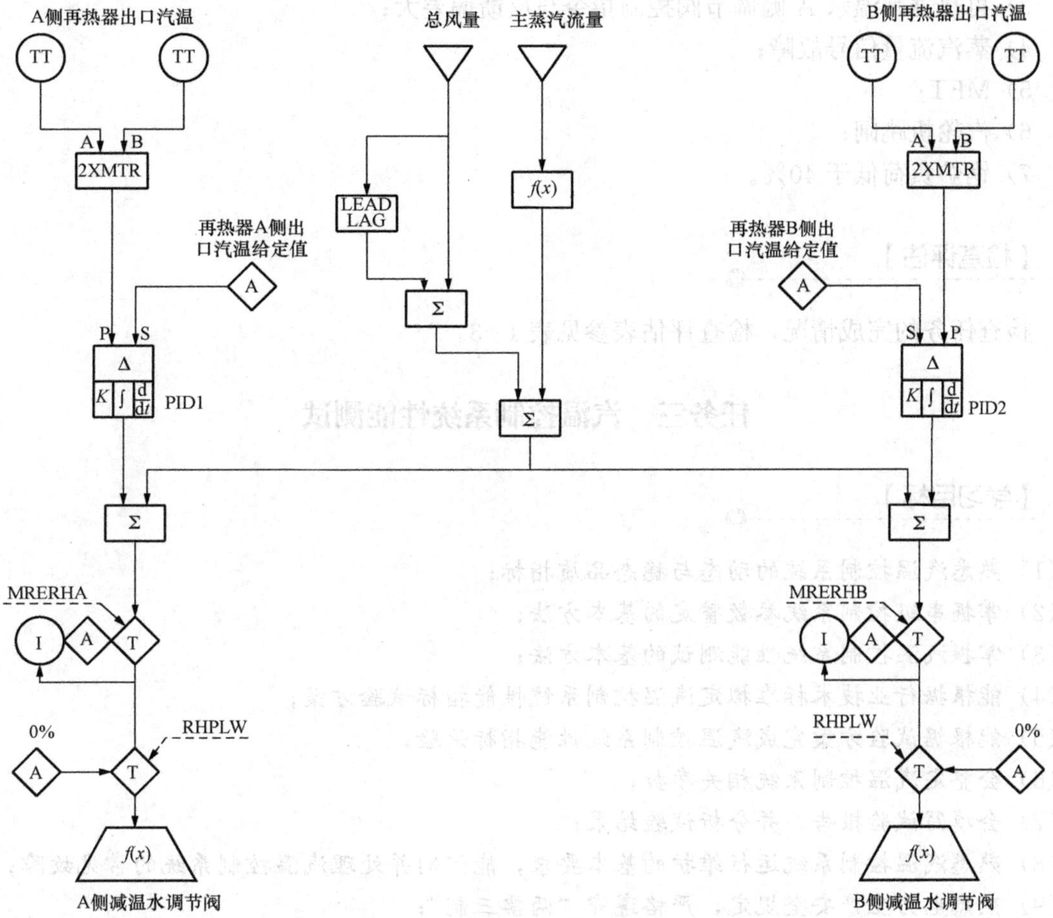

图 2-31　再热汽温喷水控制系统

A、B 侧再热器温度喷水控制结构完全相同，下面以 A 侧再热器温度喷水控制为例说明控制系统结构。

(1) 系统结构。A 侧再热器出口蒸汽温度有两个测量信号，正常情况下选择平均值作为 A 侧再热器温度喷水控制的过程变量。

A 侧再热器温度喷水控制为单回路控制系统，A 侧再热器出口蒸汽温度给定值由运行人员手动给出。

A 侧再热器出口蒸汽温度给定值和实际值的偏差经 PID 控制器后再加上前馈信号作为再热器减温水 A 侧调节阀的控制指令。前馈信号由主蒸汽流量、总风量代表的机组负荷经函数发生器后给出。

(2) 再热器喷水控制强制输出（RHPLW）。当锅炉主燃料量跳闸（MFT）、汽轮机跳闸或锅炉负荷小于 40％时，A 侧再热器喷水减温阀门控制站强制输出为 0％。

(3) 再热器喷水控制强制手动（MRERH）。当出现下列情况之一时，A 侧再热器喷水减温阀控制站强制切到手动状态：

1）A 侧再热器出口汽温信号故障；
2）A 侧再热器出口蒸汽温度给定值和实际值的偏差大；
3）再热器减温水 A 侧调节阀控制指令与反馈偏差大；
4）蒸汽流量信号故障；
5）MFT；
6）汽轮机跳闸；
7）锅炉负荷低于 40%。

【检查评估】

检查任务的完成情况，检查评估表参见表 1-3。

任务三　汽温控制系统性能测试

【学习目标】

(1) 熟悉汽温控制系统的动态与稳态品质指标；
(2) 掌握串级控制系统参数整定的基本方法；
(3) 掌握汽温控制系统性能测试的基本方法；
(4) 能根据行业技术标准拟定汽温控制系统性能指标试验方案；
(5) 能根据试验方案完成汽温控制系统性能指标试验；
(6) 会整定汽温控制系统相关参数；
(7) 会填写试验报告，并分析试验结果；
(8) 熟悉汽温控制系统运行维护的基本要求，能识别并处理汽温控制系统的常见故障；
(9) 熟悉电力生产安全规定，严格遵守“两票三制”；
(10) 具有团队合作意识，养成严谨求实的工作作风。

【任务描述】

汽温控制系统性能测试的目的是提高汽温控制系统在给定值扰动下的控制能力，并根据试验结果适当调整各有关参数（如比例带、积分时间等），提高调节品质，验证控制回路的安全可靠性。

通常，在机组投运前、锅炉 A 级检修、或运行中当稳态品质指标超差时，应进行汽温定值扰动试验，并提交汽温控制的动态、稳态品质指标合格报告。

本任务建议采用项目教学法组织教学，其实施过程参见表 1-1。

【知识导航】

一、汽温控制系统的品质指标

汽温控制系统的品质指标（负荷范围70%～100%）如下：

(1) 稳态品质指标。过热汽温300MW等级以下机组为±2℃，300MW等级及以上机组为±3℃；再热蒸汽温度300MW等级以下机组为±3℃，300MW等级及以上机组为±4℃；执行器不应频繁动作。

(2) 过热汽温和再热汽温给定值改变±5℃时，过渡过程衰减率$\varphi=0.75\sim1$，稳定时间为：300MW等级以下机组小于15min，300MW等级及以上机组小于20min。

(3) 机炉协调控制方式下的动态、稳态品质指标见附录D。

二、汽温控制系统整定

（一）串级控制系统基本整定方法

在串级控制系统中，由于两个控制器串在一起，在一个系统中工作，互相之间或多或少有些影响，因此串级系统的整定要比单回路系统复杂些。下面介绍两种常用整定方法。

1. 逐次逼近法

对于主、副对象时间常数相差不大的串级控制系统，由于主回路与副回路的动态联系比较密切，系统整定必须反复进行、逐步逼近，这时宜采用逐次逼近法。

所谓逐次逼近法，就是在主回路断开的情况下，求取副控制器的整定参数，然后将副控制器的参数设置在所求数值上，将串级控制系统主回路闭合以求取主控制器的整定参数值。而后，将主控制器的参数设置在所求数值上，再进行整定，求出第二次副控制器的整定参数值。比较上述两次的整定参数值和控制质量，如果达到了控制品质指标，整定工作就此结束。否则，再按此法求取第二次主控制器的整定参数值，依次循环，直至求得合适的整定参数值。这样，每循环一次，其整定值与最佳参数便接近一步，故名逐次逼近法。

2. 两步整定法

所谓两步整定法，就是第一步整定副控制器参数，第二步整定主控制器参数。

根据串级控制系统的设计原则，主、副对象的时间常数应适当匹配，要求其时间常数之比$T_1/T_2=3\sim10$。这样，主、副回路的工作频率和操作周期就相差很大，其动态联系很小，可忽略不计。所以，副控制器参数按单回路控制系统方法整定之后，可以将副回路作为主回路的一个环节，再按单回路控制系统的整定方法整定主控制器的参数，而不再考虑主控制器参数变化对副回路的影响。另外，在生产过程中，对于主参数的质量指标要求很高，而对副参数的质量指标没有严格要求。通常设置副参数的目的是进一步提高主参数的控制质量。在副控制器参数整定好后，再整定主控制器参数。这样，只要主参数的质量通过主控制器的参数整定得到保证，副参数的控制质量可以允许牺牲一些。

（二）串级汽温控制系统整定

1. 两步整定法

由于过热蒸汽温度对象导前区的延时和惯性比惰性区要小，而且副控制器又选用P或PD规律，在这种情况下，副回路的调节过程要比主回路的调节过程快得多。当发生减温水量扰动时，副回路可以很快地消除扰动，而使过热器出口温度基本上不受影响。因此副回路动作时，主回路可以视为开路状态；当主回路动作时，副回路可视为快速随动系统。

一般认为，当式（2-7）成立时即可认为副回路为快速随动系统

$$n_0 T_0 \geqslant 3n_2 T_2 \tag{2-7}$$

式中 T_0——主蒸汽温度的时间常数；

T_2——导前汽温的时间常数；

n_0——主蒸汽温度传递函数的阶数；

n_2——导前汽温传递函数的阶数。

如果符合以上条件，则串级汽温调节系统可以采取副、主回路分别整定的方法进行整定，即两步整定法。在控制器参数整定时，一般副回路取 $\varphi=0.75\sim0.85$，主回路取 $\varphi=0.9\sim1$。

按副、主回路分别整定后，应检查系统是否满足

$$\omega_2 \geqslant 3\omega_1 \tag{2-8}$$

式中 ω_1、ω_2——主、副回路主导衰减振荡成分的频率。

2. 补偿法

当不满足式（2-7）和式（2-8）时，应采用补偿法进行整定。将图 2-32（a）所示的串级汽温调节系统方框图作等效变换后，可以得到图 2-32（b）所示的由等效对象构成的单回路控制系统。因此，按补偿法整定的步骤如下：

（1）适当选取主控制器参数，以构成较为理想的等效控制对象；

（2）按单回路系统进行整定，得到副控制器参数。

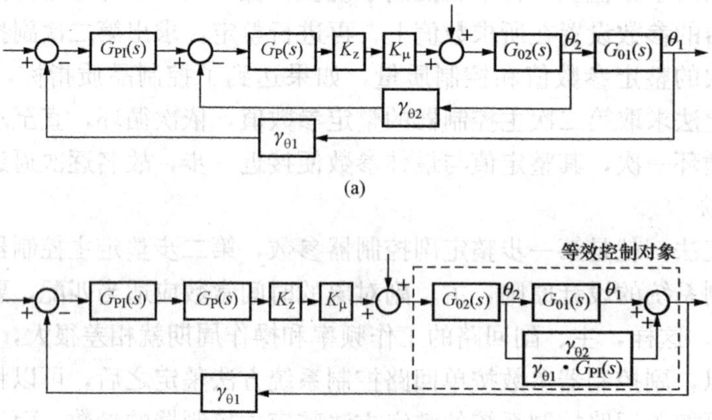

图 2-32 串级汽温控制系统方框图的等效变换

（a）串级汽温控制系统方框图；（b）由等效对象构成的单回路控制系统

$\gamma_{\theta1}$—主蒸汽温度变送器传递函数；$\gamma_{\theta2}$—导前汽温变送器传递函数；

$G_{01}(s)$—惰性区对象传递函数；$G_{02}(s)$—导前区对象传递函数；

$G_{PI}(s)$、$G_P(s)$ —主、副控制器传递函数；

K_z、K_μ—执行机构、调节门传递函数

按补偿法整定，可以使串级调节系统具有足够的稳定裕度，但不能获得最佳的整定参数。在主、副控制器不能分别独立整定时，补偿整定法是一种非常实用的方法。

三、汽温控制系统的投入与撤除

1. 汽温控制系统投入条件

汽温控制系统投入条件如下：

(1) 主蒸汽各级温度、再热汽温度指示准确，记录清晰；

(2) 减温水调节门、燃烧器倾角或尾部烟道控制挡板有足够的调节裕量；

(3) M/A操作站工作正常，跟踪信号正确，无切手动信号。

2. 汽温控制系统的撤除

发生以下情况可撤除自动：

(1) 锅炉稳定运行时，过热汽温及再热汽温超出报警值；

(2) 减温水调节门已全开，而汽温仍继续升高，或减温水调节门已全关，而汽温仍继续下降；

(3) 控制系统工作不稳定，减温水流量大幅度波动，汽温出现周期性不衰减波动；

(4) 减温水调节门漏流量大于其最大流量的15%；

(5) 锅炉运行不正常，过热汽温和再热汽温参数低于额定值。

四、运行维护要求

根据DL/T 774—2004《热工自动化系统检修运行维护规程》，汽温控制系统的运行维护要求如下：

(1) 每天应向运行值班人员了解并根据过热汽温及再热汽温记录曲线分析控制系统的运行情况，如发现问题应及时消除；

(2) 定期检查测量信号的正确性；

(3) 定期检查执行机构、调节机构的特性；

(4) 定期检查系统在各种工况下的控制品质记录曲线，发现异常即时处理，保证系统处于完好状态。

五、汽温控制系统的常见故障与维护

(一) 主蒸汽温度自动不正常或不能投入的原因分析与解决方法

1. 故障现象

主蒸汽温度自动系统不正常或不能投入。

2. 原因分析

(1) 任意一个过热器一级减温水出口温度测量坏点（算法判断）。

(2) 任意一个过热器二级减温水入口温度测量坏点（算法判断）。

(3) 任意一个过热器二级减温水出口温度测量坏点（算法判断）。

(4) 任意末级过热器出口温度测量坏点（算法判断）。

(5) 过热器减温水控制回路中的任意一个算法输出点质量坏（当算法质量向下一级传输功能设定为ON时）。

(6) 两个过热器一级减温水出口温度偏差超过允许值（如≥5℃）。

(7) 两个过热器二级减温水入口温度偏差超过允许值（如≥5℃）。

(8) 两个末级过热器出口温度偏差超过允许值（如≥5℃）。

(9) 过热器减温水控制温度给定值与实际值偏差超过允许值（如≥5℃）。

(10) 过热器减温水调节阀指令和位置偏差超过允许值（如≥2%）。

(11) 指令与反馈的偏差超过允许限值（电动执行机构）。过热器减温水调节阀内部的伺服放大器故障；比例放大板不能有效处理指令信号和反馈信号；反馈计数板坏；换相晶闸管坏；调节阀电动机故障；调节阀的手动/自动切换开关坏等都会导致调节阀不正常。

(12) 指令与反馈的偏差超过允许限值（气动执行机构）。气动执行机构卡涩；调节阀的气缸膜片不严密；调节阀的气源压力不足；调节阀气源管路泄漏；调节阀减压阀故障；调节阀电磁阀故障；调节阀定位器故障（指令信号转换器故障或反馈板故障）；调节阀反馈连杆松动或脱开等均会导致调节阀不正常。

(13) 过热器减温水调节阀蜗杆损坏；调节阀流量特性变差；调节阀内漏。

3. 解决方法

(1) 检查或更换过热减温水控制系统中的温度元件以消除温度坏点或温度偏差。

(2) 检查过热减温水控制系统回路的实际值和给定值偏差限值。

(3) 配合电气专业检查处理过热器减温水调节阀（电动执行机构）的内部伺服放大器、比例放大板、反馈计数板、换相晶闸管、调节阀电动机、调节阀的手动/自动切换开关等部件故障，以减小指令与位置反馈偏差。

(4) 配合机务人员检查处理过热器减温水调节阀（气动执行机构）卡涩、气缸膜片严密性、气源压力、气源管路严密性、减压阀、电磁阀、定位器故障（指令信号转换器故障或反馈板故障）、调节阀反馈连杆等，及时排除调节阀故障点，以减小指令与反馈偏差。

(5) 配合机务人员解体检查过热器减温水调节阀的蜗杆、丝杠、丝母等，确认故障点后，更换处理。

(6) 若减温水调节阀内漏，联系机务人员处理，提高减温水调节阀的流量特性。

(7) 配合机务人员解体检查处理过热器减温水前阀门故障。

4. 防范措施

(1) 机组大、小修时，对全部主蒸汽温度控制系统的测温元件进行定期检查、校验，更换不合格的温度测量元件。检查测量元件电缆的绝缘，紧固所有测量元件的接线端子，以减少测量误差。

(2) 机组大、小修时，联系机务人员解体检查减温水控制系统各阀门的机械部分运转情况。机械部件磨损严重时，更换备品。

(3) 机组大、小修时，联系机务人员检查处理减温水调节阀的内漏情况。

(4) 日常维护时，加强检查减温水系统测点的准确性。

(5) 日常维护时，加强检查减温水调节阀的动作灵活性和准确性。

(6) 日常维护时，执行机构应定期加润滑油，维护保养。

(二) 再热汽温控制系统自动不正常或不能投入的原因分析与解决方法

1. 故障现象

再热汽温控制系统自动不正常或不能投入。

2. 原因分析

(1) 任意一个再热减温入口温度测量坏点（算法判断）。

(2) 任意一个再热减温出口温度测量坏点（算法判断）。

(3) 再热减温控制回路中的任意一个算法输出点质量坏（当算法质量向下一级传输功能设定为 ON 时）。

（4）任意一侧两个再热器减温水出口温度偏差超过允许值（如≥5℃）。

（5）任意一侧两个再热器减温水入口温度偏差超过允许值（如≥5℃）。

（6）再热减温控制温度给定值与实际值偏差超过允许值（如≥5℃）。

（7）再热减温调节阀指令和位置偏差超过允许值（如≥2%）。

（8）指令与反馈的偏差超过允许限值（电动执行机构）。再热器减温水调节阀内部的伺服放大器故障；比例放大板不能有效处理指令信号和反馈信号；反馈计数板坏；换相晶闸管坏；调节阀电动机故障；调节阀的手动/自动切换开关坏等都会导致调节阀不正常。

（9）指令与反馈的偏差超过允许限值（气动执行机构）。气动执行机构卡涩；调节阀的气缸膜片不严密；调节阀的气源压力不足；调节阀气源管路泄漏；调节阀减压阀故障；调节阀电磁阀故障；调节阀定位器故障（指令信号转换器故障或反馈板故障）；调节阀反馈连杆松动或脱开等均会导致调节阀不正常。

（10）再热器减温水调节阀蜗杆损坏；调节阀流量特性变差；调节阀内漏。

（11）锅炉四角燃烧器摆角执行机构故障：内部伺服放大器故障；比例放大板不能有效处理指令信号和反馈信号；反馈计数板坏；换相晶闸管坏；调节阀电动机故障；调节阀的手动/自动切换开关坏等都会导致调节阀不正常，导致炉膛内不能切圆燃烧。

3. 解决方法

（1）检查或更换再热减温水控制系统中的温度元件以消除温度坏点或温度偏差。

（2）检查再热减温水控制系统回路的实际值和给定值偏差限值。

（3）配合电气专业检查处理再热器减温水调节阀（电动执行机构）的内部伺服放大器、比例放大板、反馈计数板、换相晶闸管、调节阀电动机、调节阀的手动/自动切换开关等部件故障，以减小指令与位置反馈偏差。

（4）配合机务人员检查处理再热器减温水调节阀（气动执行机构）卡涩、气缸膜片严密性、气源压力、气源管路严密性、减压阀、电磁阀、定位器故障（指令信号转换器故障或反馈板故障）、调节阀反馈连杆等，及时排除调节阀故障点，以减小指令与反馈偏差。

（5）配合机务人员解体检查再热器减温水调节阀的蜗杆、丝杠、丝母等，确认故障点后，更换处理。

（6）若减温水调节阀内漏，联系机务人员处理，提高减温水调节阀的流量特性。

（7）配合机务人员解体检查处理再热器减温水前阀门故障。

（8）联系机务人员处理燃烧器故障［可参考第（3）～（5）条］，使燃烧器摆动平滑、稳定。

4. 防范措施

（1）机组大、小修时，对全部再热汽温控制系统的测温元件进行定期检查、校验，更换不合格的温度测量原件。检查测量元件电缆绝缘，紧固所有测量元件的接线端子，以减少测量误差。

（2）机组大、小修时，联系机务人员解体检查阀门的机械部分运转情况，机械部件磨损严重时，更换备品。

（3）机组大、小修时，联系机务人员检查处理减温水调节阀的内漏情况。

（4）机组大、小修时，联系机务人员检查处理燃烧器摆角的卡涩情况。

（5）日常维护时，加强检查减温水系统测点的准确性。

(6) 日常维护时，加强检查减温水调节阀的动作灵活性和准确性。

(7) 日常维护时，执行机构应定期加润滑油，维护保养。

【任务准备】

一、引导问题

学习完相关知识后，需回答下列问题：

(1) 汽温控制系统的品质指标有哪些？

(2) 如何整定串级汽温控制系统的参数？

(3) 汽温控制系统的投入撤除条件有哪些？

(4) 汽温性能指标试验的目的是什么？

(5) 汽温性能指标试验的条件有哪些？

(6) 汽温性能指标试验的基本方法是什么？

(7) 汽温性能指标试验的安全措施有哪些？

二、制定试验方案

在正确回答引导问题后，依据行业（企业）规程，结合附录 A 所给出的试验方案样表制定汽温控制系统性能指标试验方案。

【任务实施】

根据制定好的试验方案，按照试验步骤，完成试验。

下面给出某电厂试验操作步骤，供参考。

(1) 做增加汽温定值扰动试验时，应事先将汽温调低些，并在允许范围内变化 5min。

(2) 在自动状态下，在原给定值的基础上增加 5℃，观察并记录试验曲线。同时，计算汽温动态偏差、静态偏差、稳定时间、过渡过程衰减率等数据。

(3) 做减小汽温定值扰动试验时，应事先将汽温调高些，并在允许范围内变化 5min。

(4) 在自动状态下，在原给定值的基础上减小 5℃，观察并记录试验曲线。同时，计算汽温动态偏差、静态偏差、稳定时间、过渡过程衰减率等数据。

(5) 对不满足品质指标的数据，要分析原因，优化调节参数，调整热控装置，直到汽温扰动试验满足品质指标的要求，完成试验报告（试验报告格式参见附录 C）。

注意 在试验过程中，如危及到机组的安全运行，请运行人员立即退出试验，以确保机组安全。

图 2-33 所示为某 300MW 亚临界仿真机组过热汽温控制系统性能测试曲线。

【检查评估】

检查任务的完成情况，检查评估表参见表 1-3。

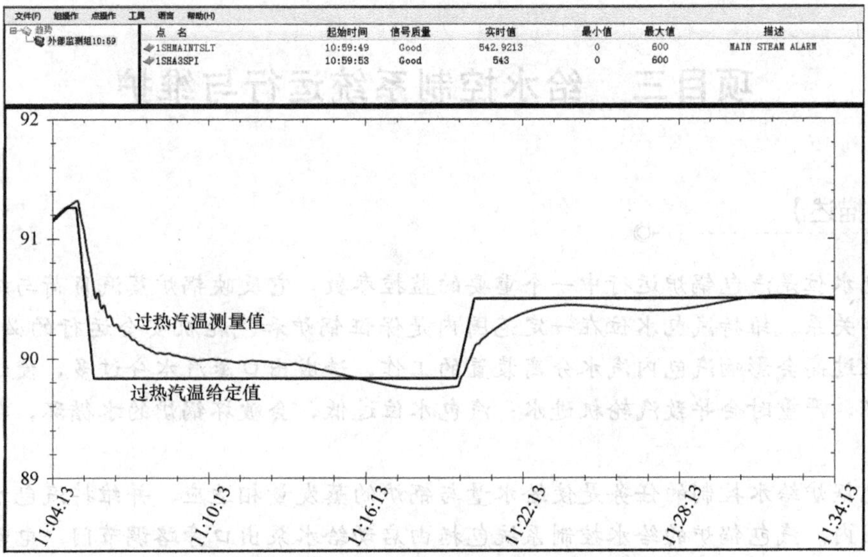

图 2-33　过热汽温控制系统性能测试曲线

项目三　给水控制系统运行与维护

【项目描述】

汽包水位是汽包锅炉运行中一个重要的监控参数，它反映锅炉蒸汽负荷与给水量之间的平衡关系。维持汽包水位在一定范围内是保证锅炉和汽轮机安全运行的必要条件。汽包水位过高会影响汽包内汽水分离装置的工作，造成出口蒸汽水分过多，使过热器结垢而烧坏，严重时会导致汽轮机进水；汽包水位过低，会破坏锅炉的水循环，甚至引起爆管。

汽包锅炉给水控制的任务是使给水量与锅炉的蒸发量相适应，并维持汽包水位在规定的范围内。汽包锅炉的给水控制系统包括由启动给水泵出口旁路调节门、电动调速给水泵和汽动调速给水泵（或者由给水泵出口调节门、定速给水泵）组成的单/三冲量给水控制系统、给水泵最小流量再循环控制系统。

本项目主要完成汽包水位动态特性试验、给水控制方案分析、给水控制系统性能测试等三项工作任务。

通过本项目的学习，使学生能理解给水控制系统的工作原理，能识读给水控制系统逻辑图，能进行汽包水位动态特性试验和品质指标试验，最终能完成给水控制系统的运行维护工作。

任务一　汽包水位动态特性试验

【学习目标】

(1) 熟悉汽水系统工艺流程，理解汽包在热力系统中的作用；
(2) 理解汽包水位动态特性的特点；
(3) 掌握汽包水位动态特性的试验方法；
(4) 能根据行业技术标准拟定汽包水位动态特性试验方案；
(5) 能根据试验方案完成汽包水位动态特性试验；
(6) 能根据试验结果分析汽包水位动态特性特点，并完成试验报告；
(7) 熟悉电力生产安全规定，严格遵守"两票三制"；
(8) 具有团队合作意识，养成严谨求实的工作作风。

【任务描述】

汽包水位动态特性试验目的是求取在给水流量变化下汽包水位变化的飞升特性曲线，为控制方案拟订和控制参数整定提供依据。

通常，在机组投运前、锅炉A级检修或控制策略改变时，需要进行汽包水位动态特性试验。试验宜分别在高、低负荷下进行，每一负荷下的试验宜不少于两次，记录试验数据和曲线，并提交试验报告。

本任务建议采用项目教学法组织教学，其实施过程参见表1-1。

【知识导航】

一、汽包水位动态特性

汽包水位的动态特性是指汽包水位的变化与引起水位变化的各种因素之间的动态关系。汽包锅炉给水系统结构示意如图3-1所示。

汽包水位是汽包中储水量和水面下汽包容积的综合反映，所以水位不仅受汽包储水量变化的影响，还受汽水混合物中汽泡容积变化的影响。

引起汽包水位变化的原因很多，其中主要有锅炉蒸汽流量 D、给水流量 W、炉膛热负荷、汽包压力 p_b 等，它们对水位的影响各不相同。给水流量和蒸汽流量是影响汽包水位 H 的两种主要扰动，前者为来自控制侧的扰动，称为内扰；后者为来自负荷侧的扰动，称为外扰。

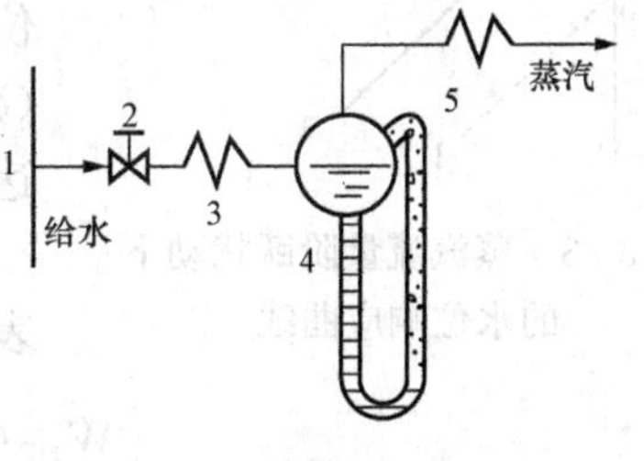

图3-1　给水控制对象示意

1—给水母管；2—给水调节阀；3—省煤器；4—汽包及水循环；5—过热器

1. 给水流量 W 扰动下水位的动态特性

给水流量扰动包含两种情况：一种是由给水调节阀开度变化造成的给水流量扰动；另一种是由给水调节阀前后压差变化引起的给水流量扰动。前者是控制作用造成的，称为基本扰动；后者称为给水流量的自发扰动。

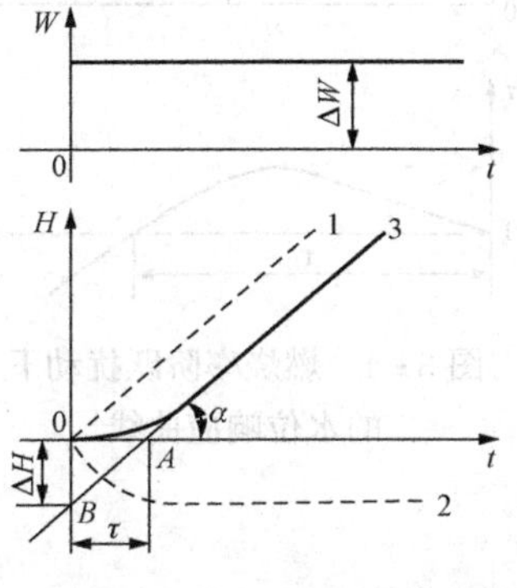

图3-2　给水流量阶跃扰动下的水位响应曲线

给水流量 W 阶跃增加时，水位的响应曲线如图3-2所示。当给水量阶跃增加 ΔW 后，一方面使进入汽包内的给水量大于蒸发量，另一方面由于温度较低的给水进入省煤器、汽包和水循环系统，从原有的饱和汽水中吸收了一部分热量，使水面下气泡容积有所减小。图3-2中曲线1为不考虑水面下汽泡容积变化时的水位响应曲线；曲线2为不考虑给水量与蒸发量之间的平衡关系，只考虑水面下汽泡容积变化时的水位响应曲线。实际水位变化曲线应是曲线1与2的合成，即图3-2中曲线3。可以看出，当给水流量扰动时，水位变化的动态特性表现为有惯性、无自平衡能力的特征。

由响应曲线可以求出滞后时间 τ 和响应速度 ε

$$\varepsilon=\frac{\Delta H}{\tau\Delta W}\tag{3-1}$$

水位在给水流量扰动下的动态特性可以用下列传递函数表示

$$W_{HW}(s)=\frac{H(s)}{W(s)}=\frac{\varepsilon}{s}-\frac{\varepsilon\tau}{1+\tau s}=\frac{\varepsilon}{s(1+\tau s)}\tag{3-2}$$

2. 蒸汽流量扰动下水位的动态特性

蒸汽流量 D 阶跃变化时，水位的响应曲线如图 3-3 所示。当蒸汽量阶跃增加（假定用汽量突然增大，锅炉热负荷及时跟上），如不考虑水面下汽泡容积变化，水位应呈直线下降，如曲线 1 所示；如单独考虑水面下气泡容积的变化，由于蒸发强度增强，水面下汽泡容积迅速增加，水位迅速增加，如曲线 2 所示。实际水位变化应是曲线 1 和 2 的合成，即图 3-3 中曲线 3。可见，当负荷增加时，虽然锅炉的给水量小于蒸发量，但水位不仅不下降，反而迅速上升；反之，当负荷减少时，水位反而先下降，这种现象常称为虚假水位。这是由于负荷增加（减少）时，水面下汽泡容积增加（减少）得很快而造成的。当汽泡的容积已与负荷相适应而达到稳定后，水位的变化就只由物质平衡关系决定。

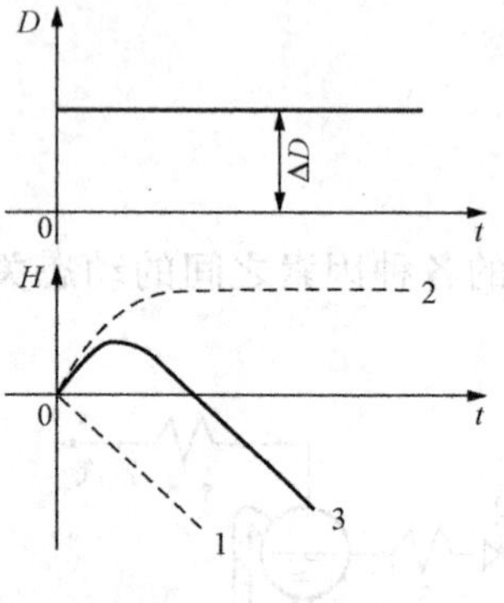

图 3-3 蒸汽流量阶跃扰动下的水位响应曲线

水位在蒸汽流量扰动下的动态特性可用以下传递函数表示

$$W_{\mathrm{HD}}(s)=\frac{H(s)}{D(s)}=\frac{K_2}{1+T_2 s}-\frac{\varepsilon}{s} \tag{3-3}$$

式中 T_2——曲线 2 变化的时间常数，s；

K_2——曲线 2 变化的传递系数；

ε——曲线 1 的响应速度。

3. 燃料量扰动下水位的动态特性

当燃烧率变化时，如燃烧率阶跃增加，炉膛热负荷增强，由于锅炉蒸发强度增大而使汽压升高即使蒸汽流量有所增加，而蒸发强度增加同样也使水面下气泡容积增大，因此也会导致虚假水位现象。只是由于汽压同时增加使气泡容积增加比蒸汽流量扰动下要小，因而虚假水位变化的幅度和速度相对较小。

在燃烧率阶跃变化时，水位的响应曲线如图 3-4 所示。水位变化的动态特性用下列传递函数表示

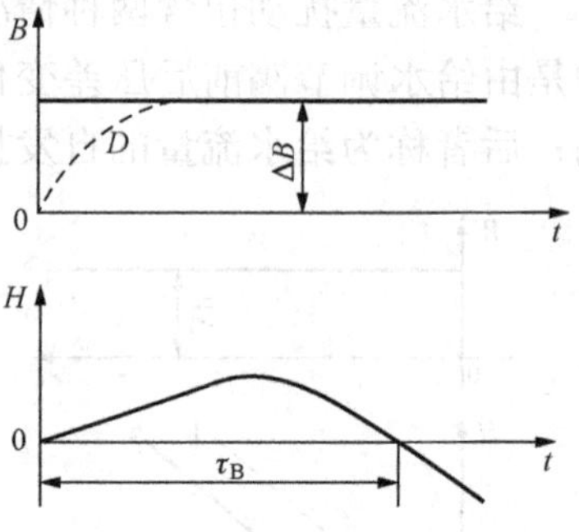

图 3-4 燃烧率阶跃扰动下的水位响应曲线

$$W_{\mathrm{HQ}}(s)=\frac{H(s)}{Q(s)}=\left[\frac{K}{(1+Ts)^2}-\frac{\varepsilon}{s}\right]e^{-\tau s} \tag{3-4}$$

式中 τ——迟延时间。

式（3-4）与式（3-3）相类似，但增加了一个纯迟延环节。

二、汽包水位动态特性的特点

汽包水位动态特性有以下三个特点：

（1）具有迟延（迟延时间 τ）。给水量改变后，水位并不立即改变，迟延时间 τ 与省煤器的形式和给水温度有关，非沸腾式省煤器 τ 较小，沸腾式省煤器 τ 较大；给水温度越低，迟延 τ 越大。

（2）具有虚假水位现象。负荷增加时，蒸发量大于给水量，但水位不是下降反而迅速上升；负荷突然减少时，蒸发量小于给水量，水位不是上升而是先下降，然后再迅速上升。虚

假水位的变化情况与锅炉的特性有关，与负荷变化的形式和速度有关。在锅炉发生 MFT 以及在汽轮机甩负荷时，虚假水位现象特别严重。

(3) 水位对象无自平衡能力（自平衡系数 $\rho=0$）。单位阶扰下，水位的最大变化速度 ε 与锅炉的结构和容量有关，机组容量越大，ε 越大，水位变化越快，越难控制。

三、汽包水位动态特性试验的基本方法

给水流量变化下汽包水位动态特性试验的基本方法如下：

(1) 保持机组负荷稳定、锅炉燃烧率不变；

(2) 给水控制置手动，手操并保持在下限水位稳定运行 2min 左右；

(3) 一次性快速改变给水调节阀开度，使给水流量阶跃增加 15%额定流量左右；

(4) 保持其扰动不变，记录试验曲线；

(5) 待水位上升到上限水位附近，手操并保持在上限水位稳定运行；

(6) 一次性快速改变给水调节阀开度，使给水流量阶跃减小 15%额定流量左右；

(7) 保持其扰动不变，记录试验曲线；

(8) 待水位降到下限水位附近结束试验。

重复上述试验 2～3 次，分析给水流量阶跃扰动下汽包水位变化的飞升特性曲线，求得其动态特性参数。

【任务准备】

一、引导问题

学习完相关知识后，需回答下列问题：

(1) 汽包的作用是什么？

(2) 汽包布置在汽水系统中的哪个位置？

(3) 影响汽包水位的主要扰动有哪些？

(4) 汽包水位动态特性有何特点？

(5) 汽包水位动态特性试验的目的是什么？

(6) 汽包水位动态特性试验的条件有哪些？

(7) 汽包水位动态特性试验的基本方法是什么？

(8) 汽包水位动态特性试验的安全措施有哪些？

二、制定试验方案

在正确回答引导问题后，依据行业（企业）规程，结合附录 A 所给出的试验方案样表制定汽包水位动态特性试验方案。

【任务实施】

根据制定好的试验方案，按照试验步骤，完成试验。

下面给出某电厂试验操作步骤，供参考。

(1) 办理机组试验工作票；

(2) 运行人员调整好工况，保持各主要参数稳定（负荷、主蒸汽压力、水位）；

(3) 由热控人员打开工程师站密码，进入工程师环境；

(4) 热控负责人调出实时曲线（显示范围，时间适当设置）；

(5) 做增加给水流量扰动试验时，运行人员应事先将汽包水位调低些，并在给定值的±20mm 范围内变化 5min；

(6) 运行人员解除给水自动至手动，单方向增加额定负荷下给水流量的 15%，保持其扰动不变，记录试验曲线；

(7) 做减小给水流量扰动试验时，运行人员应事先将汽包水位调高些，并在给定值的±20mm 范围内变化 5min；

(8) 运行人员解除给水自动至手动，单方向减小额定负荷下给水流量的 15%，保持其扰动不变，记录试验曲线；

(9) 同样步骤做三次试验，取两条基本相同的曲线作为试验结果；

(10) 分析给水流量阶跃扰动下汽包水位变化的飞升特性曲线，求得其动态特性参数，并完成试验报告（试验报告格式参见附录 B）。

注意 在试验过程中，如危及到机组的安全运行，请运行人员立即退出试验，以确保机组安全。

图 3-5 为某 300MW 亚临界仿真机组在给水流量扰动下的给水控制对象动态特性试验曲线。

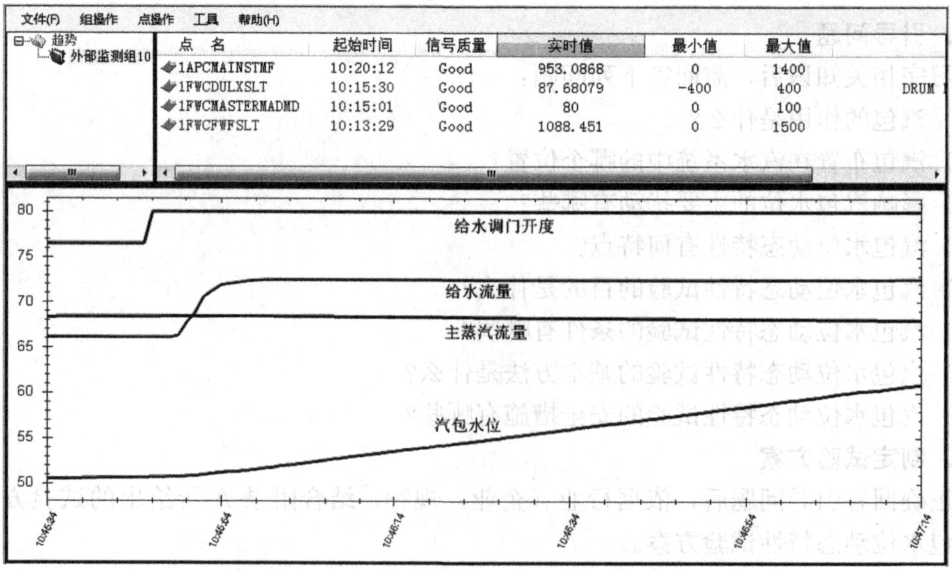

图 3-5 给水控制对象动态特性试验曲线

【检查评估】

检查任务的完成情况，检查评估表参见表 1-3。

任务二 给水控制方案分析

【学习目标】

(1) 理解前馈控制与反馈控制的工作原理；
(2) 熟知给水流量的基本控制方式；
(3) 熟知给水控制系统的基本要求；
(4) 理解单冲量和串级三冲量给水控制方案的工作原理；
(5) 能识读模拟量控制系统逻辑图符号；
(6) 会分析给水控制系统的结构组成与工作过程；
(7) 会编制模拟量控制系统分析报告；
(8) 养成善于动脑、勤于思考的学习习惯，具有与人沟通和交流的能力。

【任务描述】

某600MW机组配有一台30%容量的电动调速给水泵和两台各为50%容量的汽动给水泵，作为给水系统的控制机构。在高压加热器与省煤器之间装有一个主给水电动截止阀、一个给水旁路截止阀和一个约15%容量的给水旁路调节阀。两台汽动给水泵由给水泵汽轮机驱动，其转速控制由独立的给水泵汽轮机电液控制系统（MEH系统）完成。

给水热力系统如图3-6所示。

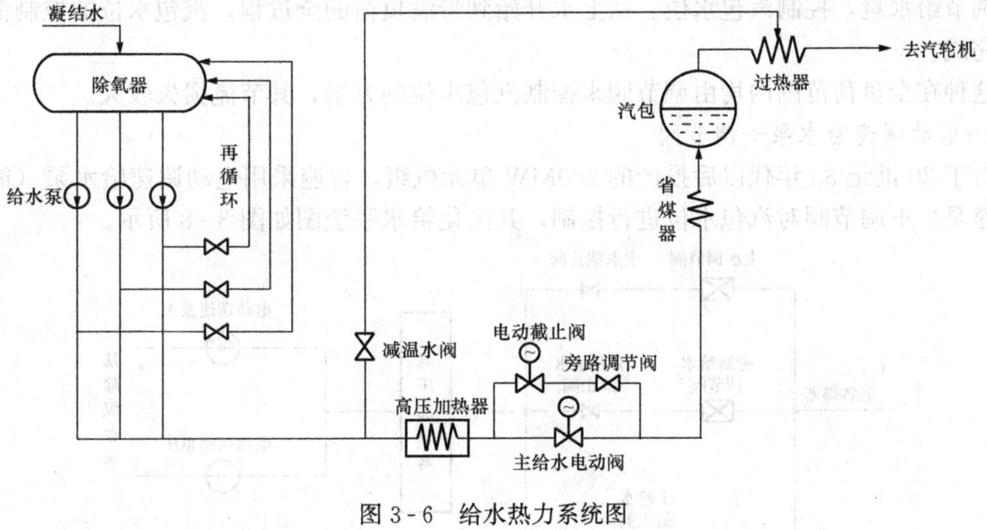

图3-6 给水热力系统图

给水控制系统的基本结构如图3-23所示。试分析给水控制系统的结构组成和工作原理，并提交分析报告。

本任务建议采用案例教学法组织教学，其实施过程参见表1-4。

【知识导航】

一、给水流量控制方式

1. 电动定速给水泵＋调节阀

对于早期投产的中小型机组，通常采用电动定速给水泵（简称电动定速泵）＋调节阀的控制方式对汽包水位进行控制，其简化给水系统图如图3-7所示。

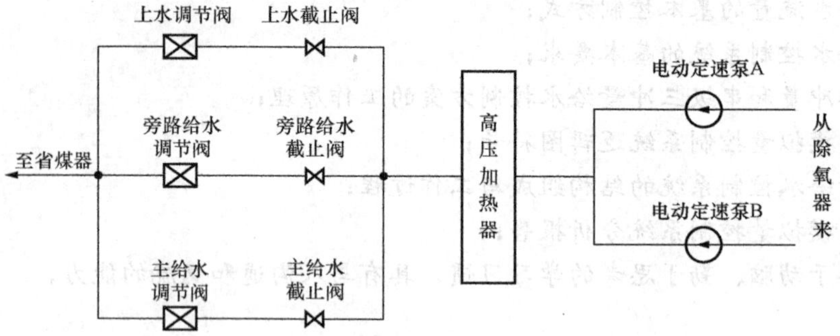

图3-7 电动定速泵＋调节阀的简化给水系统图

这种系统每台锅炉配备两台容量各为100%的电动定速泵。运行时，一台工作，另一台热备用，并跟踪工作泵。锅炉点火前，旁路给水截止阀和主给水截止阀全关，上水截止阀全开，通过上水调节阀调节给水量，控制汽包水位；在低负荷阶段，上水截止阀和主给水截止阀全关，旁路给水截止阀全开，通过旁路给水调节阀调节给水量，控制汽包水位；当负荷上升到某一负荷值时，上水截止阀和旁路给水截止阀全关，主给水截止阀全开，通过主给水调节阀调节给水量，控制汽包水位。从上水开始到带满负荷的全过程，汽包水位的控制都由调节阀完成。

这种在全负荷范围内均由调节阀来控制汽包水位的方案，其节流损失较大。

2. 电动调速给水泵＋调节阀

对于20世纪80年代以后投产的200MW单元机组，普遍采用电动调速给水泵（简称电动调速泵）＋调节阀对汽包水位进行控制，其简化给水系统图如图3-8所示。

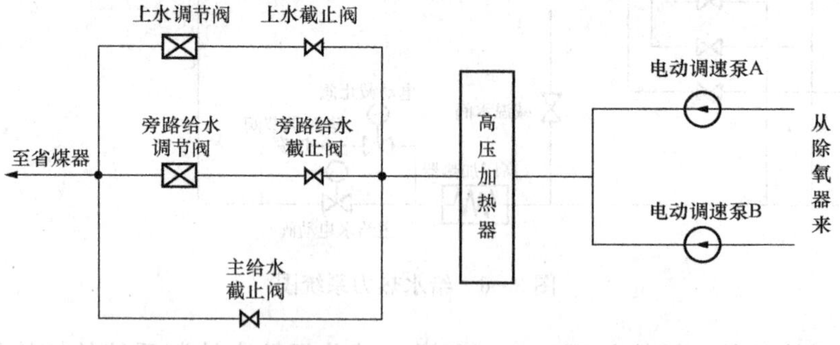

图3-8 电动调速泵＋调节阀的简化给水系统图

这种系统每台锅炉配备两台容量各为100%的电动调速泵，运行时，一台工作，另一台热备用，并跟踪工作泵。电动调速泵的驱动电动机经液力联轴器与给水泵连接，通过改变液力联轴器中勺管的径向行程来改变联轴器的工作油量，实现给水泵转速的改变。锅炉点火前的上水和低负荷阶段，主给水截止阀一直关闭，汽包水位的控制与电动定速泵+调节阀的方式一样，采用调节阀控制。当负荷超过某一较高负荷值时，上水截止阀、旁路给水截止阀关闭，主给水截止阀全开，通过改变给水泵的转速改变给水流量，控制汽包水位。

这种方案虽然减少了调节阀的节流损失，但由于电动泵始终在运行，消耗电能较多。

3. 汽动给水泵+电动调速泵+调节阀

近年来投产的300MW及以上机组，普遍采用汽动给水泵+电动调速给水泵+调节阀三者相结合的方式来控制汽包水位，其简化给水系统图如图3-9所示。

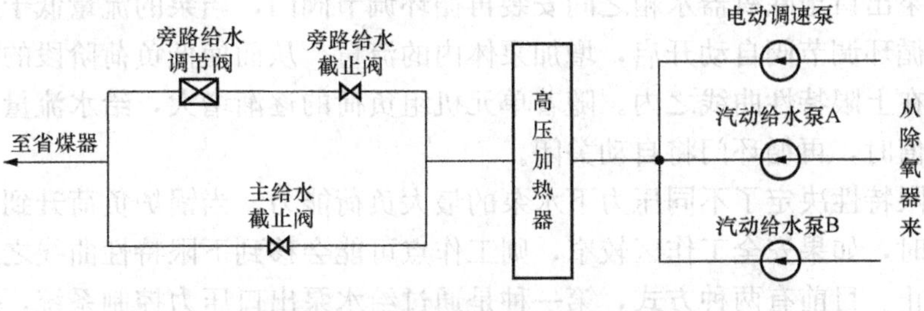

图3-9 汽动泵+电动调速泵+调节阀的简化给水系统图

这种系统每台锅炉配有一台容量50%的电动调速泵和两台每台容量各为50%的汽动给水泵（简称汽动泵）。锅炉点火前上水和低负荷阶段，主给水截止阀全关，旁路给水截止阀全开，电动调速泵+旁路给水调节阀控制汽包水位，即由电动调速泵维持给水泵出口压头，由旁路给水调节阀调节给水流量，以控制汽包水位；当负荷超过某一值且汽动泵未启动时，此时旁路给水调节阀全开，由电动调速泵改变转速控制汽包水位；负荷继续升高达到某一值且汽动给水泵启动后，逐步由电动调速泵转变为由汽动给水泵控制汽包水位，此时给水旁路截止阀全关，主给水截止阀全开。电动调速泵只在机组启动和低负荷阶段使用，并作为汽动给水泵故障时的备用，正常运行时由两台汽动泵控制汽包水位。这种从机组启动到带满负荷的全过程以及正常运行、负荷变化都实现给水的全部自动控制，称给水全程控制。

这种方案克服了前两种方案的缺点，是一种效率较高的给水控制手段。目前300MW及以上机组的汽包锅炉给水控制大都采用给水全程控制。

二、变速给水泵的安全工作区

大型单元机组都采用变速泵来控制给水流量。300MW以上单元机组多采用汽动变速泵作为主给水泵，再设置一台电动变速泵做启动给水泵并作为系统的备用泵使用。无论采用哪种类型的变速泵，保证泵的安全工作区域是首先要考虑的问题。

变速给水泵的安全工作区可在泵的流量—压力特性曲线上表示出来，如图3-10所示。变速泵的安全工作区由六条曲线围成$ABCDEFA$的区间：泵的最高转速曲线n_{max}和最低转速曲线n_{min}；泵的上限特性曲线Q_{min}和下限特性曲线Q_{max}；泵出口最高压力p_{max}和最低压力p_{min}线。

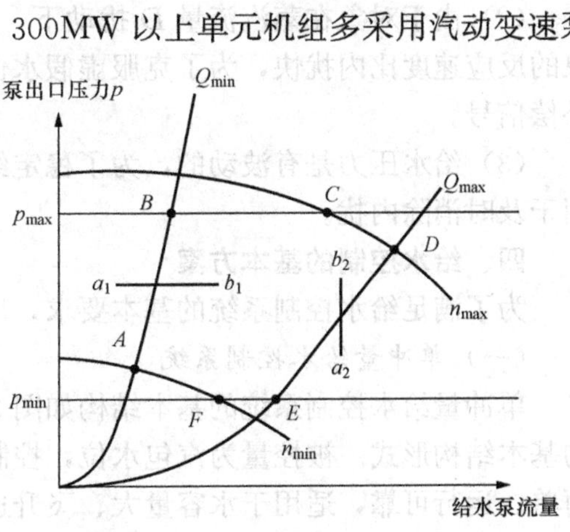

图3-10 变速给水泵的安全工作区

若泵的工作点在上限特性之外，则给水流

量太小，将使泵的冷却水量不够而引起泵的汽蚀，甚至振动；若泵工作在下限特性以外，则泵的流量太大，将使泵的工作效率降低。此外，变速泵的运行还必须满足锅炉安全运行的要求，即泵出口压力（给水压力）不得高于锅炉正常运行的最高给水压力 p_{max} 且不得低于最低给水压力 p_{min}。因此，采用变速泵的给水全程控制系统，在控制给水流量过程中，必须保证泵的工作点落在安全区域内。

在锅炉启动、停炉或低负荷运行时，泵的工作点有可能落入上限特性之外（如图 3 - 10 中工作点 a_1）。为防止出现这种情况，最有效的措施是低负荷时增加给水泵的流量。目前采取的办法是在泵出口至除氧器水箱之间安装再循环调节阀门，当泵的流量低于某一设定的最小流量时，再循环调节阀自动开启，增加泵体内的流量，从而使低负荷阶段的给水泵工作点 a_1 移到 b_1，也在上限特性曲线之内。随着单元机组负荷的逐渐增大，给水流量也会增大，当流量高于某一值时，再循环门将自动关闭。

变速泵下限特性决定了不同压力下水泵的最大负荷能力。当锅炉负荷升到一定程度，即给水流量较大时，如果安全工作区较窄，则工作点可能会移到下限特性曲线之外，因此需采取措施加以防止。目前有两种方式，第一种是通过给水泵出口压力控制系统，保证给水泵工作点不落在最低压力线和下限工作特性曲线之外，一般是通过调节给水泵出口处的调节阀门使泵出口压力升高，这种方法缺点是节流损失大；第二种是闭锁给水流量的继续增加，防止给水泵进入安全工作区域外，目前常用的是第二种方式。

采用变速泵构成给水全程控制系统时，有三种方法控制给水泵转速控制系统：

（1）根据锅炉负荷要求，调节给水泵转速，改变给水流量。

（2）给水泵最小流量控制系统。低负荷时，通过增大水泵再循环流量的办法来维持水泵流量不低于设计要求的最小流量值，以保证给水泵工作点不落在上限特性曲线的外边。

（3）流量增加闭锁回路（或给水泵出口压力控制系统），保证给水泵工作点不落在最低压力线下和下限工作特性曲线之外。

三、给水控制系统的基本要求

根据给水控制对象动态特性的分析，给水控制系统应符合以下基本要求：

（1）由于被控对象在给水流量 W 扰动下的水位阶跃响应曲线表现为无自平衡能力，且有较大的迟延，因此必须采用带比例作用的控制器以保证系统的稳定性。

（2）由于对象在蒸汽流量 D 扰动下，水位阶跃响应曲线表现有虚假水位现象，这种现象的反应速度比内扰快，为了克服虚假水位现象对控制的不利影响，应考虑引入蒸汽流量的补偿信号。

（3）给水压力是有波动的，为了稳定给水流量，应考虑将给水流量信号作为反馈信号，用于及时消除内扰。

四、给水控制的基本方案

为了满足给水控制系统的基本要求，出现了多种给水自动控制方案，主要有以下两种。

（一）单冲量给水控制系统

单冲量给水控制系统的基本结构如图 3 - 11（a）所示。该系统符合单回路反馈控制系统的基本结构形式。被控量为汽包水位，控制手段为调整给水旁路阀开度。该控制方案的结构简单、运行可靠，适用于水容量大、飞升速度小、带基本负荷的小容量机组。存在的不足是抗内扰（给水侧）和外扰（蒸汽侧）的能力较差、对虚假水位无识别能力、系统的动态控制品质较低。在大型机组的给水全程控制系统设计中，当机组处于启停及低负荷运行时，由于给水流量和蒸汽流量信号的检测精度较低，且虚假水位现象不明显，通常选用单冲量控制方式。

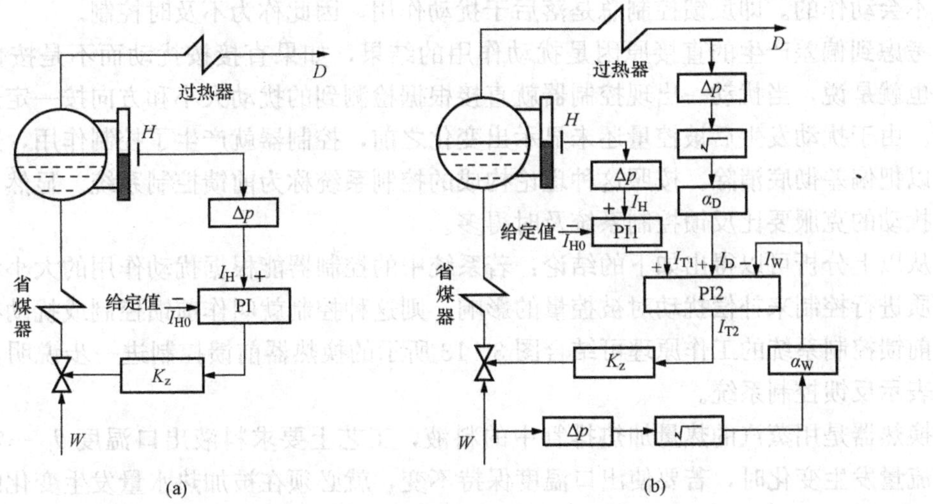

图 3-11　给水控制的基本方案

(a) 单冲量控制；(b) 串级三冲量控制

（二）串级三冲量给水控制系统

对于给水控制通道迟延和惯性较大的锅炉，采用串级控制系统将具有较好的控制质量，调试整定也比较方便，因此，在大型汽包锅炉上可采用串级三冲量给水控制系统。

1. 系统结构

串级三冲量给水控制系统的基本结构如图 3-11（b）所示，原理框图如图 3-12 所示。

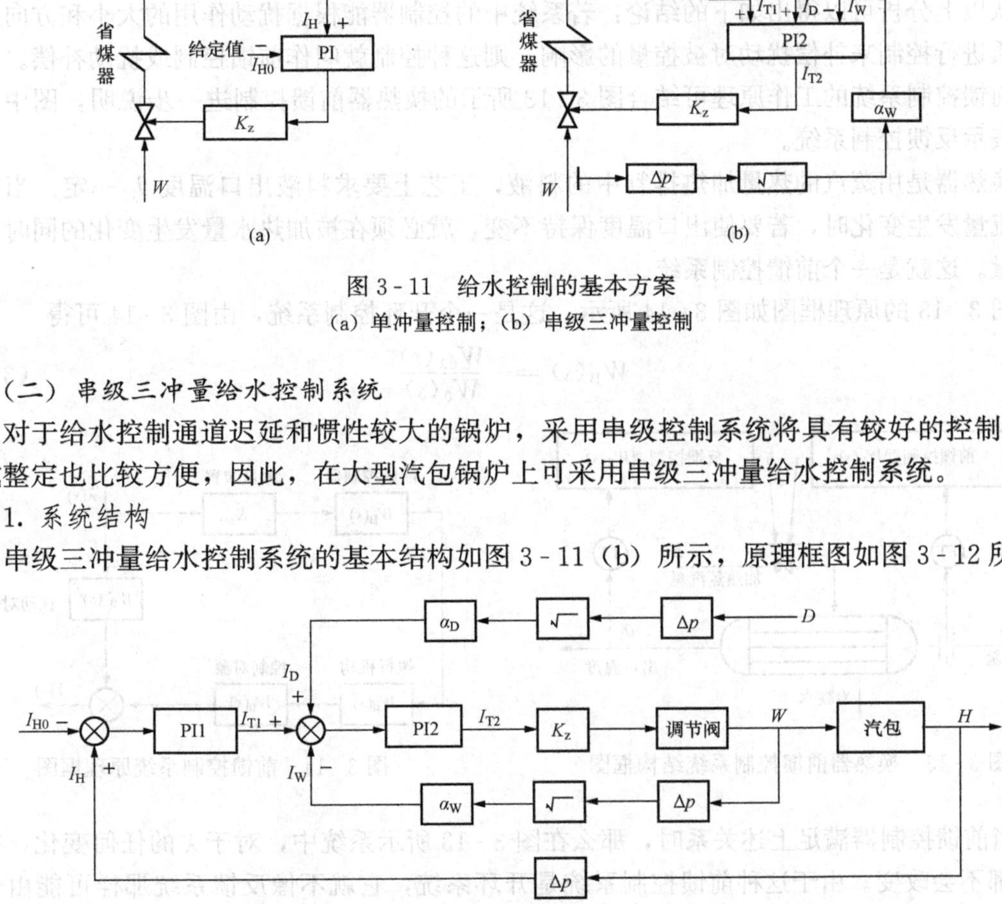

图 3-12　三冲量给水控制系统原理框图

系统结构为反馈加前馈的复合控制方案。三冲量是指汽包水位、给水流量和主蒸汽流量，串级是指主、副控制器相互串联构成主副两个回路。给水反馈副回路的设计提高了系统抗内扰的能力。主蒸汽流量前馈信号的设计，一是提高系统抗外扰的能力，二是克服虚假水位可能造成的反向控制现象，明显提高了控制系统的动态控制品质。该系统结构较复杂，但各控制器的任务比较单纯，而且该系统不要求稳态时给水流量与蒸汽流量测量信号严格相等，并可保证稳态时汽包水位无静态偏差，是现场广泛采用的给水控制系统。

2. 前馈—反馈控制系统的工作原理

(1) 前馈控制。反馈控制的特点是必须在被控量与给定值的偏差出现后，控制器才能对其进行控制来补偿扰动对被控量的影响。如果扰动已经发生，而被控参数还未变化时，控制器是不会动作的。即反馈控制总是落后于扰动作用，因此称为不及时控制。

考虑到偏差产生的直接原因是扰动作用的结果，如果直接按扰动而不是按偏差进行控制，也就是说，当扰动一出现控制器就直接根据检测到的扰动大小和方向按一定规律去进行控制。由于扰动发生后被控量还未显示出变化之前，控制器就产生了控制作用，这在理论上就可以把偏差彻底消除。按照这种理论构成的控制系统称为前馈控制系统。显然，前馈控制对于扰动的克服要比反馈控制系统及时得多。

从以上分析可以得出如下的结论：若系统中的控制器能根据扰动作用的大小和方向对被控介质进行控制来补偿扰动对被控量的影响，则这种控制就叫作前馈控制或扰动补偿。

前馈控制系统的工作原理可结合图 3-13 所示的换热器前馈控制进一步说明，图中虚线部分表示反馈控制系统。

换热器是用蒸汽的热量加热排管中的料液，工艺上要求料液出口温度 θ_1 一定。当被加热水流量发生变化时，若要使出口温度保持不变，就必须在被加热水量发生变化的同时改变蒸汽量。这就是一个前馈控制系统。

图 3-13 的原理框图如图 3-14 所示。这是一个开环控制系统，由图 3-14 可得

$$W_B(s) = -\frac{W_{0\lambda}(s)}{W_0(s)} \tag{3-5}$$

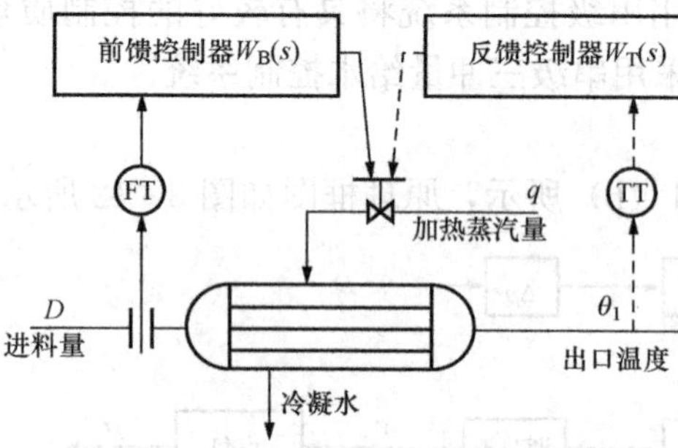

图 3-13 换热器前馈控制系统结构框图

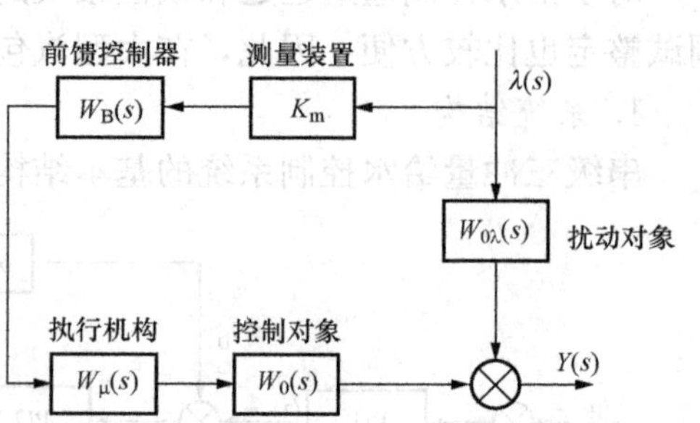

图 3-14 前馈控制系统原理框图

当前馈控制器满足上述关系时，那么在图 3-13 所示系统中，对于 λ 的任何变化，被控量 Y 都不会改变。由于这种前馈控制系统是开环系统，它就不像反馈系统那样可能由于控制作用不是恰如其分而发生不稳定。因此，对前馈控制系统不需要检查它的稳定性。

通过对前馈控制系统的分析，可以总结出以下特点：

1) 前馈控制系统是直接根据扰动进行控制的，因此可及时消除扰动对被控量的影响，减小被控量的动态偏差，而不像反馈控制系统那样根据被控量的偏差反复控制，因此前馈控制系统的控制过程时间 t_s 较小。

2) 前馈控制系统为开环控制系统，不存在系统的稳定性问题。但是，由于系统中不存在被控量的反馈信号，因而控制过程结束后不易得到静态偏差的具体数值。

3) 前馈控制系统只能用来克服生产过程中主要的、可测的扰动。

4）前馈控制系统一般只能实现局部补偿而不能保证被控量完全不变。

前馈控制与反馈控制的主要区别如下：

1）控制的依据不同。前馈控制根据扰动的大小和方向产生相应的控制作用；反馈控制根据被控量偏差大小和方向产生相应的控制作用。

2）控制的效果不同。前馈控制根据扰动进行控制，控制快速及时，从理论上讲可以实现完全补偿而使被控量在控制过程中保持不变；反馈控制根据被控量偏差进行控制，要实现控制终了的无差效果，首先要有偏差才行。

3）系统的结构不同。前馈控制为开环控制系统，不存在系统的稳定性问题；反馈控制为闭环控制系统，必须考虑系统的稳定性。而系统的稳定性和准确性两者之间又存在矛盾，所以反馈控制的精确度被稳定性要求所限制。

4）实现的经济性和可能性不同。前馈控制必须对每一个可能出现的扰动单独构成一个相应的前馈控制系统，这样做既不经济也不现实；反馈控制采用一个或两个闭合回路就可以克服多个扰动，易于实现。

综上所述可知，前馈控制和反馈控制两者各有优、缺点，如能够将两者互相结合取长补短，则可以构成高品质的控制系统。

（2）前馈—反馈控制系统。工程实际中，为克服反馈控制的局限性从而提高控制质量，对几个主要扰动采取前馈补偿，而对其他的扰动采用反馈控制来克服。以这种形式组成的系统称为前馈—反馈控制系统。

前馈—反馈控制系统既能发挥前馈控制及时的优点，又能保持反馈控制对各种扰动因素都有抑制作用的长处，因此得到了广泛的应用。

在图 3-13 所示换热器的前馈控制中，将虚线部分的反馈控制也加入，即组成了前馈—反馈控制系统，其原理框图如图 3-15 所示（令测量变送器和控制阀的传递函数均为 1）。

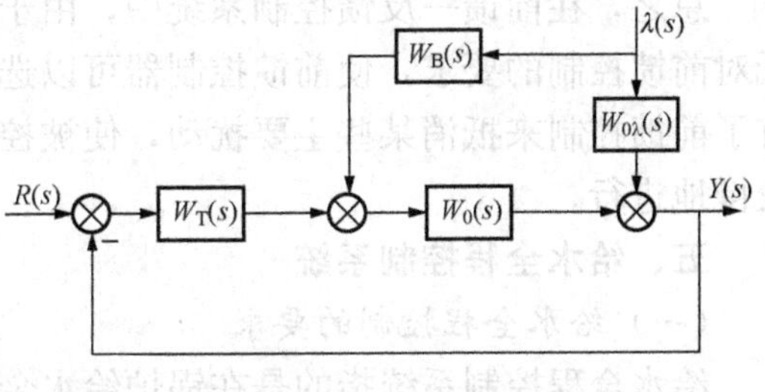

图 3-15 前馈—反馈控制系统原理框图

当进料量 D 变化时，由前馈通道改变加热蒸汽流量 q 对料液的温度 θ_1 进行控制，除此以外的其他各种扰动的影响以及前馈通道补偿不准确带来的偏差均由反馈控制器来校正。因此，可以说，在前馈—反馈控制系统中，前馈回路和反馈回路起着相辅相成、取长补短的作用。

由图 3-15 可得，在扰动 $\lambda(s)$ 作用下对扰动实现完全补偿的条件为

$$W_B(s) = -\frac{W_{0\lambda}(s)}{W_0(s)} \tag{3-6}$$

很明显，前馈—反馈控制系统对扰动完全补偿的条件与前馈控制时完全相同。

需要注意的是，在前馈—反馈控制系统中，前馈装置的控制规律不仅与对象控制通道和干扰通道的传递函数有关，还与前馈控制器的输出进入反馈控制系统的位置有关。若前馈—反馈控制系统原理框图如图 3-16 所示，前馈控制信号不是送到反馈控制器 $W_T(s)$ 的输出端，而是送到反馈控制器的输入端。则对扰动 $\lambda(s)$ 实现完全补偿的条件为

$$W_B(s) = -\frac{W_{0\lambda}(s)}{W_T(s)W_0(s)} \tag{3-7}$$

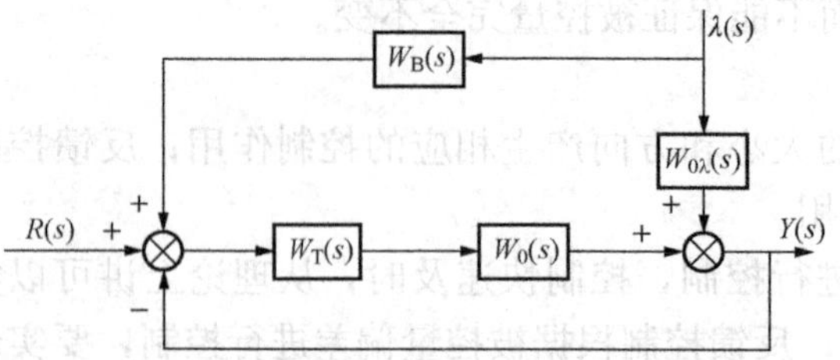

图 3-16 前馈—反馈控制系统原理框图

显然，式（3-7）和式（3-6）不同。

在前馈—反馈控制系统中，前馈控制回路的作用在于减小控制过程中被控量的动态偏差，反馈控制回路的作用在于消除或减小被控量的稳态偏差。对于定值系统而言，稳态时被控量等于给定值。

前馈—反馈控制系统可按前馈控制系统和反馈控制系统分别整定原则进行系统整定。整定反馈控制系统时，只考虑闭合回路具有适当的稳定性，不考虑前馈控制部分；整定前馈控制系统时，不考虑反馈控制所引起的稳定性问题，按完全补偿原则来整定前馈控制系统。

但按完全补偿原则得到的前馈控制器的动态特性可能是很复杂的。实际生产过程中并不严格要求把扰动作用的影响全部抵消，只要求剩余的扰动作用对被控量的影响不要太大，而且在前馈—反馈控制系统中，因为已经有了反馈控制的作用，故加入前馈作用的目的是进一步减小被控量的动态偏差（对于主要扰动）。因此，前馈控制器的动态特性只需采用与式（3-6）求出的 $W_B(s)$ 粗略近似的形式，一般只用比例环节或一阶微分（或惯性）环节，既便于实现又能显著地减少被控量的动态偏差。

在整定反馈控制回路时，由于被控量的动态偏差已由前馈控制作用大为减小，因此，在整定反馈控制回路时就可以适当地提高系统的稳定性裕量，以减少控制过程的振荡倾向（如可采用 $\varphi=0.9$）。

总之，在前馈—反馈控制系统中，由于有反馈控制来保证被控量最终等于给定值，可降低对前馈控制的要求，使前馈控制器可以选用比较简单的动态特性和结构形式。另外，由于有了前馈控制来抵消某些主要扰动，使被控量不致出现过大的动态偏差，因此反馈控制可以较慢地进行。

五、给水全程控制系统

（一）给水全程控制的要求

给水全程控制系统指的是在锅炉给水全过程均能实现自动控制的给水控制系统。这个过程包括：锅炉点火，升温升压；汽轮机冲转，开始带负荷；带小负荷运行；带大负荷运行；降到小负荷运行；锅炉停火，冷却降温降压。即在上述全过程中，在控制设备正常的条件下，不需要操作人员的干涉，就能保持汽包水位在允许范围内。这比常规给水控制要复杂得多，因此对给水全程自动控制系统有一些特殊要求：

（1）测量信号的修正。由于启动至正常运行过程中，工质参数变化很大，影响对汽包水位、蒸汽流量和给水流量测量的准确性，必须对这三个信号进行修正。

（2）给水控制系统结构的切换。低负荷时，蒸汽流量与给水流量的测量误差大，一般采用单冲量控制系统，达到一定负荷切换至三冲量控制系统。

（3）控制机构的切换。低负荷时一般采用调节阀节流控制，达到一定负荷切换至电动泵或汽动泵变速控制。

（4）泵的最小流量和最大流量保护，使泵的工作点始终落在安全工作区内。

（5）给水全程控制还必须适应机组定压运行和滑压运行工况，必须适应冷态启动和热态启动情况。

（二）测量信号的校正

1. 汽包水位的校正

由于汽包中的饱和水和饱和蒸汽的密度随汽包压力而变化，影响汽包水位的测量精度，因此必须对汽包水位进行压力校正。

汽包水位测量大多采用三个独立检测回路取中值的方案，在每个测量回路中，对水位变送器的输出都用汽包压力对其进行参数修正，即 $H=f(\Delta p,p_b)=\dfrac{f_1(p_b)-\Delta p}{f_2(p_b)}$。

在实际应用中，应根据汽包内部结构、测量容器结构尺寸、锅炉运行参数、变送器安装位置等具体情况来确定变送器量程、补偿框图（即补偿函数），以达到精确测量水位的目的。

2. 主蒸汽流量的校正

中、小机组主蒸汽流量测量通常用标准节流元件——标准喷嘴，即用差压法测量。但大型机组由于蒸汽流量大、管径大，因此不仅标准喷嘴体积大，制造、安装要求高，检修、检查困难，而且产生的节流损失也是相当可观的，所以为了避免高温高压下节流测量元件因磨损带来的误差，常以汽轮机第一级压力经过主蒸汽温度补偿后作为主蒸汽流量信号，即

$$q_D=K\frac{p_1}{T_1} \tag{3-8}$$

式中　q_D——主蒸汽流量；

p_1、T_1——汽轮机第一级蒸汽的压力和温度；

K——当量比例系数（由汽轮机类型和设计工况确定）。

汽轮机第一级压力通常采用三个独立检测回路（三个压力变送器）取中值，再经主蒸汽温度补偿。

3. 主给水流量测量的校正

用节流式差压装置测量主给水流量，并经开方运算及给水温度补偿，即

$$q_w=f(\Delta p,t_w) \tag{3-9}$$

式中　q_w——给水流量；

Δp——节流装置输出的差压；

t_w——给水温度。

总给水流量

$$q_{wT}=q_w+\sum_{i=1}^{n}q_{wi}-q_{lp} \tag{3-10}$$

式中　q_{wi}——各级喷水流量；

q_{lp}——连续排污流量。

给水流量差压测量通常采用三个独立检测回路（三个差压变送器）三取中，或采用两个独立测量回路（两个差压变送器）二取一方案。

（三）给水全程控制方案

图 3-17 为简化后的汽包水位全程控制系统原理功能框图。

1. 旁路阀单冲量控制系统

在机组启动和低负荷（在 0 到某一定值 x 范围内）时，由一台电动给水泵向锅炉供水，

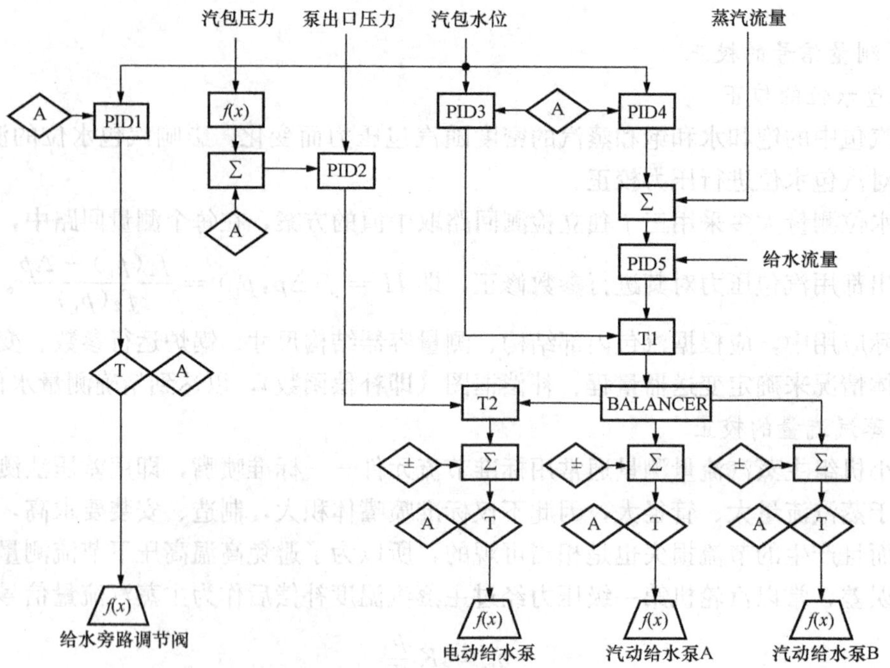

图 3-17　给水全程控制系统

因锅炉所需给水流量很小，这时给水控制系统按单冲量控制方式工作，水位偏差信号经过PIDl，去改变给水旁路阀的开度，控制给水流量以保持一定的汽包水位。旁路阀开度一般运行在0%～80%（90%）之间。这时通过PID2调节电动给水泵的转速，来控制给水压力，以保证给水泵出口与汽包之间的差压，使汽包上水通道顺畅。

2. 电动给水泵转速单冲量控制系统

当旁路阀开度达到某一定值（80%～90%）时，控制系统切换到电动给水泵转速控制汽包水位，水位偏差信号经过PID3，去改变给水泵转速调节给水流量，进而控制汽包水位；当锅炉负荷达到一定值（如25%）时，SCS自动打开主给水管路上的主给水阀，但这时仍为单冲量控制方式。

3. 给水泵转速三冲量控制系统

当锅炉负荷升高到电动给水泵额定负荷值（如30%）时，启动一台汽动给水泵；当锅炉负荷进一步升高到某预先整定值（如35%）时，系统自动切换到串级三冲量控制方式；在正常运行时，两台汽动给水泵运行，汽包水位由汽动给水泵转速控制，为三冲量控制方式。

4. 给水泵最小流量控制系统

当给水泵运行时，为了保证给水泵的安全，在任何工况下都不允许给水泵的流量低于最小允许流量。通过给水泵最小流量控制系统，调节给水泵出口至除氧器水箱管道内的再循环流量，以保证每台给水泵的给水流量不低于最小允许流量。给水泵最小流量控制系统一般为单回路控制系统。三台给水泵就有结构完全相同、控制互相独立的三套给水泵最小流量控制系统。图3-18所示为给水泵最小流量控制系统原理图，图中所示给水泵最小允许流量可由运行人员在操作员站上手动设定。

当给水泵入口流量低于某定值（如 350t/h）时，切换器 T1 接 Y 端使给水泵最小流量调节阀强制输出指令至 100%；当给水泵入口流量高于某定值时，切换器 T2 接 Y 端使给水泵最小流量调节阀强制输出指令至 0%。其余情况下给水泵入口流量测量值和给定值的偏差经 PID 控制器后给出最小流量再循环调节阀的开度指令。

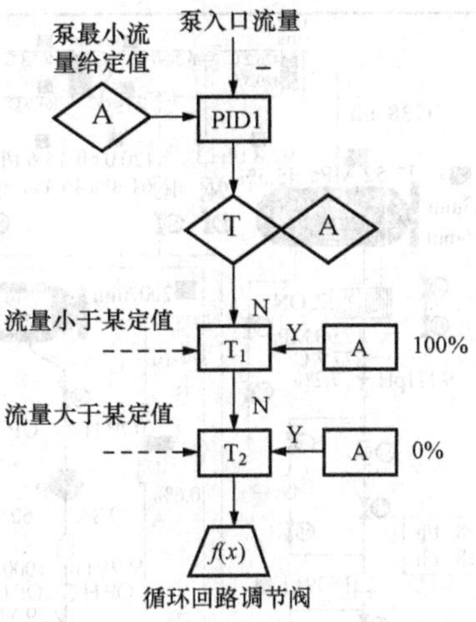

图 3-18　给水泵最小流量控制系统框图

【任务准备】

一、引导问题

学习完相关知识后，需回答下列问题：

（1）给水流量的控制方式有哪几种？

（2）什么是虚假水位？虚假水位产生的原因是什么？如何克服虚假水位？

（3）给水控制系统的基本要求有哪些？

（4）给水控制系统的基本方案有哪几种？

（5）前馈控制与反馈控制有何区别？

（6）给水全程控制需要解决哪几个主要问题？

【任务实施】

图 3-23 所示为某 600MW 亚临界机组给水全程控制系统，试分析其工作过程（下面的分析过程仅供参考）。

1. 控制目的

通过改变进入汽包的给水流量来维持汽包水位为给定值。

2. 系统功能

图 3-19 所示是某 600MW 发电机组给水热力系统，机组配三台给水泵，其中，一台 30%额定容量的电动给水泵，两台各为 50%额定容量的汽动给水泵。电动给水泵一般是作为启动泵和备用泵，正常运行时由两台汽动给水泵供水，两台汽动给水泵由给水泵汽轮机驱动，其转速控制由独立的给水泵汽轮机电液控制系统（MEH）完成，MEH 的转速给定值由给水控制系统设置，MEH 只相当于给水控制系统的执行机构。在高压加热器与省煤器之间有主给水电动截止阀、给水旁路截止阀和约 15%容量的给水旁路调节阀。

汽包水位控制设计有单冲量和三冲量两套控制结构，当给水泵启动或负荷小于 15%额定负荷阶段，控制给水旁路调节阀来维持汽包水位，同时通过调节电泵转速维持给水泵出口母管压力与汽包压力之差；当负荷在 15%额定负荷以上时，直接采用控制给水泵转速来维持汽包水位；当负荷在 30%额定负荷，单冲量给水调节无扰动地切换为三冲量给水调节。

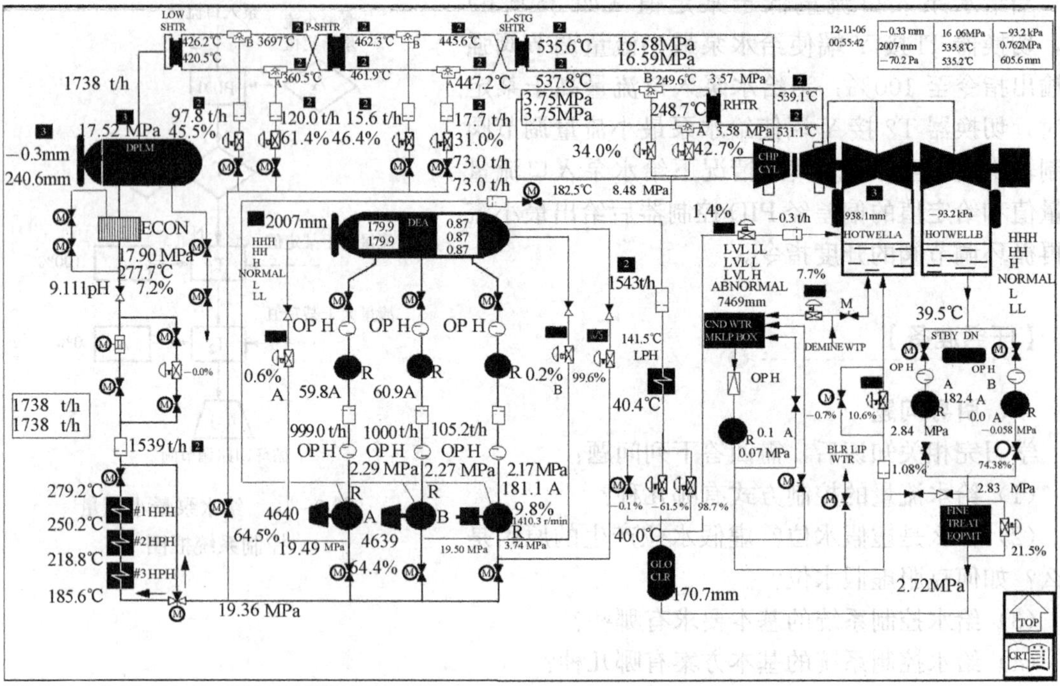

图 3-19　给水热力系统

3. 信号部分

(1) 汽包水位测量。图 3-20 所示为汽包水位测量回路示意图。汽包水位差压和汽包压力均采用三个独立检测变送器，汽包压力通过中值择选器（MEDIAN SELECT）并经过函数器 $f_1(x)$ 和 $f_2(x)$ 对汽包水位信号的修正，其中，水位 H、差压 Δp 和汽包压力 p_b 的关系为 $H = K[f_1(p_b) - \Delta p] \times f_2(p_b)$。修正后的汽包水位信号再通过中值选择器取中值作为汽包水位控制的被控量。

(2) 主蒸汽流量测量。图 3-21 所示为主蒸汽流量测量回路示意图。汽轮机第一级压力采用三个压力变送器，其压力信号经过中值择选器取中值，再经函数发生器 $f(x)$ 后与平均后的主蒸汽温度相乘，即得汽轮机入口蒸汽流量为

$$D = f(p_1) \times \sqrt{\frac{T_{01}}{T_1}} \tag{3-11}$$

一般 $f(p_1)$ 取 $\frac{D_0}{p_{01}} \times p_1$ 函数形式，D_0、p_{01} 分别为额定工况下的主蒸汽流量和额定工况下的调速级压力。汽轮机入口蒸汽流量与旁路流量相加得到主蒸汽流量。

(3) 给水流量测量。图 3-22 所示为给水流量测量回路示意图。系统对给水流量信号进行了温度校正，为了保证给水流量测量的可靠性，对校正后的给水流量信号采用了取中值的方法，给水流量 W 与给水温度 T 之间的关系为

$$W = \sqrt{f(\Delta p)} \times \sqrt{f(T_W)} \times K \tag{3-12}$$

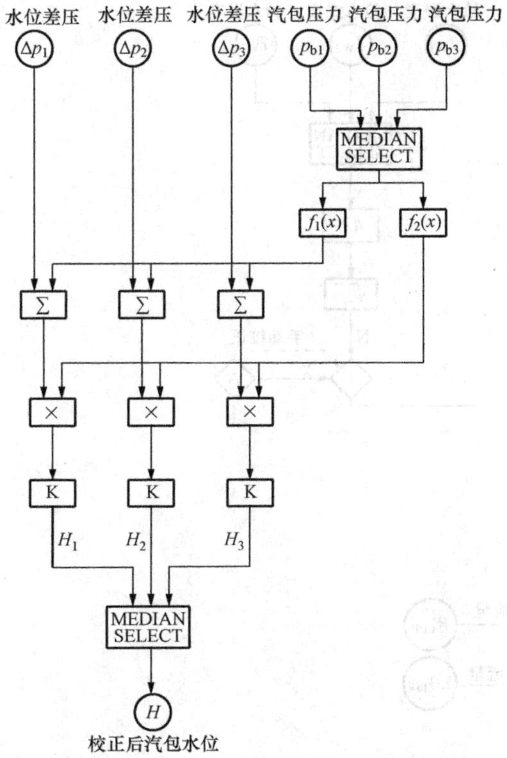

图 3-20　汽包水位测量回路

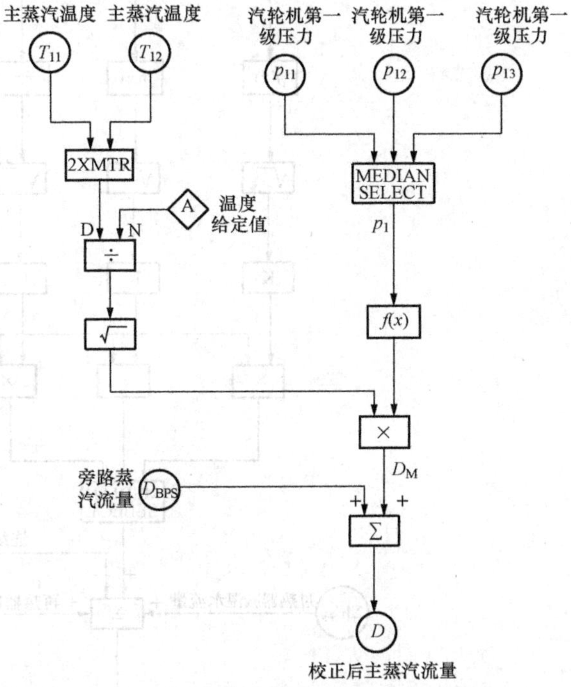

图 3-21　主蒸汽流量测量回路

由于过热器喷水减温器的减温水流量和再热器喷水减温器的减温水流量最终也都转换为蒸汽流量。因此，经温度修正后的锅炉给水流量和过热器、再热器的减温水流量相加，同时还需减去锅炉连续排污流量才是主给水流量。该系统过热器减温水流量包含一、二级减温器（每级 A、B 两侧）共有四个减温水流量信号；再热器的减温水流量（A、B 两侧）共有两个减温水流量信号，为了简洁仅画出相应的总减温水流量，如图 3-22 所示。

4. 控制系统结构

由图 3-23 可知，该系统是一个单冲量和三冲量配合应用的给水全程控制系统，汽包水位给定值可由运行人员在操作画面上手动设定。PID1 和 PID2 控制器所在的回路为单冲量控制回路，PID3 和 PID4 控制器所在的回路为串级三冲量控制回路。

在单冲量控制系统工作时，汽包水位控制指令由汽包水位和运行人员给定值的偏差形成。

在三冲量控制系统工作时，汽包水位控制指令由两个串级控制器根据汽包水位偏差、给水流量和主蒸汽流量三个信号形成。

当给水泵及旁路调节阀全手动时，汽包水位给定值跟踪校正后的汽包水位。

5. 控制系统工作过程

图 3-23 所示的给水全程控制系统中，包含着多种给水控制方式，这些控制方式是根据机组不同的运行负荷，通过联锁逻辑及其切换器（如 T1、T2 等）来选取的。也就是说，该系统按照机组不同的负荷阶段和不同的给水控制特性，选择与之相适应的控制方式，对给水

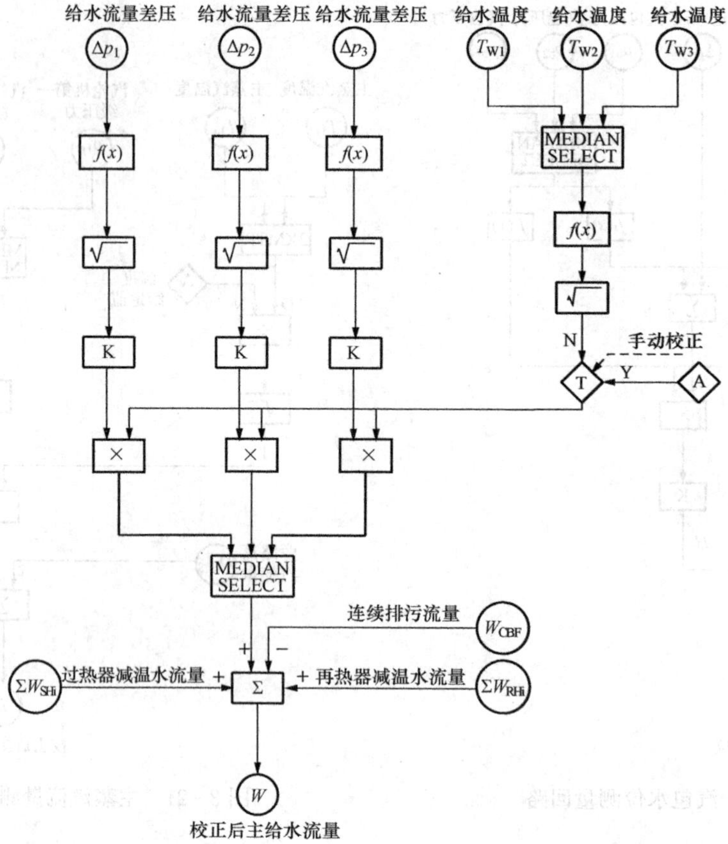

图 3-22 给水流量测量回路

实现连续控制，且各控制方式之间的切换无扰动。具体地说，各个负荷阶段的给水控制方式如下：

(1) 0%～15%额定负荷。由于此阶段负荷低，给水流量小，只有通过旁路调节阀才能有效控制汽包水位。所以，在此负荷阶段范围内，控制系统通过控制器 PID1 调节给水旁路调节阀开度来控制给水量以维持汽包水位，而此时切换器 T2 接 Y 端，通过控制器 PID5 调节电动给水泵的转速来维持给水泵出口母管压力与汽包压力之差，以保证调节阀的线性度以及使汽包上水自如。

(2) 15%～30%额定负荷。当负荷在 15%额定负荷以上，且旁路调节阀开到 95%时，由 SCS 完成开主给水电动截止阀。当主给水电动截止阀已全开时，SCS 自动关闭给水旁路电动截止阀，一旦给水旁路截止阀离开全开位置，旁路调节阀就切为手动方式，且强制开至 100%，以避免调节阀承受过大的差压而损坏。

当负荷在 15%额定负荷以上，但小于 30%额定负荷时，切换器 T1 接 N 端，切换器 T2 接 N 端，这时汽包水位和给定值的偏差经控制器 PID2，并经控制器 PID6 控制电动给水泵转速来调节给水流量达到维持汽包水位目的。当机组负荷升至 20%额定负荷时，第一台汽动给水泵开始冲转升速。

(3) 30%～60%额定负荷。当负荷大于 30%额定负荷，切换器 T1 接 Y 端，给水控制切

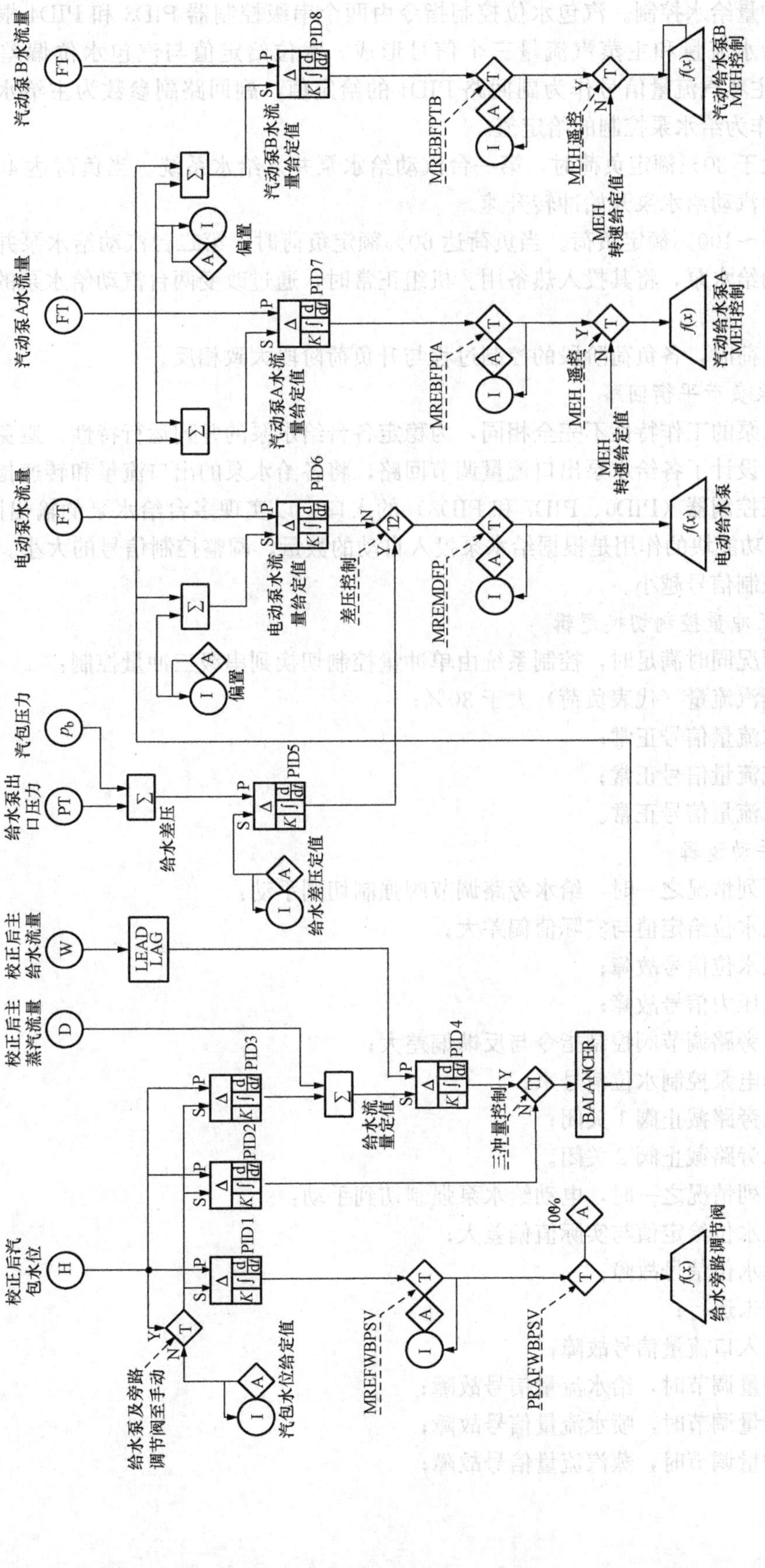

图 3-23　给水全程控制系统

换为串级三冲量给水控制。汽包水位控制指令由两个串级控制器 PID3 和 PID4 根据汽包水位偏差、主给水流量和主蒸汽流量三个信号形成。水位给定值与汽包水位偏差经控制器 PID3 后，加主蒸汽流量信号作为副回路 PID4 的给定值，副回路副参数为主给水流量，经 PID4 运算后作为给水泵控制的给定值。

当负荷大于 30%额定负荷时，第一台汽动给水泵并入给水系统。当负荷达 40%额定负荷时，第二台汽动给水泵开始冲转升速。

(4) 60%～100%额定负荷。当负荷达 60%额定负荷时，第二台汽动给水泵并入给水系统，撤出电动给水泵，将其投入热备用。机组正常时，通过改变两台汽动给水泵的转速来调节给水量。

机组降负荷时，各负荷阶段的控制过程与升负荷阶段大致相反。

6. 给水泵负荷平衡回路

由于给水泵的工作特性不完全相同，为稳定各台给水泵的并列运行特性，避免发生负荷不平衡现象，设计了各给水泵出口流量调节回路，将各给水泵的出口流量和转速指令的偏差送入各给水泵控制器（PID6、PID7 和 PID8）的入口，以实现多台给水泵的输出同步功能。BALANCER 功能块的作用是根据给水泵投入自动的数量，调整控制信号的大小。投入自动数目越多，控制信号越小。

7. 串级三冲量控制切换逻辑

当下列情况同时满足时，控制系统由单冲量控制切换到串级三冲量控制：

(1) 主蒸汽流量（代表负荷）大于 30%；

(2) 给水流量信号正常；

(3) 蒸汽流量信号正常；

(4) 喷水流量信号正常。

8. 强制手动逻辑

当出现下列情况之一时，给水旁路调节阀强制切到手动：

(1) 汽包水位给定值与实际值偏差大；

(2) 汽包水位信号故障；

(3) 汽包压力信号故障；

(4) 给水旁路调节阀控制指令与反馈偏差大；

(5) 选择电泵控制水位信号来；

(6) 给水旁路截止阀 1 关闭；

(7) 给水旁路截止阀 2 关闭。

当出现下列情况之一时，电动给水泵强制切到手动：

(1) 汽包水位给定值与实际值偏差大；

(2) 汽包水位信号故障；

(3) 电泵未运行；

(4) 电泵入口流量信号故障；

(5) 三冲量调节时，给水流量信号故障；

(6) 三冲量调节时，喷水流量信号故障；

(7) 三冲量调节时，蒸汽流量信号故障；

(8) 电泵转速指令与反馈偏差大；

(9) 电泵入口流量指令与反馈偏差大。

汽动给水泵和电动给水泵切手动条件相同，当汽动给水泵未在遥控方式时，汽动给水泵输出跟踪 MEH 转速给定值。

【检查评估】

检查任务的完成情况，检查评估表参见表 1-3。

任务三 给水控制系统性能测试

【学习目标】

(1) 熟悉给水控制系统的动态与稳态品质指标；
(2) 掌握给水控制系统性能测试的基本方法；
(3) 能根据行业技术标准拟定给水控制系统性能指标试验方案；
(4) 能根据试验方案完成给水控制系统性能指标试验；
(5) 会整定给水控制系统相关参数；
(6) 会填写试验报告，并分析试验结果；
(7) 熟悉给水控制系统运行维护的基本要求，能识别并处理给水控制系统的常见故障；
(8) 熟悉电力生产安全规定，严格遵守“两票三制”；
(9) 具有团队合作意识，养成严谨求实的工作作风。

【任务描述】

给水控制系统性能测试的目的是提高给水控制系统在给定值扰动下的控制能力，并根据试验结果适当调整各有关参数（如比例带、积分时间等），提高调节品质，验证控制回路的安全可靠性。

通常，在机组投运前、锅炉 A 级检修或运行中当稳态品质指标超差时，应进行汽包水位定值扰动试验，并提交汽包水位控制的动态、稳态品质指标合格报告。

本任务建议采用项目教学法组织教学，其实施过程参见表 1-1。

【知识导航】

一、给水控制系统的品质指标

给水控制系统的品质指标如下：

(1) 控制系统正常工作时，给水流量应随蒸汽流量迅速变化；在汽包水位正常时，给水流量与蒸汽流量应基本相等。

(2) 稳态品质指标。300MW 等级以下机组±20mm，300MW 等级及以上机组±25mm，控制系统的执行机构不应频繁动作。

（3）水位定值扰动（扰动量 300MW 等级以下机组 40mm、300MW 等级及以上机组 60mm）时，过渡过程衰减率 $\varphi=0.7\sim0.8$，稳定时间为 300MW 等级以下机组小于 3min、300MW 等级及以上机组小于 5min。

（4）机组启停过程中，汽包水位控制的动态品质指标。在 30%负荷以下单冲量方式运行时，汽包水位允许动态偏差为±80mm；在 30%～70%负荷范围三冲量给水控制运行时，汽包水位允许动态偏差为±60mm；在 70%～100%负荷范围三冲量给水控制运行时，汽包水位动态品质指标见附录 D。

（5）机炉协调控制方式下的动态、稳态品质指标见附录 D。

二、给水控制系统整定

图 3 - 24 是串级三冲量给水系统的原理方框图。该系统是由两个闭合回路和前馈部分组成的。

（1）由给水流量 W、给水流量变送器 γ_W、给水流量反馈装置 α_W、副控制器 $W_{T2}(s)$、执行器 K_Z 和调节阀 K_μ 组成副回路。

（2）由被控对象 $W_{OW}(s)$、水位测量变送器 γ_H、主控制器 $W_{T1}(s)$ 和副回路组成主回路。

（3）由蒸汽流量信号 D、蒸汽流量测量变送器 γ_D 及蒸汽流量前馈装置 α_D 构成前馈控制部分。

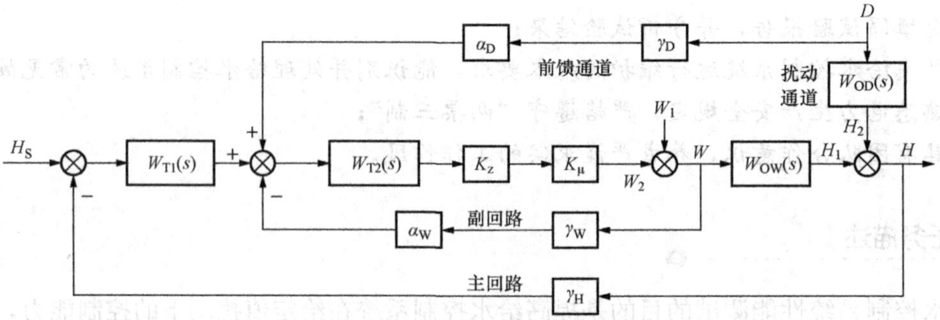

图 3 - 24 串级三冲量给水控制系统原理框图

1. 副回路整定

副回路方框图如图 3 - 25 所示。

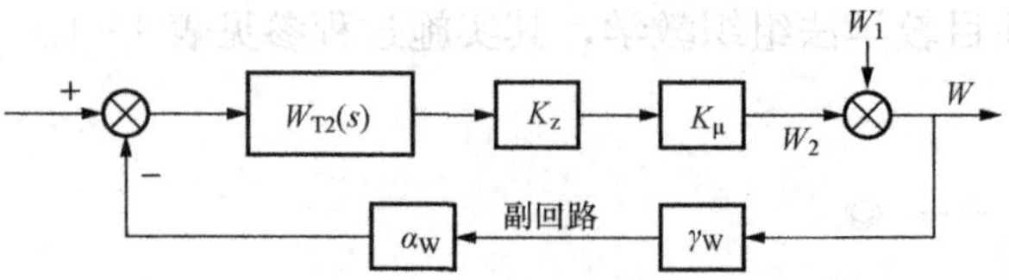

图 3 - 25 副回路方框图

在副回路中，可以把控制器以外的执行机构、调节阀、变送器和给水流量反馈装置作为广义控制对象处理，则其动态特性近似为比例环节。

根据串级控制系统的分析整定方法，应将副回路处理为具有近似比例特性的快速随动系统，以使副回路具有快速消除内扰及快速跟踪蒸汽流量的能力，副控制器常选用比例控制，这样副回路具有近似比例特性。因此，副控制器的比例带 δ_2 可选择较小值，其选择以副回路不振荡为原则。在选择副控制器的 δ_2 时，给水流量反馈装置的传递函数 α_W 可任意设置一个数值，得到一个满意的 δ_2。如 α_W 以后有必要改变，只需相应改变控制器的 δ_2，使 α_W/δ_2 保持不变，以保证内回路的稳定性。

2. 主回路整定

在主回路中，如果把副回路近似看作比例环节，则主回路的等效方框图如图 3-26 所示。这时，主回路等效为一个单回路控制系统。如果以给水流量 W 作为被控对象的输入信号，水位变送单元的输出信号为被控对象的输出信号，则可以把主控制器与副回路两者看作为等效主控制器，它的传递函数为

$$W_{T1}^{*}(s)=\frac{1}{\alpha_W\gamma_W}\frac{1}{\delta_1}\left(1+\frac{1}{T_{i1}s}\right) \tag{3-13}$$

可见，等效主控制器仍然是比例积分控制器，但等效的比例带为

$$\delta_1^{*}=\alpha_W\gamma_W\delta_1 \tag{3-14}$$

式中 δ_1——主控制器的比例带。

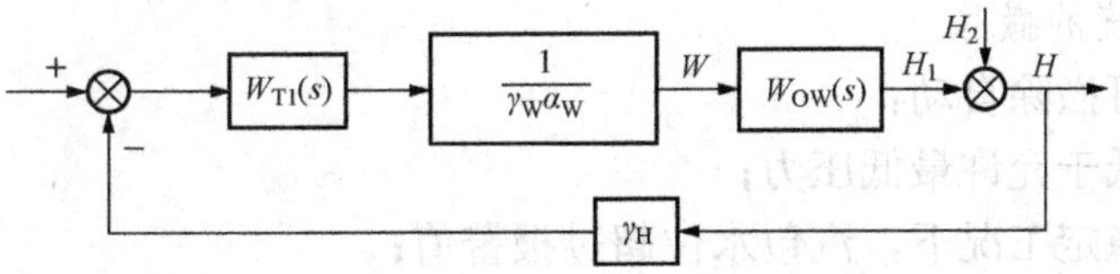

图 3-26 主回路等效方框图

等效主控制器的积分时间 T_{i1}^{*} 就是主控制器的积分时间 T_{i1}。

主回路仍按单回路系统的整定方法整定，如通过试验方法求取主回路被控制对象的阶跃响应曲线，并由曲线上求得 τ 和 ε，再按响应曲线整定法中给出的公式计算等效主控制器的整定参数

$$\delta_1^{*}=1.1\varepsilon\tau;\quad T_{i1}^{*}=3.3\tau \tag{3-15}$$

则主控制器的参数为

$$\delta_1=\frac{\delta_1^{*}}{\alpha_W\gamma_W}=1.1\frac{\varepsilon\tau}{\alpha_W\gamma_W};\quad T_{i1}=T_{i1}^{*}=3.3\tau \tag{3-16}$$

3. 蒸汽流量前馈装置传递函数 α_D 的选择

在串级三冲量给水控制系统中，水位偏差完全由主控制器来校正，使静态水位值总是等于给定值。因此，就不要求送到副控制器的蒸汽流量信号等于给水流量信号，所以前馈装置传递函数 α_D 的选择将不受静态特性无差条件的限制，而可根据锅炉虚假水位的严重程度来确定，从而改善负荷扰动时控制过程的质量。一般使蒸汽流量信号大于给水流量信号，即

$$\alpha_D\gamma_D>\alpha_W\gamma_W \tag{3-17}$$

如果给水流量变送器和蒸汽流量变送器的斜率相等，则

$$\alpha_D>\alpha_W \tag{3-18}$$

由于在负荷扰动时，水位的最大偏差（第一个波峰）往往出现在扰动发生后不久（虚假水位现象造成），这个水位最大偏差的数值决定于扰动的大小、扰动的速度和锅炉的特性，蒸汽流量信号加强后的控制作用对水位最大偏差的减小起不了多大作用。加强蒸汽流量信号

的作用在于减少控制过程中第一个波峰以后的水位波动幅度和缩短控制过程的时间，因此蒸汽流量信号也不需过分加强。

三、给水控制系统的投入与撤除

1. 给水控制系统投入条件

给水控制系统投入条件如下：

(1) 锅炉运行正常，达到向汽轮机送汽条件；

(2) 主给水管路为正常运行状态；

(3) 汽包水位、蒸汽流量及给水流量等主要参数运行正常、指示准确、记录清晰；

(4) 汽包电接点水位信号运行正常，指示准确；

(5) 汽包水位相关保护装置投入运行；

(6) M/A 操作站工作正常、跟踪信号正确、无切手动信号；

(7) 给水泵最小流量再循环控制及保护系统，随对应给水泵投入运行；

(8) 30%负荷以下应投入单冲量给水调节运行，30%负荷以上应投入三冲量给水调节运行，系统应能自动进行单/三冲量给水调节转换。

2. 给水控制系统的撤除

发生以下情况可撤除自动：

(1) 给水压力低于允许最低压力；

(2) 锅炉负荷稳定工况下，汽包水位超过报警值；

(3) 给水控制系统发生故障。

四、给水控制系统的运行维护要求

根据 DL/T 774—2004《热工自动化系统检修运行维护规程》，给水控制系统的运行维护要求如下：

(1) 每天应根据汽包水位、蒸汽流量及给水流量的记录曲线分析控制系统的工作情况，如发现问题应及时消除；

(2) 定期比较汽包水位、蒸汽流量、给水流量三重冗余变送器的输出值，应取其中值作为控制系统的反馈信号，对超差的变送器及时消除故障；

(3) 定期检查取样测点、测量信号的正确性；

(4) 定期检查执行机构、控制机构的特性；

(5) 定期检查系统在各种工况下的控制品质记录曲线，发现异常即时处理，保证系统处于完好状态。

五、给水控制系统的常见故障与维护

(一) 汽动给水泵转速波动大的原因分析与解决方法

1. 故障现象

汽动给水泵转速波动大。

2. 原因分析

(1) 汽动给水泵控制系统故障，导致输出到液压系统的指令波动大，引起汽动给水泵实际转速波动大。

(2) CCS 输出到汽动给水泵的信号跳变，导致汽动给水泵控制系统输出到液压系统的指令波动大，引起汽动给水泵实际转速波动大。

（3）汽动给水泵控制处于接受 CCS 控制状态并且汽包水位控制系统投入自动控制，因气动给水泵转速下降值与电动给水泵最低转速值有对应关系。当运行人员开启电泵时，电泵的最低转速不为零，汽包水位控制系统有自动平衡功能，这就使得汽动给水泵转速快速下降。

（4）给水泵汽轮机的液压控制系统故障，其电/液转换不正常，导致电信号不能同步反应到液压系统上，引起液压信号波动大，最终导致汽动给水泵转速波动大，或油动机位置反馈输出波动。

（5）给水泵汽轮机转速反馈信号输出本身波动。

3. 解决方法

（1）检查驱动汽动给水泵的给水泵汽轮机转速反馈信号输出本身是否波动，然后检查所有信号的传输电缆屏蔽层是否按要求进行了处理。

（2）检查 CCS 跟汽动给水泵控制系统之间的卡件工作是否正常，控制参数设置是否符合要求。发现问题应该办理工作票，做好安全措施后进行处理。

（3）检查汽动给水泵控制系统的工作状况，如输入、输出信号是否正常，如不正常应该办理工作票，做好安全措施后进行处理。

（4）检查汽包水位控制系统回路的组态及参数设置是否符合图纸要求。

（5）联系机务人员处理汽动给水泵的液压控制系统故障，采取更换故障部件，或者滤油等措施。

上述系统无问题后一定要注意：必须将汽动给水泵控制回路、汽包水位控制回路切至手动控制状态后再启动电动给水泵，待并泵（两泵同时运行）完成系统稳定后，再将汽动给水泵投入自动控制状态。

4. 防范措施

（1）机组大、小修时，检查汽包水位控制系统的控制回路、控制参数、卡件、通道等的工作状态是否正常。

（2）机组大、小修时，检查汽动给水泵控制系统的控制回路、控制参数、卡件、通道等的工作状态是否正常。

（3）机组大、小修时，配合机务人员检查汽动给水泵的接口信号及液压控制系统是否正常。

（4）加强对运行人员的培训，汽动给水泵在自动状态运行时，手动启动电动给水泵时将汽动给水泵切至手动控制状态。系统稳定后，再将汽动给水泵投入自动控制状态。

（二）汽动给水泵实际转速比设定转速低的原因分析与解决方法

1. 故障现象之一

（1）故障现象。汽动给水泵运行在电调控制方式时，汽轮机控制系统的转速实际值比给定值低，并且汽动给水泵液调压力低，报警信号发出。

（2）原因分析。

1）汽动给水泵液调所需控制气源压力太低，使电气转换器输出的气压信号。低于电调定值，PGA-EG 将液调和电调给定值低选后使液调信号起作用。

2）空气减压过滤阀故障或气源管漏气，使电气转换器的气源压力过低。

（3）解决方法。检查气源压力及减压阀和管路情况，使电气转换器的输入气源压力大于1.4MPa。

(4) 防范措施。经常检查减压阀和管路情况，发现有漏气导致气源压力降低及时处理。

2. 故障现象之二

(1) 故障现象。汽动给水泵运行在电调控制方式时，汽轮机控制系统的转速实际值比给定值低，但汽动给水泵气源压力正常。

(2) 原因分析。

1) 负荷较低时，低压进气阀全部开足后，高压进气阀不能立即开启。

2) 因电气转换器故障或电气转换器输出的控制气压管路漏气使液调给定值低于电调给定值。

3) 因故障使输出的控制电流信号不正确。

4) PGA-EG故障或阀门调整不当。

(3) 解决方法。

1) 由机务调整PGA-EG。

2) 检查电气转换器的输出控制气压信号，若低于电调给定值，则处理电气转换器或管路的漏气。

3) 检查输出电流信号若低于100%（160mA)，则处理小汽轮机控制系统的故障。

4) 进行机务处理。

(三) 汽动给水泵电流切换开关打至电调位，但汽动给水泵仍处于液调控制状态的原因分析与解决方法

1. 故障现象之一

(1) 故障现象。汽动给水泵电流切换开关打至电调位，汽动给水泵仍处于液调控制状态，查看汽动给水泵电调控制指示灯不亮。

(2) 原因分析。检查处理切换开关或继电器是否有异常或故障，及时更换有问题的切换开关或继电器。

(3) 防范措施。切换开关应选择带自锁功能的。

2. 故障现象之二

(1) 故障现象。汽动给水泵电流切换开关打至电调位，汽动给水泵仍处于液调控制状态，查看汽动给水泵电调控制指示灯已亮。

(2) 原因分析。

1) 电液切换继电器输出触点接触不良。

2) 控制电液切换电磁阀的24V直流电源丢失。

3) 电液切换电磁阀故障。

4) PGA-EG故障。

5) 液调给定值低于电调给定值。

(3) 解决方法。

1) 检查处理电液切换继电器输出触点。

2) 检查处理电液切换阀控制电源。

3) 更换电液切换阀。

4) 机务处理PGA-EG。

5）检查液调给定值过低的原因并处理好。

（4）防范措施。

1）检修时检查继电器及回路，并使触点电阻符合要求。

2）检修时检查试验电液切换阀工作是否正常。

3）检修时机务对PGA-EG进行检查和静态试验。

4）调整液调给定值使之在电调方式下比电调给定值略高。

（四）汽动给水泵（转速）不受CCS控制的原因分析与解决方法

1. 故障现象

汽动给水泵不受CCS控制。

2. 原因分析

（1）汽动给水泵转速调节阀故障，导致汽动给水泵转速无法变化。

（2）汽动给水泵接受CCS信号控制器开关故障，导致开关输出与实际指令不符。

（3）CCS输出到汽动给水泵控制系统的指令信号卡件故障（如卡件地址不对、地址跳线接触不良、卡件通道坏、数据库定义错误等）。

（4）CCS接受汽动给水泵转速反馈信号处理卡件故障（如卡件地址不对、地址跳线接触不良、卡件通道坏、数据库定义错误等）。

（5）汽动给水泵控制系统本身故障。

（6）CCS与汽动给水泵控制系统之间的连接电缆有问题（如接线松动、电缆中间接头连接不牢固）。

（7）汽动给水泵出口流量、再循环流量等变送器测点故障（测量取样管路堵、测量管路漏、变送器膜盒损坏、变送器电缆破损、变送器漂移严重、变送器信号采集模件通道故障等），将导致流量测点计算不正确，从而引起汽泵转速控制出现问题。

3. 解决方法

（1）检查就地调节阀故障类型，如伺服阀故障、反馈连杆故障、油动力系统故障、调节阀线性度不好、调节阀卡涩等，确定故障类型后，逐一消除。

（2）检查CCS输出到汽动给水泵控制系统的信号处理卡件工作状态是否正常。如果不正常，按照隔离法，逐一排除故障。

（3）检查CCS接受汽动给水泵转速反馈的信号处理卡件工作状态是否正常。如果不正常，按照隔离法，逐一排除故障。

（4）检查处理汽动给水泵控制系统故障。

（5）检查汽动给水泵控制切换开关状态是否正常，如不正常应更换切换开关。

（6）检查CCS与汽动给水泵控制系统之间的连接电缆是否有问题，接线或连接是否牢固。

（7）检查校验汽泵流量、再循环流量等变送器零点、量程以及线性度，确保变送器误差在合格范围之内，确保控制精度。

4. 防范措施

（1）利用机组大、小修的机会，定期更换新的切换开关，以确保切换开关接触良好。

（2）利用机组大、小修的机会，定期检查CCS卡件的工作状态是否正常。

（3）利用机组大、小修的机会，定期检查汽动给水泵控制系统的工作状态、参数设置是否符合要求。

(4) 利用机组大、小修的机会，检查校验汽泵转速控制回路系统中的各个就地测点，包括仪表校验、电缆绝缘检查、DCS通道测试等。

(5) 在日常维护中，加强DPU、卡件等系统关键设备的巡检。

(五) 电动给水泵CCS投不上的原因分析与解决方法

1. 故障现象

电动给水泵CCS投入开关切到投入位置，但CCS遥控不能投入。

2. 原因分析

(1) 投入开关触点接触不良。

(2) CCS投入继电器回路有故障。

(3) 延时继电器不延时。

(4) CCS指令信号低于3mA。

3. 解决方法

(1) 检查开关触点和继电器回路，使给水泵汽轮机控制系统能接受到CCS投入开关量信号。

(2) 检查CCS输出的指令信号是否低于3mA。

4. 防范措施

检修时检查试验继电器及其回路，并使触点电阻符合要求。

(六) 电动给水泵勺管执行机构全开时偏差大的原因分析与解决方法

1. 故障现象

电动给水泵勺管执行机构指令100%，反馈只有90%。

2. 原因分析

(1) DPU卡件中QLI故障，带负载能力下降使输出不够20mA。

(2) 电动给水泵勺管控制信号隔离器故障。隔离器是无源器件，长时间高负荷运行使隔离器输入电阻变大，输出电阻变小，最终导致隔离器带负载能力下降，输出最大18.8mA。

(3) 电动给水泵勺管执行机构的伺服放大器故障，处理指令信号/反馈信号的卡件不能正常工作在全开位置，应首先检查该项。

3. 解决方法

(1) 检查DPU卡件中QLI的空载及满载输出是否都正常（4～20mA），如果不正常，更换QLI。

(2) 检查电动给水勺管控制的信号隔离器，使得输入输出信号都能够满足4～20mA。如果不满足该条件，更换信号隔离器，直到符合要求为止。

(3) 满足以上条件后，则检查调整电动给水泵勺管执行机构的伺服放大器中的指令/反馈处理回路，使得指令/反馈都对应4～20mA（0%～100%开度）。

4. 防范措施

(1) 日常维护时，加强巡检DPU卡件、信号隔离器工作状态是否正常。

(2) 在机组大、小修时，检查调整卡件工作状态、负载能力，信号隔离器的输入输出及负载能力，电动给水泵勺管执行机构伺服放大器的工作状态是否正常。

【任务准备】

一、引导问题

学习完相关知识后，需回答下列问题：

(1) 给水控制系统的品质指标有哪些？

(2) 如何整定给水控制系统的参数？

(3) 给水控制系统的投入撤除条件有哪些？

(4) 汽包水位性能指标试验的目的是什么？

(5) 汽包水位性能指标试验的条件有哪些？

(6) 汽包水位性能指标试验的基本方法是什么？

(7) 汽包水位性能指标试验的安全措施有哪些？

二、制定试验方案

在正确回答引导问题后，依据行业（企业）规程，结合附录 A 所给出的试验方案样表制定给水控制系统性能指标试验方案。

【任务实施】

根据制定好的试验方案，按照试验步骤，完成试验。

下面给出某电厂试验操作步骤，供参考。

(1) 做增加汽包水位定值扰动试验时，应事先将汽包水位调低些，并在给定值的±20mm范围内变化 5min。

(2) 在自动状态下，在原给定值的基础上增加 40mm，观察并记录试验曲线。同时，计算汽包水位动态偏差、静态偏差、稳定时间、过渡过程衰减率等数据。

(3) 做减小汽包水位定值扰动试验时，应事先将汽包水位调高些，并在给定值的±20mm范围内变化 5min。

(4) 在自动状态下，在原给定值的基础上减小 40mm，观察并记录试验曲线。同时，计算汽包水位动态偏差、静态偏差、稳定时间、过渡过程衰减率等数据。

(5) 对不满足品质指标的数据，要分析原因，优化调节参数，调整热控装置，直到汽包水位扰动试验满足品质指标的要求，完成试验报告（试验报告格式参见附录 C）。

注意 在试验过程中，如危及到机组的安全运行，请运行人员立即退出试验，以确保机组安全。

图 3-27 为某 300MW 亚临界仿真机组汽包水位控制系统性能测试曲线。

【检查评估】

检查任务的完成情况，检查评估表参见表 1-3。

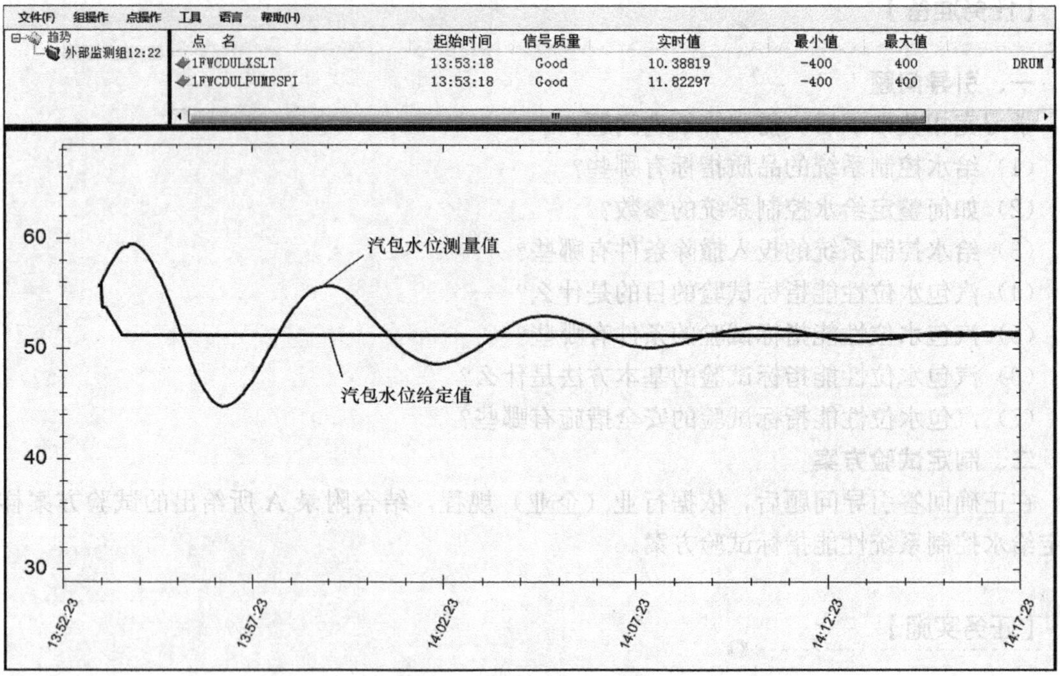
文件(F) 组操作 点操作 工具 语言 帮助(H)
趋势
外部监测组12:22
点 名
起始时间
信号质量
实时值
最小值
最大值
1FWCDULXSLT 13:53:18 Good 10.38819 -400 400 DRUM
1FWCDULPUMPSPI 13:53:18 Good 11.82297 -400 400
汽包水位测量值
汽包水位给定值
60
50
40
30
13:52:23
13:57:23
14:02:23
14:07:23
14:12:23
14:17:23

图 3-27 汽包水位控制系统性能测试曲线

项目四　燃烧控制系统运行与维护

【项目描述】

燃烧控制系统的根本任务是及时响应锅炉主控系统的输出指令，使燃料所提供的热量适应锅炉蒸汽负荷的需要，维持蒸汽压力稳定，同时保证锅炉燃烧的安全性和经济性。

燃烧控制系统包括炉膛压力控制、风量氧量控制（送风机动叶风量控制/二次风门风量控制、风箱与炉膛差压控制/二次风压控制、氧量校正、燃料风控制、燃尽风控制）、一次风压控制、磨煤机控制（直吹式制粉系统一次风量控制/中储式制粉系统钢球磨煤机入口风压控制、出口温度控制、给煤量控制）等。

本项目主要完成燃烧控制对象特性试验、燃烧控制方案分析、燃烧控制系统性能测试等三项工作任务。

通过本项目的学习，使学生能理解燃烧控制系统的工作原理，能识读燃烧控制系统逻辑图，能进行对象动态特性试验和品质指标试验，最终能完成燃烧控制系统运行维护工作。

任务一　燃烧控制对象特性试验

【学习目标】

(1) 熟悉燃烧系统工艺流程；
(2) 理解燃烧控制对象动态特性的特点；
(3) 掌握燃烧控制对象动态特性的试验方法；
(4) 能根据行业技术标准拟定燃烧控制对象动态特性试验方案；
(5) 能根据试验方案完成燃烧控制对象动态特性试验；
(6) 能根据试验结果分析燃烧控制对象动态特性特点，并完成试验报告；
(7) 熟悉电力生产安全规定，严格遵守"两票三制"；
(8) 具有团队合作意识，养成严谨求实的工作作风。

【任务描述】

燃烧动态特性试验目的是求取在扰动作用下相关燃烧参数变化的飞升特性曲线，为控制方案拟订和控制参数整定提供依据。

燃烧动态特性试验的试验内容与机组采用的制粉系统有关，对采用直吹式制粉系统的燃烧系统，其主要的试验内容包括给煤量、炉膛压力、送风量、一次风压、一次风量、磨煤机出口温度动态特性等。

通常，在机组投运前、锅炉A级检修或控制策略改变时，需要进行燃烧动态特性试验。试验宜分别在高低负荷下进行，每一负荷下的试验宜不少于两次，记录试验数据和曲线，并提交试验报告。

本任务建议采用项目教学法组织教学，其实施过程参见表1-1。

【知识导航】

一、燃烧控制任务

锅炉燃烧控制的任务是使燃料燃烧所提供的热量适应锅炉蒸汽负荷的要求，并保证锅炉安全经济运行。但控制系统的具体任务又随单元机组的制粉系统、燃烧设备、锅炉运行方式及控制手段的不同而有所区别。从共性上看，燃烧控制的基本任务可以归纳为以下三点：

（1）控制燃料量，满足主控系统对锅炉负荷的要求。机组在不同的负荷控制方式下，燃烧系统的任务是不一样的，但总的来说，都是要满足主控系统输出的锅炉主控指令 P_B。在汽轮机跟随方式下，燃烧系统主要是保证机组实发功率等于负荷要求值；在锅炉跟随方式下，主要是保证主蒸汽压力等于给定值；在协调方式下，两个参数都要兼顾。

（2）控制送风量，保证燃烧过程的经济性。保证燃烧过程的经济性是提高锅炉效率的一个重要方面。燃烧过程的经济性是靠维持进入炉膛的燃料量与送风量之间的最佳比值来保证的，即要保证有足够的送风量使燃料得以充分燃烧，同时尽可能减少排烟造成的热损失。

（3）控制引风量，维持锅炉炉膛压力稳定。锅炉炉膛压力反映了燃烧过程中进入炉膛的送风量与流出炉膛的烟气流量之间的工质平衡关系。炉膛压力是否正常，关系着锅炉的安全经济运行。若送风量大于引风量，则炉膛压力升高，会造成炉膛往外喷灰或喷火，压力过高时有造成炉膛爆炸的危险；若引风量大于送风量，炉膛压力下降，不仅增加引风机耗电量，而且会增加炉膛漏风，降低炉膛温度，影响炉内燃烧工况。对于燃煤锅炉，为防止炉膛向外喷灰，通常采用微负压运行；对于燃油锅炉，则通常采用微正压运行，以防止炉膛漏风，使烟气中过剩空气系数上升，造成过热器管壁腐蚀。

锅炉燃烧过程的上述三项控制任务是不可分开的，它的三个被控参数，即主蒸汽压力或机组负荷、尾部烟气含氧量、炉膛压力，与燃料量、送风量、引风量三个控制量之间存在着关联，所以燃烧控制系统内的各子系统应协调动作，共同完成其控制任务。

燃烧控制系统除了以上三个主要部分（燃料、送风、引风控制）外，还有一次风压控制，磨煤机风量、风温控制，二次风控制（辅助风、燃料风和燃尽风）等。因此，燃烧控制系统是一个较大的综合性控制系统，通过系统综合控制，才能保证锅炉正确响应机组负荷的要求和自身的安全经济运行。

二、燃烧控制对象动态特性

单元机组有定压和滑压两种不同的运行方式。定压运行锅炉的燃烧控制系统，常以保持主蒸汽压力在一定范围内作为锅炉运行是否正常的标准，而汽压的变化也正是锅炉供热量是否适应负荷的标志。因此，锅炉汽压可以看成是燃烧控制对象的输出量。引起汽压变化的原因很多，其中最主要的是燃烧率和锅炉负荷的变化。

（一）汽压控制对象的动态特性

汽压对象生产流程示意如图4-1所示。主蒸汽压力受到的主要扰动来源有两个，一是燃料量扰动，称为内部扰动；二是汽轮机耗汽量的扰动，称为外部扰动。图4-1所示系统由炉膛1、蒸发受热面2（水冷壁）、汽包3、过热器4和汽轮机5等组成。工质（水）通过炉膛吸收了燃料燃烧发出的热量，不断升温，直到产生饱和蒸汽汇集于汽包内，最后经过过热器成为过热蒸汽，输送到汽轮机做功。

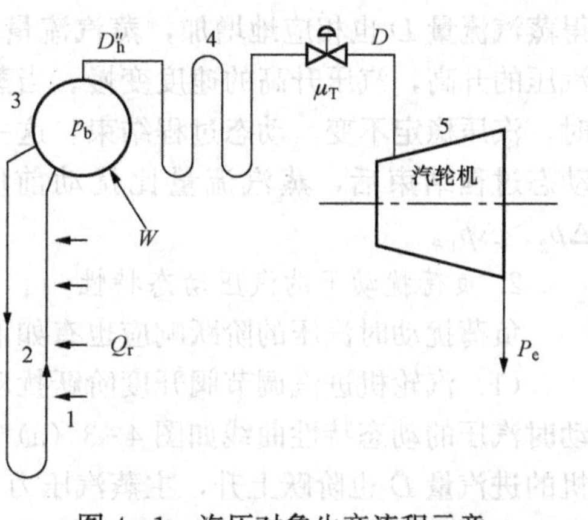

图4-1　汽压对象生产流程示意

1—炉膛；2—蒸发受热面；3—汽包；4—过热器；5—汽轮机

1. 燃烧率扰动下的汽压动态特性

在燃烧率扰动下的试验条件不同，所得出汽压变化的动态特性不同，下面分两种情况进行讨论：

（1）用汽量D不变，燃烧率作阶跃扰动时的动态特性。

在燃烧率阶跃增加时，调整汽轮机的调节阀使用汽量保持不变，所得的动态特性曲线如图4-2（a）所示。燃烧加强后，炉膛热负荷增加，汽水循环加强到汽压上升，要有一个过程，所以汽压变化一开始有迟延，以后直线上升。这是一个无自平衡能力对象的动态特性。由图可以看出，因蒸汽流量没有发生变化，所以汽包压力p_b与汽轮机机前压力（主蒸汽压力）p_T之差Δp不变，即$\Delta p_2=\Delta p_1$。

从实际的汽压阶跃反应曲线上可以确定迟延时间τ和飞升速度ε。

（2）汽轮机进汽调节阀开度μ_T不变，燃烧率作阶跃扰动时的动态特性。

汽轮机进汽调节阀开度μ_T不变，燃烧率作阶跃扰动时的动态特性曲线如图4-2（b）所示。

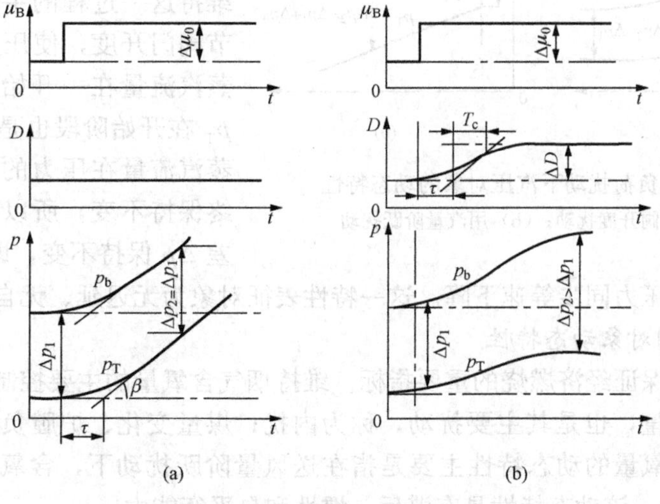

图4-2　燃烧率扰动下汽压对象的动态特性

（a）用汽量D不变；（b）进汽调节阀开度μ_T不变

当燃烧率阶跃增加后，炉膛热负荷增加，汽水循环加强到汽压上升要有一个过程，所以汽压变化一开始有迟延，以后逐步升高。由于汽轮机进汽调节阀开度不变，汽压的升高会使

得蒸汽流量 D 也相应地增加，蒸汽流量增加，蒸汽带走的热量增多，反过来自发地限制了汽压的升高，汽压升高的速度变慢。当蒸汽带走的热量与燃烧率增加后蒸汽的吸热量相平衡时，汽压稳定不变，动态过程结束。这一特性表征对象有迟延、有惯性、有自平衡能力。因动态过程结束后，蒸汽流量比扰动前增加了，故 p_b 与 p_T 之间的压力差也增加了，即 $\Delta p_2 > \Delta p_1$。

2. 负荷扰动下的汽压动态特性

负荷扰动时汽压的阶跃响应也有如下两种情况。

（1）汽轮机进汽调节阀开度阶跃扰动时汽压的动态特性。汽轮机进汽调节阀开度阶跃扰动时汽压的动态特性曲线如图 4-3（a）所示。汽轮机进汽调节阀开度 μ_T 阶跃开大后，汽轮机的进汽量 D 也阶跃上升，主蒸汽压力（汽轮机机前压力）p_T 立即下降 Δp_0，但由于燃烧率没有变化，汽压会不断下降来维持蒸汽流量的增加，汽压的下降反过来使蒸汽流量减小。蒸汽流量的减小又使汽压的下降速度变慢，这样相互影响，直到蒸汽流量减小到扰动前的值时，蒸汽流量带走的热量与蒸汽吸收的热量相平衡，汽压不再变化。因为蒸汽流量在扰动结束后恢复到原来的数值，所以 p_b 与 p_T 的差值也恢复到扰动前的差值，即 $\Delta p_2 = \Delta p_1$。这一动态特性表征对象具有自平衡能力。

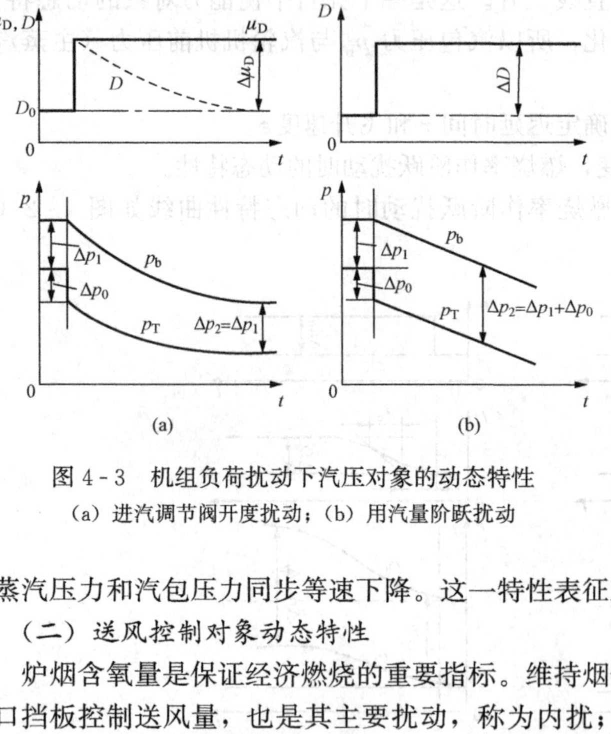

图 4-3 机组负荷扰动下汽压对象的动态特性
（a）进汽调节阀开度扰动；（b）用汽量阶跃扰动

（2）汽轮机用汽量阶跃扰动时汽压的动态特性。汽轮机用汽量阶跃扰动时汽压的动态特性曲线如图 4-3（b）所示。当汽轮机用汽量阶跃增加时，由于燃烧率没有发生变化，蒸汽流量增加部分的热量要靠降低汽压来维持，这是一个释放储存热量的过程，维持这一过程的手段是不断地开大调节阀门开度，使压力等速下降。因为蒸汽流量在一开始就阶跃增加，所以 p_T 在开始阶段也是阶跃降低的。又因蒸汽流量在压力的动态变化过程中始终保持不变，所以整个过程中的压力差 Δp 保持不变，即 $\Delta p_2 = \Delta p_1 + \Delta p_0$，主蒸汽压力和汽包压力同步等速下降。这一特性表征对象为无迟延、无自平衡能力。

（二）送风控制对象动态特性

炉烟含氧量是保证经济燃烧的重要指标。维持烟气含氧量的主要控制手段是调节送风机入口挡板控制送风量，也是其主要扰动，称为内扰；煤量变化、炉膛负压变化也影响含氧量，称为外扰。含氧量的动态特性主要是指在送风量阶跃扰动下，含氧量随时间变化的特性，如图 4-4 所示，该动态特性具有滞后、惯性和自平衡能力。

（三）引风控制对象动态特性

炉膛负压的控制量是引风机入口挡板所控制的引风量，称为内扰；送风量变化会影响炉膛负压，称为外扰。炉膛负压动态特性是指引风量阶跃变化时，炉膛负压随时间变化的特性，如图 4-5 所示。由于炉膛负压反应很快，可作比例特性来处理。

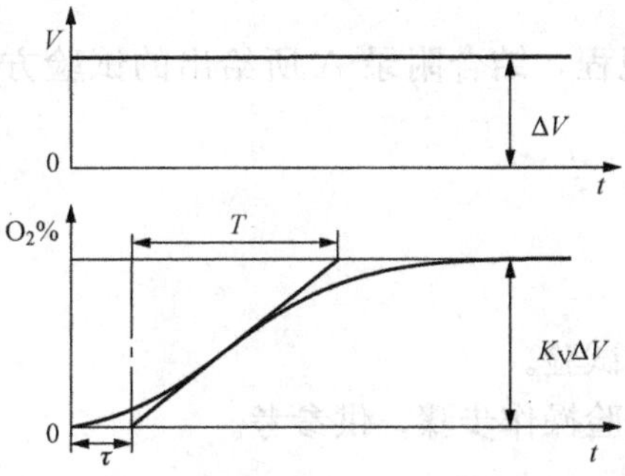

图 4-4　送风量扰动下氧量阶跃响应曲线

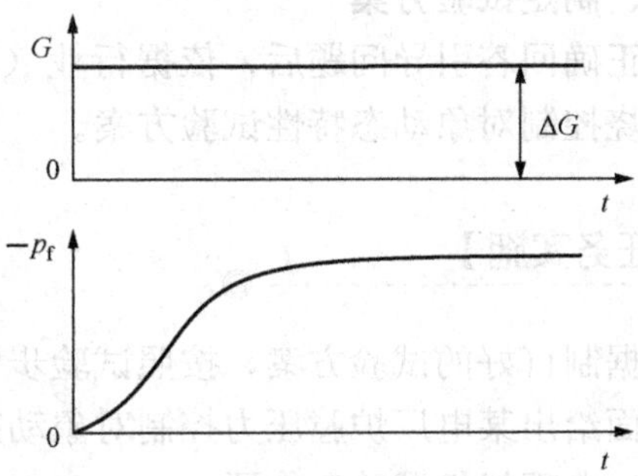

图 4-5　引风量扰动下负压阶跃响应曲线

燃烧过程被控对象的被控量 α 和 p_f 都是保证良好燃烧条件的锅炉内部参数。只要使送风量 V 和引风量 G 随时与燃料量 B 在变化时保持适当比例就能保证 α 和 p_f 不会有多大变化。当送风量 V 或引风量 G 单独变化时，炉膛负压 p_f 的惯性很小，可近似地被认为是比例环节。当燃料量 B 或送风量 V（相应的引风量 G）单独改变时，燃烧经济性 α 也立即发生变化。根据以上所述，这样的动态特性是容易控制的。

三、燃烧控制对象动态特性试验的基本方法

燃烧控制对象动态特性试验的试验内容与机组采用的制粉系统有关，制粉系统不同，试验内容有差异。下面以炉膛压力动态特性试验为例，介绍燃烧控制对象动态特性试验的基本方法。

炉膛压力对象动态特性试验的基本方法如下：

(1) 保持机组负荷稳定、锅炉燃烧率不变；

(2) 置炉膛压力控制于手动控制方式，手操并保持炉膛压力稳定运行 5min 左右；

(3) 一次关小（开大）引风机挡板开度，幅度以减小（开大）10%引风量为宜；

(4) 保持其扰动不变，记录炉膛压力变化情况；

(5) 待炉膛压力上升（下降）并稳定在新值时结束试验；

重复上述试验 2～3 次，分析引风量阶跃扰动下炉膛压力变化的飞升特性曲线，求得其动态特性参数。

【任务准备】

一、引导问题

学习完相关知识后，需回答下列问题：

(1) 主蒸汽压力控制对象动态特性有何特点？

(2) 送风控制对象动态特性有何特点？

(3) 引风控制对象动态特性有何特点？

(4) 燃烧控制对象动态特性试验的条件有哪些？

(5) 燃烧控制对象动态特性试验的基本方法是什么？

(6) 燃烧控制对象动态特性试验的安全措施有哪些？

二、制定试验方案

在正确回答引导问题后，依据行业（企业）规程，结合附录 A 所给出的试验方案样表制订燃烧控制对象动态特性试验方案。

【任务实施】

根据制订好的试验方案，按照试验步骤，完成试验。

下面给出某电厂炉膛压力控制对象动态特性试验操作步骤，供参考。

（1）办理机组试验工作票；

（2）运行人员调整好工况，保持各主要参数稳定（负荷、主蒸汽压力、水位）；

（3）由热控人员打开工程师站密码，进入工程师环境；

（4）热控负责人调出实时曲线（显示范围，时间适当设置）；

（5）运行人员解除炉膛压力控制自动至手动，手操并保持炉膛压力在给定值±100Pa，稳定运行 5min 左右；

（6）快速开大引风机挡板开度，幅度以增加 10%引风量为宜，保持其扰动不变，记录试验曲线，待炉膛压力下降并稳定在新值时结束试验；

（7）快速关小引风机挡板开度，幅度以减少 10%引风量为宜，保持其扰动不变，记录试验曲线，待炉膛压力上升并稳定在新值时结束试验；

（8）同样步骤做三次试验，取两条基本相同的曲线作为试验结果；

（9）分析引风量阶跃扰动下炉膛压力变化的飞升特性曲线，求得其动态特性参数，并完成试验报告（试验报告格式参见附录 B）。

注意 在试验过程中，如危及到机组的安全运行，请运行人员立即退出试验，以确保机组安全。

如图 4-6 所示为某 300MW 亚临界仿真机组在燃料量扰动下主蒸汽压力控制对象动态特性曲线。

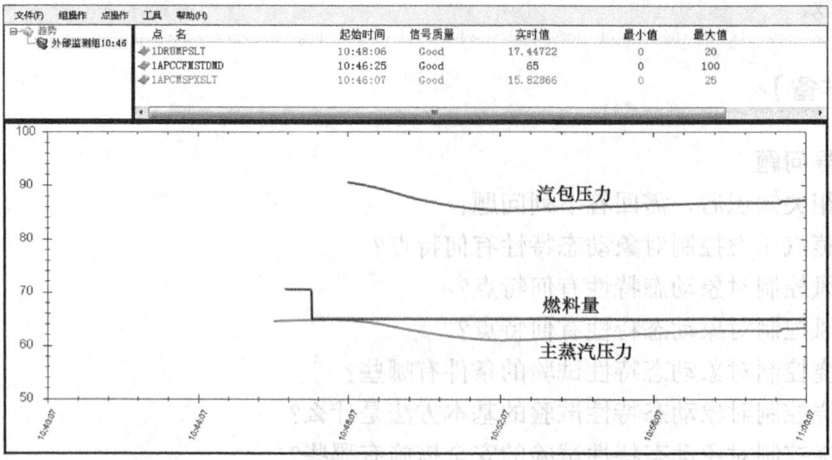

图 4-6 燃料量扰动下主蒸汽压力控制对象动态特性曲线

【检查评估】

检查任务的完成情况，检查评估表参见表 1-3。

任务二　燃烧控制方案分析

【学习目标】

（1）掌握比值控制系统的结构组成，理解其工作原理；
（2）掌握燃烧控制的基本手段；
（3）理解燃烧控制方案的工作原理；
（4）能识读模拟量控制系统逻辑图符号；
（5）会分析燃烧控制系统的结构组成与工作过程；
（6）会编制模拟量控制系统分析报告；
（7）养成善于动脑、勤于思考的学习习惯，具有与人沟通和交流的能力。

【任务描述】

某 600MW 亚临界机组采用正压冷一次风直吹式制粉系统，燃料系统采用 6 台给煤机，与之对应有 6 台磨煤机（中速磨煤机），形成 6 个同样的制粉单元，正常运行时只需运行 5 台给煤机即可，剩下 1 台作为备用。

该机组燃烧控制系统的逻辑图如图 4-24、图 4-25 及图 4-27～图 4-37 所示。试分析燃烧控制系统的结构组成和工作原理，并提交分析报告。

本任务建议采用案例教学法组织教学，其实施过程参见表 1-4。

【知识导航】

一、比值控制系统

（一）基本概念

生产过程中经常出现要求两种物质保持一定的比例关系，一旦出现比例失调就会影响生产的安全性和经济性。例如锅炉燃烧过程中要求保持燃料量和空气量按一定比例关系配合，在不同负荷情况下均应保持炉内过剩空气量为最佳值，以保证炉内燃烧的经济性。

凡是要求两种或两种以上的物质量保持一定比例关系的控制系统称为比值控制系统。在需要保持比例关系的两种物质中，必有一种处于主导地位称为主动量，而另一种需要按主动量进行配比，在控制过程中跟随主动量变化的量称为从动量。因此，比值控制系统实际上是一种随动控制系统。

（二）比值控制系统分析

比值控制系统有多种类型，这里仅介绍两种常用的比值控制系统。

1. 单闭环比值控制系统

工艺上要求两种物料流量保持一定的比例关系，可以选用单闭环比值控制系统，如

图 4-7 所示。

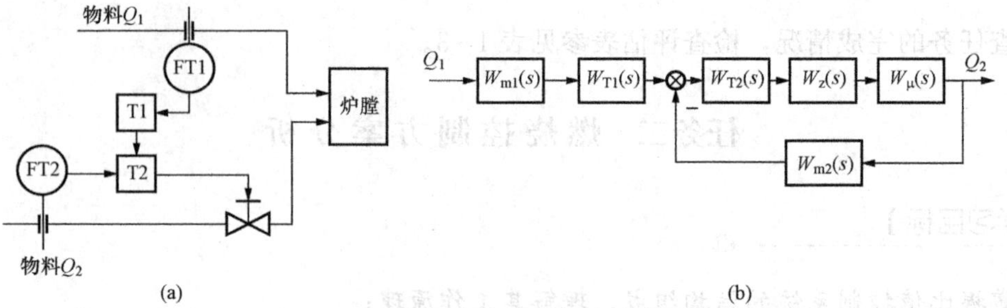

图 4-7 单闭环比值控制

（a）系统图；（b）系统方框图

系统达稳态时 $Q_1/Q_2=K$。当 Q_1 变化时，经比值控制器 T1 按预先设置的比值使输出成比例地变化，也就是成比例地改变从动量控制器 T2 的给定值，从而使 Q_2 跟随 Q_1 变化，使得在新的稳定条件下保持 Q_1 与 Q_2 的比值 K 不变。

当从动量因扰动而发生变化时，因为 Q_1 不变，所以从动控制器的给定值也不变，通过从动量反馈回路消除扰动，从而使 Q_1 与 Q_2 的比值 K 也维持不变。

这种形式的比值控制系统在电厂热工自动控制系统中应用实例很多，如直流炉保持一定燃—水比的控制系统就是采用单闭环比值控制方案。

2. 有逻辑规律的比值控制系统

在某些比值控制系统中，不仅要求两个物料流量保持一定的比例，而且要求物料流量的变动有一定的先后次序，这种控制系统称为有逻辑规律的比值控制系统。

例如在燃料控制系统中，希望燃料量与空气流量成一定的比例。而燃料量取决于蒸汽量的需要，常用蒸汽压力来反映，当蒸汽量要求增加即蒸汽压力降低时，燃料量就要增加。为了保证燃烧完全，应先加大空气量后加大燃料量。在减负荷时，应先减燃料量后减空气量，以保证燃烧的安全性和经济性。为此可设计成有逻辑规律的比值控制系统，如图 4-8 所示。图 4-8 中 PT、FT 分别为压力、流量变送器；PC、FC 分别为压力、流量控制器；HS、LS 分别为高、低选器。

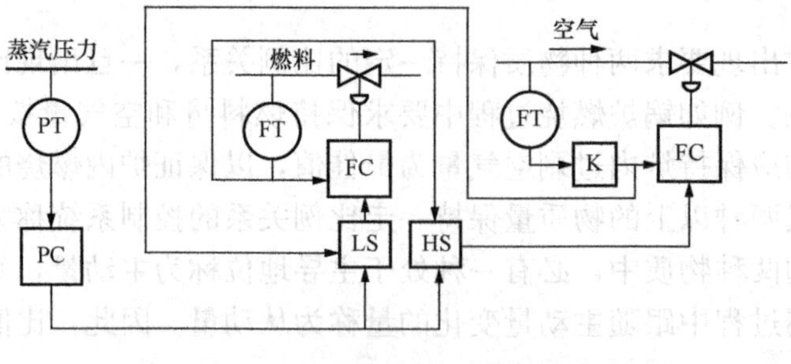

图 4-8 具有逻辑控制规律的比值控制

该系统实现蒸汽出口压力对燃料流量的串级控制和燃料流量与空气流量的比值控制。根据过程要求，蒸汽压力控制器是反作用的。当蒸汽流量增加、即蒸汽压力下降时，蒸汽压力控制器输出增加，增大的信号送到低选、高选器。由于压力控制器输出通不过低选器 LS，而可通过高选器 HS，并作为空气流量控制器的给定值，用来加大空气量。空气流量变送器的输出信号被低选器选中，空气流量的增加也使低选器输出增加，从而改变燃料控制器的给定值，使燃料量增大，这样保证增加燃料之前先加大空气量。而当蒸汽流量减少时，情况则相反，满足先减燃料量后减空气量的逻辑关系，保证燃烧完全。

二、燃烧控制的相关问题

（一）燃料量的测量与热量信号

燃料量控制系统中，燃料量信号作为按燃烧率指令进行控制的反馈信号，应能及时地反映实际燃料量的变化。准确及时地测量燃料量，是燃料量控制系统的关键问题。对于液体和气体燃料，可以直接测量进入炉膛的燃料量，但是对于固体燃料（电厂锅炉主要以煤作燃料），直接测量进入炉膛的燃料量是较困难的，通常采用间接测量方法。

1. 给粉机转速

对采用中间储仓式制粉系统的锅炉，可采用给粉机转速来间接代表燃料量。但是，给粉机转速不能反映煤粉自流等因素的影响，由于煤粉自流，同样的转速，给粉量却可能不一样，这种偏差只有在影响到主蒸汽压力或机组负荷时，才能通过改变燃烧率指令去消除自流等因素的影响。

2. 磨煤机进出口差压

对采用直吹式制粉系统的锅炉，可用磨煤机进出口差压来近似代表燃料量，这是以假定磨煤机出力与其进出口差压的平方根成正比为前提的。但影响磨煤机进出口差压的因素很多（如煤种、一次风量及磨煤机工况等），而且该信号的波动也较大。

3. 给煤机转速

对采用直吹式制粉系统的锅炉，也可用给煤机转速求出燃料量。在要求给煤机的转速调节良好的同时，还应考虑到煤层密度、厚度对燃料量的影响，才能使给煤量与转速之间保持确定的关系。

以上是煤量的三种间接测量方法。有时为了保持炉膛中燃烧稳定，在烧煤的同时还要烧油，所以总燃料量的测量实际包括燃油量的测量和燃煤量的测量两部分。

4. 热量信号

测量进入炉膛的燃料燃烧后的发热量，是间接测量进入炉膛的燃料量的一种方法。进入炉膛燃烧的燃料量可用下式的热量信号 Q 来表示

$$Q = D + C_b \frac{dp_b}{dt} \tag{4-1}$$

式中　D——蒸汽流量，kg/s；

C_b——蓄热系数，kg/MPa；

p_b——汽包压力，MPa。

蓄热系数 C_b 代表锅炉的蓄热能力，即表示汽包压力每下降 1MPa 时锅炉释放出的蒸汽量，通常用试验的方法求得。D 是用蒸汽流量单位表示的锅炉汽水吸热量。如不考虑管道金属的蓄热变化，Q 可近似代表炉膛热负荷的大小，因而可代表进入锅炉燃烧的燃料量。此外，用热量信号还能反映燃料热值的变化。

需要指出的是，如有燃料量或燃料热值变化，只有当其影响到汽包压力 p_b 或蒸汽流量 D（或汽轮机第一级压力 p_1）后，才能从热量信号 Q 反映出来，严格来说，热量信号 Q 在

测量时间上是有滞后的。

无论采用直吹式还是中间储仓式的制粉系统都可以用热量信号代表进入锅炉的燃料量。

5. 基于给煤量修正的总燃料量测量

对于直吹式锅炉，给煤机控制装置有给煤量测量功能，虽然进入磨煤机的给煤量等于磨煤机输出的煤粉量，但磨煤机输出煤粉量滞后于进入磨煤机的给煤量，因此需对给煤量近似进行时间动态修正［$f(t)$ 时间滞后］，校正后的测量值求和后就代表入炉总煤量 M_c。但由于煤种和水分不同，煤的发热量不同，因此，需将总煤量 M_c 信号进行修正以构建一个既能反映燃料量变化又能反映出煤的热值变化的燃料量（发热量）信号，图 4-9 所示就是一种基于给煤量修正的总燃料量（发热量）测量方法。

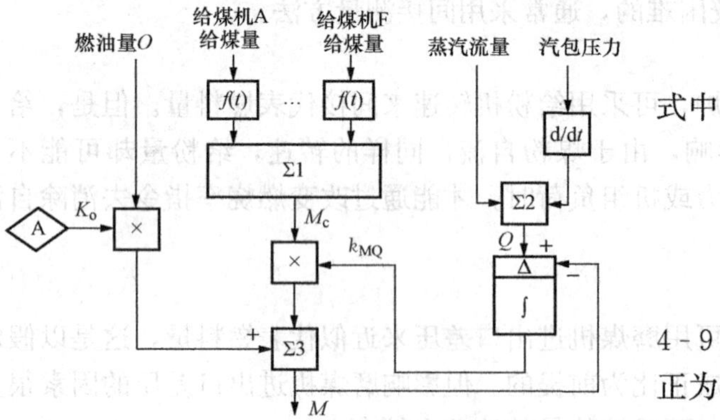

图 4-9　基于给煤量修正的总燃料量测量方法图

总燃料量（发热量）构成形式为

$$M = K_o O + k_{MQ} M_c \tag{4-2}$$

式中　O——燃油量；

K_o——燃油发热系数；

M_c——总煤量；

k_{MQ}——煤发热系数。

由于煤种变化会影响发热系数，如图 4-9 所示中对煤发热系数 k_{MQ} 进行如下修正为

$$k_{MQ} = \int_0^t (Q - M)\mathrm{d}t \tag{4-3}$$

由前面分析知道，热量信号 Q 也是反映燃料量和燃料热值变化的信号，总燃料量含有燃油量信息，当燃油热值不变时，式（4-2）中 k_{MQ} 正确反映了煤的热值。

若 $M>Q$，说明 k_{MQ} 过大，则积分器反向积分，使 k_{MQ} 减小。随着 k_{MQ} 减小，M 减小，直至 $M=Q$，M 停止变化，这时 k_{MQ} 正确反映了煤的热值。反之亦然。

不难看出，当 M_c 不变，而煤种的变化造成发热量增加时，刚开始 M 也不变，但随着炉膛发热量的增加，Q 增大，$Q>M$，由积分器正向积分增大 k_{MQ}，使 M 增大，直至 $M=Q$。

若因负荷变化而增加燃料量时，热量信号 Q 增加，虽然有测量滞后校正环节 $f(t)$，但入炉总煤 M_c 增加依然快于 Q 增加，这时为了使 k_{MQ} 保持不变，要求积分器的积分时间设置较大。这样总燃料 M 信号不仅能较快速反映总煤量 M_c 的变化，同时也反映出煤热值的变化。

以上修正回路又称 BTU 修正回路（BTU 指用英热量作单位表示能量，是 British Thermal Unit 的缩写，1BTU=1055.077J），这种以燃料量为主加上燃料发热系数修正的总燃料量 M 信号在测量时间上要快于热量信号 Q，因此，在直吹式煤粉锅炉燃烧过程控制中得到广泛应用。

对于中储式锅炉，给粉机转速代表相应的给煤量，所有给粉机转速求和就是入炉的总给煤量，其修正原理与上面介绍的基本类似。

（二）增益自动调整

由于燃料控制器的控制参数是根据燃料被控对象特性整定的，而燃料被控对象的增益会随给煤机（或给粉机）投入的台数不同而不同，因此在燃料控制系统中需要设计增益自动调整回路，以保持广义燃料被控对象的增益不变，图 4-10 所示为一种增益自动调整回路。

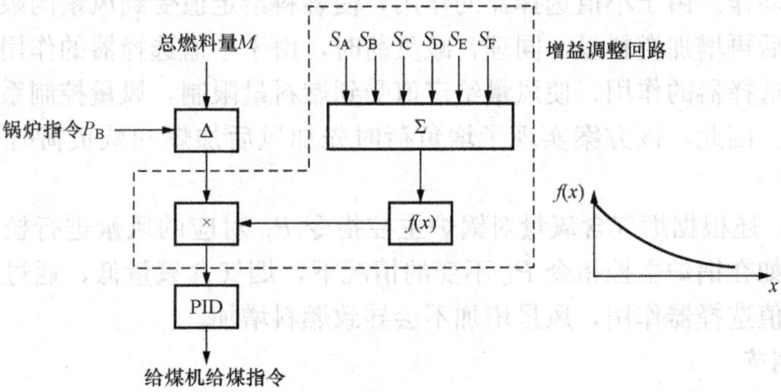

图 4-10 增益自动调整回路

图 4-10 中的 S_A、S_B、S_C、S_D、S_E、S_F 代表 6 台给煤机投入状态，任一台给煤机投入时，其相应的 S_i 的数值为 1，否则为 0。加法器输出的数值即代表给煤机投入的台数，经过函数器 $f(x)$ 与偏差信号相乘，乘法器可视为燃料被控对象的一部分，通过选择合适的函数 $f(x)$，则可以做到不管给煤机投入的台数如何，都可以保持燃料被控对象增益不变，这样就不必调整燃料控制器的控制参数了。

一般分散控制系统（DCS）中有一个增益调整和一个平衡器（GAIN CHANGER& BALANCER），它们的功能之一就是实现增益调整，可根据设备投自动的台数调整控制信号的大小。但如果增益调整有特殊要求时，还是采用如图 4-10 所示的虚框中的模块加以实现。

（三）风煤交叉限制

在机组增、减负荷动态过程中，为了使燃料得到充分燃烧就需要保持有足够的风量。为避免发生不完全燃烧情况，需要保持一定的过量空气系数，以保证燃烧过程处于富氧状态。因此，在机组增负荷时，要求先加风后加煤；在机组减负荷时，要求先减煤后减风。这样就存在一个风煤交叉限制。如图 4-11 所示是一个带氧量校正的风煤交叉限制方案。

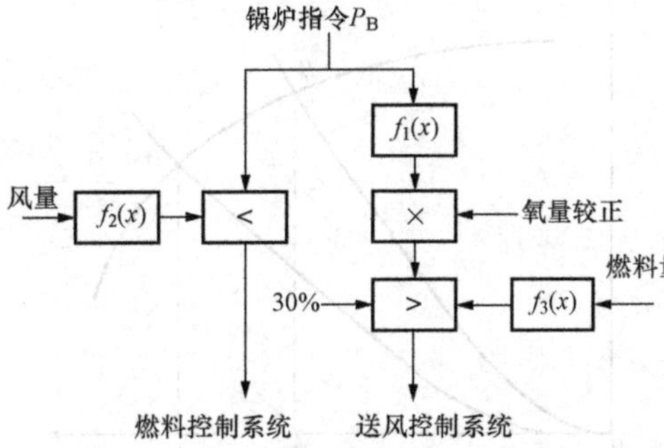

图 4-11 带氧量校正的风煤交叉限制方案

图 4-11 中，锅炉主控指令 P_B 经函数器 $f_1(x)$后转换为所需的风量，燃料量经函数器 $f_3(x)$ 后转换为该燃料量下的最小风量，二者与最小风量信号（30%额定风量）经过大值选择器后作为风量控制系统的给定值。风量经函数器 $f_2(x)$ 后转换为相应风量下的最大燃料量，与锅炉主控指令 P_B 经过小值选择器后作为燃料控制系统的给定值。

当增加负荷时，锅炉主控指令 P_B 增大。在燃料侧，原风量未变化前，小值选择器输出为原风量下的最大燃料量指令，即仍为原来锅炉主控指令 P_B，故燃料量保持不变。而在风量侧，锅炉主控指令 P_B 对应的风量指令增大，大于原燃料量所对应的最小风量，经大值选择后作为给定值送至送风控制系统以增大风量。只有待风量增加后，锅炉燃料给定值才随之增加，直到与锅炉主控指令 P_B 一致。由此可见，由于大值选择器的作用，风量控制系统先于燃料控制系统动作。由于小值选择器的作用，使燃料给定值受到风量的限制，燃料控制系统要等风量增加后再增加燃料量。同理，减负荷时，由于小值选择器的作用，燃料给定值先减少。由于大值选择器的作用，使风量给定值受到燃料量限制，风量控制系统要等燃料量降低后再减少风量。因此，该方案实现了增负荷时先加风后加煤和减负荷时先减煤后减风的功能。

图 4-11 中，还根据烟气含氧量对锅炉主控指令 P_B 对应的风量进行校正，以期达到最佳燃烧经济性。如在锅炉主控指令 P_B 不变的情况下，烟气含氧量低，通过氧量校正后使风量增加，由于小值选择器作用，风量增加不会导致燃料增加。

（四）风机调节

在燃烧过程控制中，需要对送风机、引风机和一次风机进行风量或压力调节。风机调节的实质就是通过改变风机工作点，使风机输出风量与所需要的风量保持平衡。

改变风机工作点的方法有两种：

(1) 改变管道的特性曲线，如节流调节；

(2) 改变风机的性能曲线，如变角调节、变速调节等。

1. 节流调节

节流调节就是改变风机进口或出口管路上节流挡板的开度，来改变风机的工作点，从而调节风机的通风量。

(1) 出口节流调节。采用风机出口节流调节时，节流挡板装置在风机出口管路上。当需要减少风量时，就关小节流挡板的开度，增大管道系统的阻力，使管道系统特性曲线由 OA 变成 OB，风机的工作点也由 A 点移到 B 点，从而使风机的风量由 V_A 变成 V_B，如图 4-12 所示。

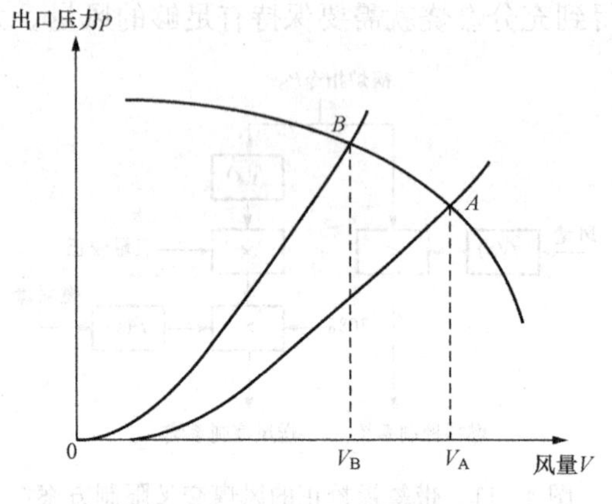

图 4-12 风机出口节流调节

采用该方法调节风量时，随着通风量的减小，风机出口压头（即风机叶片后、调节挡板前的风压）将相应上升，在关小节流挡板开度时，管道的局部阻力增加，产生节流损失，使风机运行的经济性下降。此外，对于具有驼峰状曲线的风机，当出口挡板关得过小（即系统阻力增加很多）时，风机的工作点便有可能落入不稳定工况区，这时风机会产生喘振，风压和风量将出现剧烈波动，并产生强烈的振动和噪声，严重影响风机的安全运行和锅炉的燃烧状况。因此，现在锅炉一般已不采用这种调节方式。

(2) 进口节流调节。风机采用进口节流调节时，节流挡板设置在风机的进口管路上。这种调节方法是通过改变风机进口节流挡板的开度，来改变风机进口压力和性能曲线，使风机工作点相应移动，达到调节风量的目的，如图 4-13 所示。当需要减小风量时，就关小节流挡板的开度，由于风机入口阻力增大使风机进口压力下降，在转速不变的条件下，风机进口压力的下降将导致出口压力呈比例下降，使风机的性能曲线由原来的 CA 变为 CB。而风机出口管道的阻力不变、特性曲线也不变，风机的工作点便由 A 点移至 B 点，使风机的流量也由 V_A 减少至 V_B。

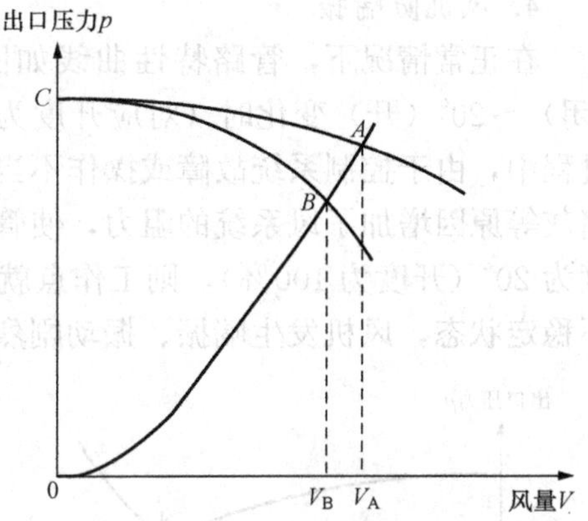

图 4-13 风机进口节流调节

采用该方法来减小风量时，风机的风量、风压及轴功率将同时下降，因此，进口节流调节要比出口节流调节的运行经济性好。但是，进口节流挡板的开度与风量变化不成线性关系，不宜采用自动调节，且调节性能较差，所以，大容量风机现在一般也不采用这种调节方式。

2. 变角调节

(1) 入口导流器调节（入口导叶调节、静叶调节）。该调节是通过改变风机入口处导流器叶片的角度，使风机叶片进口气流的周向速度发生变化，从而改变风机的性能曲线及工作点，达到调节风量的目的，如图 4-14 所示。

因为导流器的附加阻力较小、风机效率下降较少，所以运行的经济性比节流调节高得多，而且导流器结构简单、设备费用低、调节性能较好、运行可靠、维护方便，是风机常采用的一种调节方法。

(2) 动叶调节（轴流式风机）。动叶调节是指通过改变风机叶片的角度，改变风机的特性曲线，来实现改变风机运行工作点和调节风量，如图 4-15 所示。采用这种调节方法时，运行经济性和安全性均较好，且每一个叶片角度均对应一条性能曲线，叶片角度与风量的变化几乎呈线性关系，便于采用自动调节，因此在大容量轴流式风机中得到广泛采用。

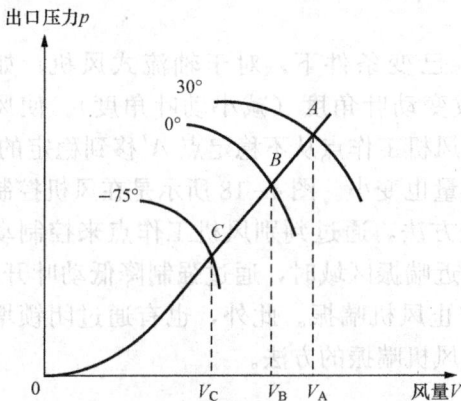

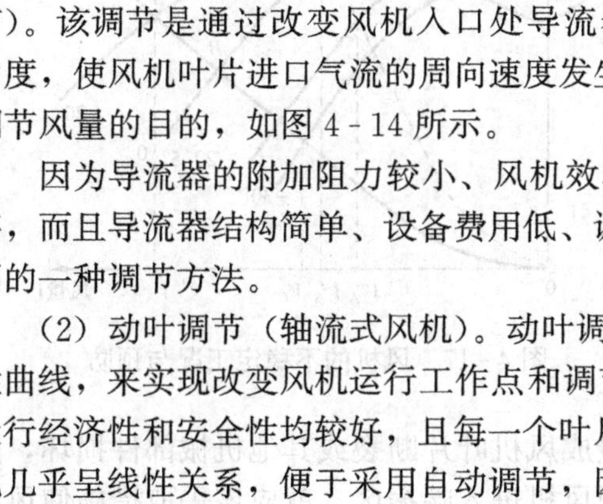

图 4-14 入口导叶调节

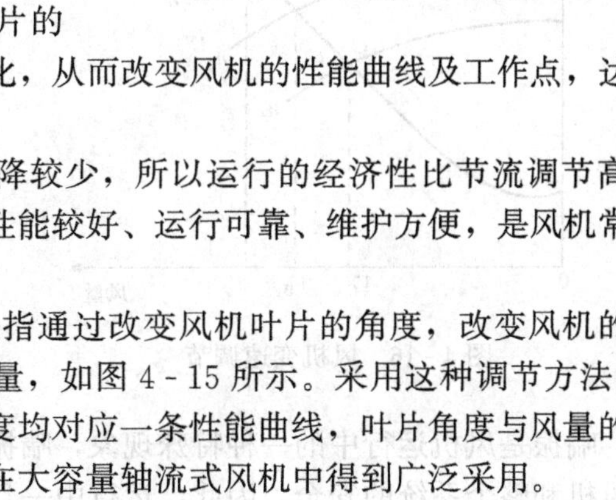

图 4-15 动叶调节

3. 变速调节

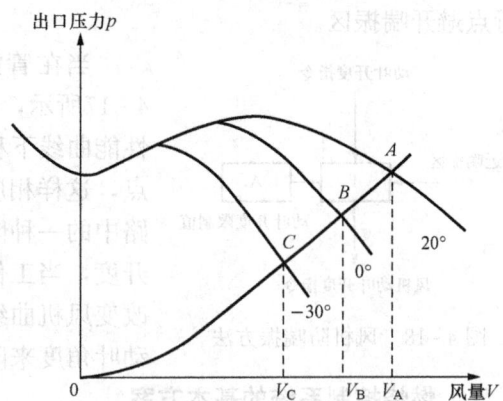

变速调节是指通过改变风机叶轮的工作转速，来改变风机的特性曲线，从而达到改变风机运行工作点和调节风量的目的，如图 4-16 所示。改变风机转速的方法有采用液力联轴器或变速给水泵汽轮机驱动等方式来改变风机的转速。

采用变速调节风量时，由于没有附加阻力所产生的额外能量损失，风机运行的经济性较好，因此，是一种较好的调节风量方法。

4. 风机防喘振

在正常情况下，管路特性曲线如图 4-17 所示中的Ⅰ曲线，当风机动叶角度在−30°(闭)～20°(开)变化时(对应开度为0%～100%)，就有相应的风量 V_C～V_A。但在运行过程中，由于控制系统故障或操作不当使风系统上的挡板误动，或因为暖风器、空气预热器堵灰等原因增加了风系统的阻力，使管路特性曲线变为图中的曲线Ⅱ，如果这时对应动叶角度为20°(开度为100%)，则工作点就从稳定的 A 点变到不稳定点 A'，这样会使风机进入不稳定状态，风机发生喘振、振动剧烈。

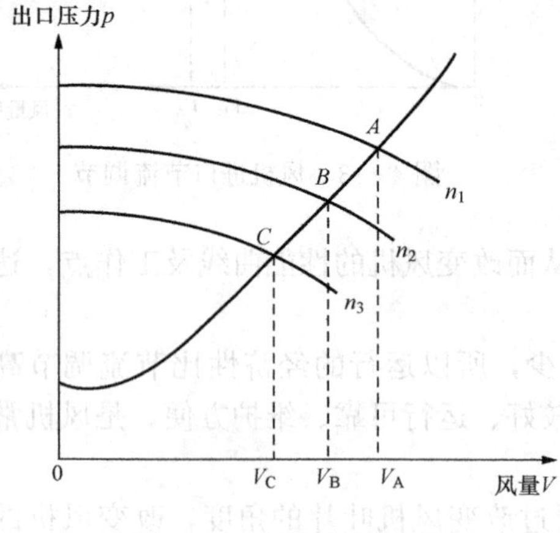

图 4-16 风机变速调节

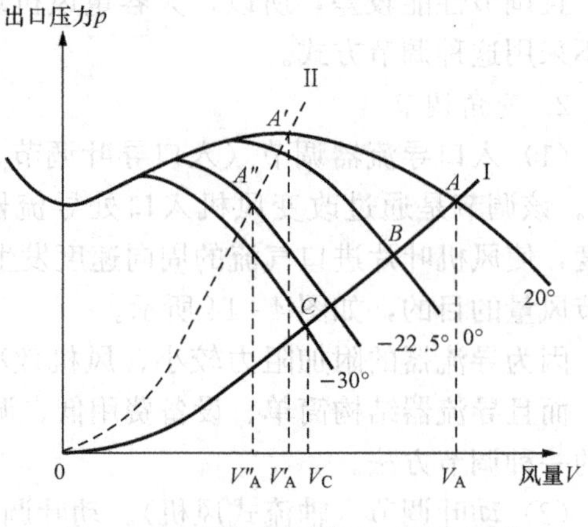

图 4-17 风机的不稳定工况与预防

喘振是风机运行中的一种特殊现象，喘振会造成风机叶片断裂或其他机械部件损坏，威胁风机和整个系统的安全。因此，运行中一旦发现风机进入喘振区，就应该采取措施使风机运行点避开喘振区。

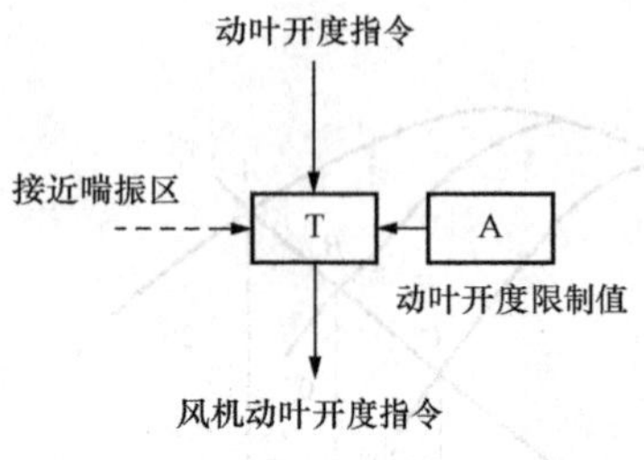

图 4-18 风机防喘振方法

当在管路特性已变条件下，对于轴流式风机，如图 4-17所示，通过改变动叶角度(减小动叶角度)。使风机性能曲线下移，使风机工作点从不稳定点 A' 移到稳定的 A'' 点，这样相应的风量也变小。图 4-18 所示是在风机控制回路中的一种防喘振方法，通过判别风机工作点来控制动叶开度，当工作点接近喘振区域时，通过强制降低动叶开度，改变风机曲线来防止风机喘振。此外，也有通过闭锁增加动叶角度来防止送风机喘振的方法。

三、燃烧控制系统的基本方案

燃烧控制系统中，因为被控对象之间存在着严重的耦合关系，3 项主要控制任务的控制过程是相互关联的，所以控制系统中的 3 个主要子系统(燃料控制系统、送风控制系统和引风控制系统)的设计方案应协调考虑。燃料控制系统的组成结构与制粉系统形式有关，而送、引风控制系统的组成结构，在大型燃煤机组中都是基本相同的。

燃料—空气系统为燃烧控制系统的基本方案，其原理框图如图 4-19 所示。

1. 燃料控制子系统

燃料控制的任务在于使进入锅炉的燃料量随时与外界负荷要求相适应。锅炉负荷指令 P_B 作为燃料控制器的给定值。对于燃煤锅炉来说，运行中的煤量自发性扰动(煤粉的阻塞与自流、燃料发热量变化等）是经常出现的，所以在设计燃煤锅炉的燃料控制系统时，必须考虑使系统具有快速消除燃料自发性扰动的措施，因此把燃料量信号作为负反馈信号引入燃料控制器。如图 4-19（a）所示，当汽轮机调节汽门开大使机组负荷增加时，主蒸汽压力 p_T 下降，锅炉负荷指令 P_B 增加，通过燃料控制器发出增加燃料量的指令，直到实际燃料量 B 与锅炉负荷指令 P_B 平衡为止。当机组负荷不变时，燃料量需求指令 P_B 不变，燃料量 B 自发增加（或减少）时，燃料控制器输出减少（或增加）燃料量的指令，使实际燃料量回到原来的数值。

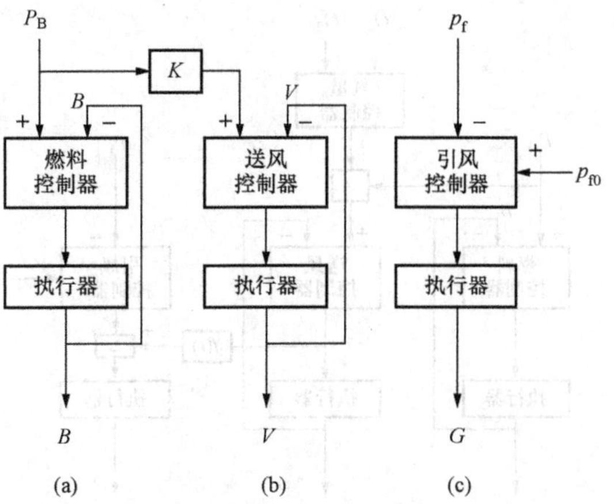

图 4-19 “燃料—空气”燃烧控制系统

（a）燃料控制系统；（b）送风控制系统；（c）引风控制系统

2. 送风控制子系统

送风控制的任务在于保证燃烧过程的经济性，具体地说，就是要保证燃烧过程中燃料量与风量有合适的比例。如图 4-19（b）所示，送风控制系统采用直接保持燃料量与送风量比例关系的比值控制系统方案。在这个方案中，锅炉负荷指令 P_B 作为送风量的定值送入送风控制系统，送风量信号 V 作为反馈信号引入送风控制器而构成为一个比值控制系统，这就能使送风量始终快速地跟踪燃料量的变化。由于送风控制器采用 PI 控制，所以静态时，控制器入口信号的平衡关系为

$$\begin{cases} B - P_B = 0 \\ V - P_B K = 0 \end{cases} \Rightarrow \frac{V}{B} = K \tag{4-4}$$

式中　K——风煤比系数。

只要调整 K，控制系统就能使进入锅炉的送风量与燃料量保持合适的比例，达到经济燃烧的目的。

但是，保持燃料量与送风量为固定比例的送风控制系统，在锅炉运行过程中，不能始终确保燃烧过程的经济性。因为燃料量和送风量的最佳比值 K 是随负荷和燃料的品质等因素变化的。因此，一个完善的燃烧经济性控制系统，应该考虑用反映燃烧经济性指标的参数来修正送风量，使之与燃料量之间的比值达到最佳，在负荷、燃料品种变化时能自动修正送风量。图 4-20（b）所示为带氧量校正的送风控制系统，主控制器是氧量控制器，它根据实际氧量 O_2 与其定值 O_{20} 的偏差进行计算，输出风煤比系数 K，再用 K 与锅炉负荷指令 P_B 的积作为送风量定值，作用于送风控制器，即用送风控制器来控制送风量。只要氧量控制器输出的风煤比系数 K 是最佳的，就能保证燃烧过程的经济性。事实上，最佳氧量是随机组负荷和燃料品种变化的，氧量定值 O_{20} 也不是常数。系统一般通过函数器产生一个随负荷变化的最佳氧量信号，并经过运行人员根据实际运行情况修正后作为氧量定值输入氧量控制器，构成更加完善的燃烧控制系统。

3. 引风控制子系统

引风控制的任务是控制引风量与送风量的平衡，保持炉膛压力在规定的范围内，以保证燃烧的安全。由于引风控制对象的动态响应快，炉膛压力 p_f 测量也容易，所以引风控制系

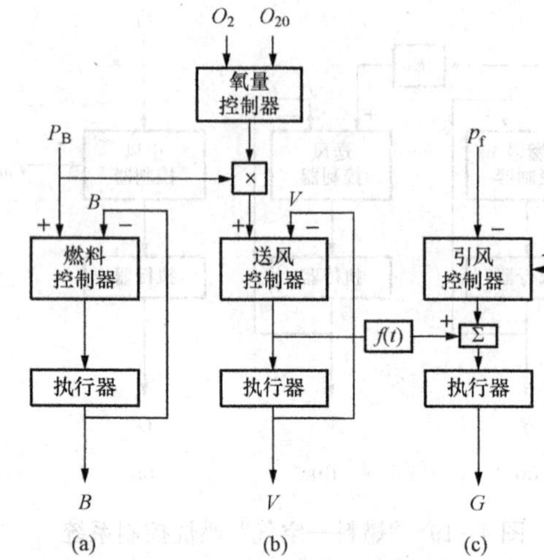

图 4-20 带氧量校正的"燃料—空气"燃烧控制系统

(a) 燃料控制系统；(b) 送风控制系统；(c) 引风控制系统

统一般只需采取以炉膛压力 p_f 作被控量的单回路控制系统，如图 4-19（c）所示。由于送风量的变化是引起炉膛压力波动的主要原因之一，为了能使引风量 G 快速地跟踪送风量 V，以保持二者的平衡，可将送风量指令作为前馈信号经补偿器 $f(t)$ 引入引风控制器，如图 4-20（c）所示。这样，当送风控制系统动作时，引风控制系统将立即跟着动作，而不是等炉膛压力偏离给定值后再动作，从而减小炉膛压力的波动。所以，引风控制系统引入送风量指令前馈信号后，有利于提高引风控制系统的稳定性，减小炉膛压力的动态偏差。

前馈补偿器 $f(t)$ 实际上是一个微分控制器，当系统处于静态时，补偿器 $f(t)$ 的输出为零，以保证炉膛压力 p_f 等于给定值 p_{f0}。实际上，不少系统是将前馈信号加在引风控制器的后面，直接改变引风控制机构的开度的。

四、中储式制粉系统燃烧控制系统方案

中间储仓式制粉系统锅炉的燃烧控制系统方案如图 4-21 所示。

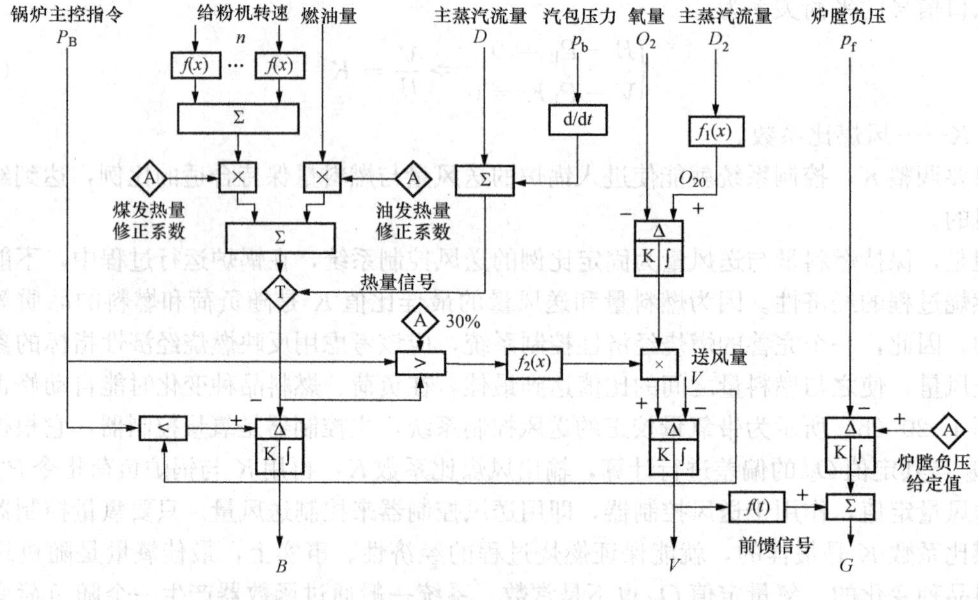

图 4-21 中储式制粉系统锅炉燃烧控制系统

1. 燃料量控制系统

对于有中间储粉仓的锅炉来说，可以认为制粉系统的运行与锅炉的燃烧过程调整是相互独立的。燃烧过程中，可以迅速有效地改变进入炉膛的煤粉量，以适应负荷的变化，这对于保持主蒸汽压力及锅炉运行的稳定是有利的。但是，煤粉量的迅速准确测量，至今尚未找到

简便直接的办法。因此在燃烧控制系统的设计中，一般都采用间接测量方法，如用给粉机转速代表煤粉量或采用热量信号代表燃料量。在图 4-21 所示系统中提供了两种测量方法，在实际运行过程中由运行人员根据实际情况通过切换器 T 来选取任意一种。

通过切换器 T 选取后的信号作为燃料量的反馈信号，送入加法器与锅炉主控系统输出的负荷指令 P_B 相比较，其差值经燃料控制器后，改变给粉机转速，控制进入炉膛的燃料量。负荷指令 P_B 与送风量信号经小值选择器，取较小者作为燃料控制器的给定值，以保证动态过程中，燃料量小于送风量。从而实现在负荷增加时先增加送风量，然后再增加燃料量；而负荷降低时先减少燃料量，然后再减少送风量。其目的是保证在变负荷过程中炉膛内有一定的送风裕量，使炉膛燃烧正常。

2. 送风量控制系统

送风控制系统是采用氧量校正器输出信号校正送风定值的控制方案，这是一个串级比值控制系统。以经大值选择器后的负荷指令信号 P_B，通过函数模块 $f_2(x)$ 的运算，送出在不同负荷下所需要的理论送风量；在乘法器中，理论送风量被氧量校正回路的输出校正后作为送风控制器的定值信号，使定值信号能适应负荷变化和煤质变化，保证炉内经济燃烧。大值选择器的作用与燃料控制系统中小值选择器的作用相同。即大值选择器与小值选择器相配合，以保证负荷增加时先增加送风量，而负荷降低时先减少燃料量。大值选择器中引入给定信号的作用，在于防止低负荷情况下，风量过小而造成燃烧不稳定。

3. 引风量控制系统

引风量控制系统的组成同图 4-20，工作过程如前所述。

五、直吹式制粉系统燃烧控制系统方案

1. 直吹式锅炉燃烧过程控制的特点

为了节省基建投资和运行费用，现代大型锅炉多采用直吹式制粉系统。这种系统把制粉与燃烧紧密地联系在一起，燃烧控制具有如下特点：

(1) 在直吹式制粉系统锅炉的运行中，磨煤机及制粉系统运行与锅炉燃烧过程紧密地联系在一起，使制粉系统成为燃烧过程自动控制的不可分割的组成部分。

(2) 直吹式制粉系统锅炉燃料量控制的反应较慢。在中间储仓式制粉系统锅炉中，改变位于磨煤机之后的燃料控制机构位置（给粉机和一次风挡板）就能立即改变进入炉膛的煤粉量，因此，中间储仓式制粉系统锅炉无论在适应负荷变化或消除燃料的自发性扰动方面都比较及时，而在直吹式制粉系统锅炉中，改变燃料控制机构（给煤机和磨煤机热风门、冷风门）之后，还需经过磨煤制粉的过程，才能使进入炉膛的煤粉量发生变化。所以，直吹式制粉系统在适应负荷变化或消除燃料自发性扰动方面的反应均较慢，因而更容易引起汽压较大的变化。

因此，当机组负荷变化时，如何快速改变进入炉膛的煤粉量；当机组负荷不变时，如何及早地发现和克服给煤量的扰动，就成为设计直吹式制粉系统锅炉燃烧自动控制系统时两个需要特别予以考虑的问题。

通过对磨煤机运行特性的分析、研究，可以提出解决上述两个问题的措施：

(1) 由于磨煤机出力有较大的迟延和惯性，直吹式系统在单独改变给煤量时不能快速地使煤粉量发生变化，但改变一次风量却能迅速改变进入炉膛的煤粉量，因此，为了提高直吹式系统锅炉的负荷响应能力，机组负荷变化时，在改变给煤量时，可同时改变一次风量，以暂时吹出磨煤机中的蓄粉。

(2) 为尽早消除燃料量的自发性扰动，要及时测量进入磨煤机的给煤量。进入磨煤机中煤量的测量方法随磨煤机类型的差异而不同。例如，对于采用双进双出中速磨煤机的系统，常以磨煤机进出口压差 Δp_m 的大小来间接反映磨煤机中煤量的多少。目前给煤机多配有电子秤，利用称重传感器称得单位长度输煤皮带上的原煤质量，再乘以皮带速度得到给煤量信号。为了准确反映煤的品质的变化，该信号一般还要经过热量校正后，作为进入炉膛的燃料量信号。

2. 一次风—燃料系统

对于直吹式制粉系统来说，磨煤机装煤量越大，在给煤量扰动下出粉量变化的惯性和迟延也越大。同时，磨煤机通常有一定蓄粉量，装煤量越大，蓄粉量也越大。对于装煤量大的磨煤机，改变一次风量以吹出磨煤机中的蓄粉，是解决制粉系统惯性迟延问题的有效方法。图 4-22 (a) 给出了磨煤机出粉量在给煤量和一次风量扰动下的阶跃响应曲线，曲线 1 是磨煤机给煤量阶跃增加时出粉量的响应，曲线 2 是一次风量阶跃增加时出粉量的响应，曲线 3 是给煤量与一次风量同时扰动的响应。显然，一次风量参与给粉量的控制，有效地减少了燃料控制通道的惯性和迟延。采用一次风量作为燃料控制手段的燃烧控制系统，称为一次风—燃料系统。

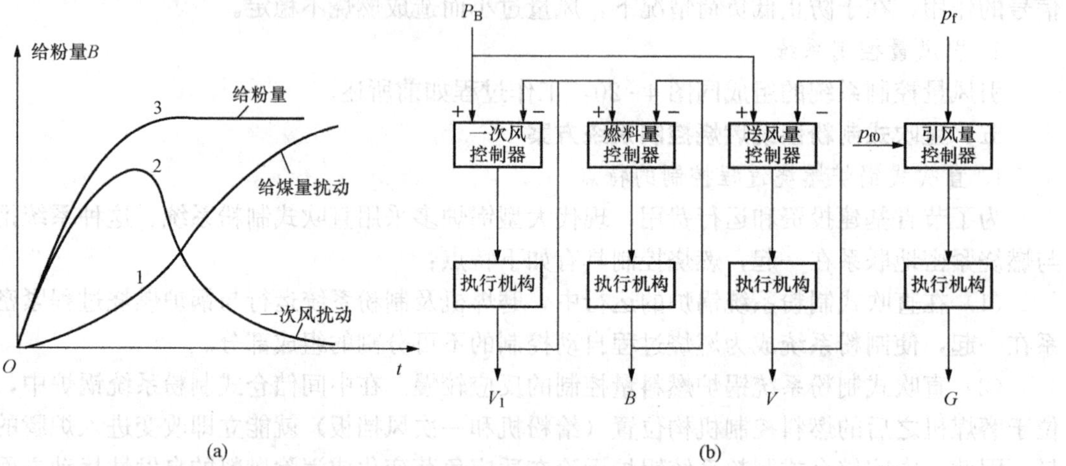

图 4-22　一次风—燃料控制系统

(a) 阶跃响应曲线；(b) 一次风—燃料控制系统

一次风—燃料系统如图 4-22 (b) 所示，系统由四个子系统组成，根据负荷指令 P_B 控制一次风量 V_1 和送风量 V，并用一次风量控制给煤量。其工作原理如下：

当机组负荷增加时，首先由一次风量控制器和送风量控制器根据负荷指令 P_B 增加一次风量 V_1 和总风量 V。一次风量的增加，可以迅速吹出磨煤机中的蓄粉，以适应负荷变化对炉膛发热量的需要。系统用一次风量信号作为燃料量控制器的给定值，一次风量变化后控制给煤量，使给煤量跟随一次风量变化。总风量随负荷指令 P_B 改变，保证了一次风量与二次风量的比例关系，有利于保证燃烧过程的经济性。

系统处于稳定状态时，一次风量与燃料量和送风量平衡，间接保证了燃料量与总送风量的比例关系，基本保证了燃烧过程的经济性。

炉膛压力控制如前所述，必要时还可引入送风机指令前馈信号。

如上所述，负荷指令增加时，一次风—燃料系统首先增加一次风量和送风量，并利用一次风量信号去增加给煤量，以适应负荷的需要。

3. 燃料—风量系统

随着机组容量越来越大，增加负荷通常是增加运行磨煤机的台数。相对来说，磨煤机的装煤量越来越少。对于装煤量少的磨煤机，由于磨煤机中蓄粉量相应减少，改变一次风量暂时增加进入炉膛的煤粉量，控制能力是很有限的。对于这类直吹式锅炉燃烧控制系统，通常采用直接改变磨煤机的给煤量来适应负荷的变化，同时控制总风量（二次风量和一次风量），使之与燃料量协调变化。这种直接改变给煤机转速作为燃料控制手段的直吹式锅炉燃烧控制系统称为燃料—风量系统。

图 4-23 是燃料—风量系统原理框图。在控制锅炉燃烧率时，首先由燃料和送风控制器 PI1、PI3 根据负荷指令 P_B 改变给煤量 B 与总风量 V，使之迅速满足燃烧及制粉过程的需要。一次风量 V_1 由控制器 PI2 根据给煤量的变化进行调整，使一次风量 V_1 与燃料量 B 成一定比例。

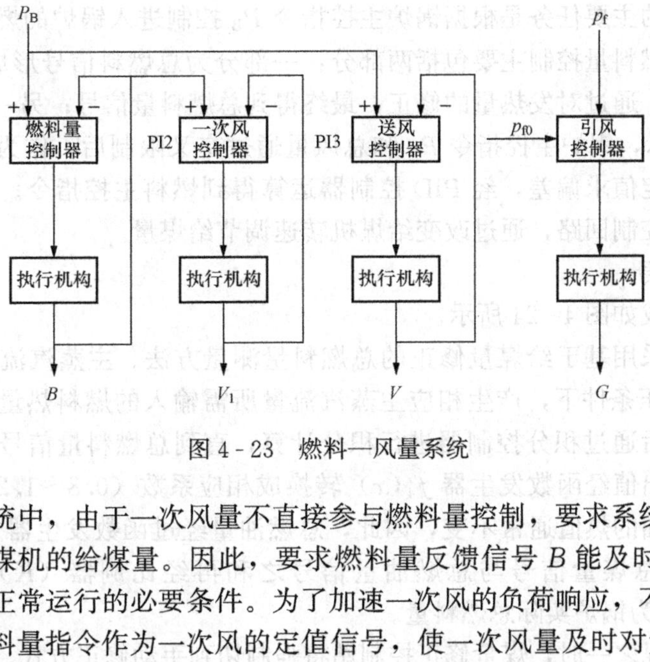

图 4-23　燃料—风量系统

燃料—风量系统中，由于一次风量不直接参与燃料量控制，要求系统在负荷变化时，能迅速准确地改变磨煤机的给煤量。因此，要求燃料量反馈信号 B 能及时、准确地反应给煤量的变化是该系统正常运行的必要条件。为了加速一次风的负荷响应，不是用燃料量 B，而是用 PI1 输出的燃料量指令作为一次风的定值信号，使一次风量及时对负荷指令作出反应，也是常用的方法。

在直吹式锅炉燃烧过程自动控制中，对于磨煤机蓄粉较多、磨煤机动态响应慢的系统宜采用一次风—燃料系统，以加快系统的负荷响应。而对于磨煤机蓄粉量少、磨煤机煤粉量输出迟延和惯性较小的系统（如采用风扇磨煤机的制粉系统），仅用一次风量作为控制手段并不能有效增加进入炉膛的煤粉量，就可采用燃料—风量系统，这时，直吹式系统与中间储仓式系统的燃烧控制方案就没有太大区别了。

燃烧控制系统有多种组成形式。在具体应用中选择哪种形式，取决于锅炉的运行方式（母管制或单元制、带变动负荷或带基本负荷、滑压运行或定压运行、机组投入协调后的各种控制方式)、燃料的种类、选择中间粉仓还是直吹制粉设备，以及采用何种型式的磨煤设备等。

【任务准备】

一、引导问题

学习完相关知识后，需回答下列问题：

(1) 燃料的测量方法有哪些?

(2) 燃烧控制系统的基本方案有哪几种?

(3) 比值控制系统有何特点?

【任务实施】

分析燃烧控制系统的结构与工作原理。下面的分析过程仅供参考。

一、燃料主控系统

燃料主控系统的主要任务是根据锅炉主控指令 P_B 控制进入锅炉的燃料量，以满足机组负荷需求。该机组燃料量控制主要包括两部分：一部分为总燃料信号形成回路，如图 4-24 所示，在该回路中，通过对发热量的修正，最终得到总燃料量信号；另一部分为燃料主控回路，如图 4-25 所示，锅炉主控指令 P_B 和总风量通过交叉限制后，作为燃料量给定值。实际总燃料量与其给定值求偏差，经 PID 控制器运算得到燃料主控指令。燃料主控指令送至各自的给煤机转速控制回路，通过改变给煤机转速调节给煤量。

1. 总燃料量信号

总燃料信号形成如图 4-24 所示。

总燃料量信号采用基于给煤量修正的总燃料量测量方法。主蒸汽流量经过函数发生器 $f_1(x)$ 后形成在定压条件下，产生相应主蒸汽流量所需输入的燃料热量，该燃料热量与总燃料量信号求偏差后通过积分控制器进行积分计算，直到总燃料量信号与燃料热量信号相等。积分运算的输出值经函数发生器 $f_4(x)$ 转换成相应系数（0.8～1.2）实现对总煤量信号的修正。由于燃油的热值通常不变，因此，总燃油量经过函数发生器 $f_2(x)$ 得到燃油的发热量。修正后的总煤量信号与总燃油量信号之和再经比例器（K）和滞后校正环节（LEADLAG）后作为锅炉实际总燃料量。

当出现下列情况之一时，煤量修正控制站将强制切到手动修正方式。

(1) 主蒸汽流量信号故障；

(2) 总煤量信号故障；

(3) 总煤量低值信号出现。

2. 燃料主控

总燃料量给定值由风煤交叉限制的小值选择器产生。如图 4-25 所示，小值选择器的一路输入是经过给水温度修正后的锅炉主控指令 P_B。P_B 经过函数发生器 $f_1(x)$ 形成相应给水温度值，该值与实际的省煤器入口给水温度求偏差后，经函数发生器 $f_2(x)$ 形成相应的修正系数，该修正系数经乘法器后实现了对锅炉主控指令 P_B 的修正，使得入炉燃料能量不

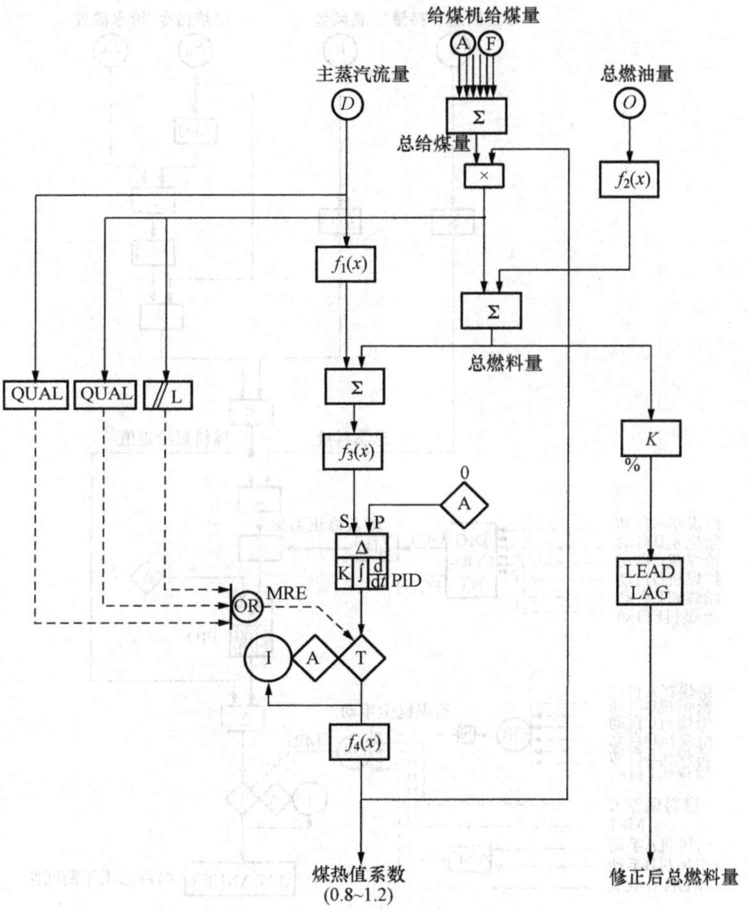

图 4-24　总燃料信号形成回路

仅要满足锅炉对外输送能量的需要，还要考虑给水温度变化对入炉燃料能量需求的变化。小值选择器的另一路输入来自送风控制系统的总风量（见图 4-34）经函数发生器 $f_3(x)$ 给出当前风量允许的最大总燃料量。两者经小值选择器输出，作为总燃料量给定值。

总燃料量与其给定值经加法器求偏差，该偏差乘以对象增益修正系数（根据给煤机投入台数由增益修正模块得到），送 PID 控制器运算，同时总燃料量给定值作为前馈信号引入控制回路，以加快锅炉的响应速度。控制器输出与前馈信号经过加法器后送至燃料主控制站，再经增益修正平衡回路 BALANCER 得到燃料主控指令，给出给煤机转速的给定值。送至所有给煤机转速控制回路。

当燃料主控操作站在手动控制时，可对投入自动的给煤机转速同时进行增减操作。

当出现下列情况之一时，燃料主控制站强制切到手动控制方式：

(1) 所有给煤机都在手动控制；

(2) 燃料主控设定值和总燃料量偏差大；

(3) MFT；

(4) 两台引风机均手动；

(5) 任一辅机的 RB 条件存在。

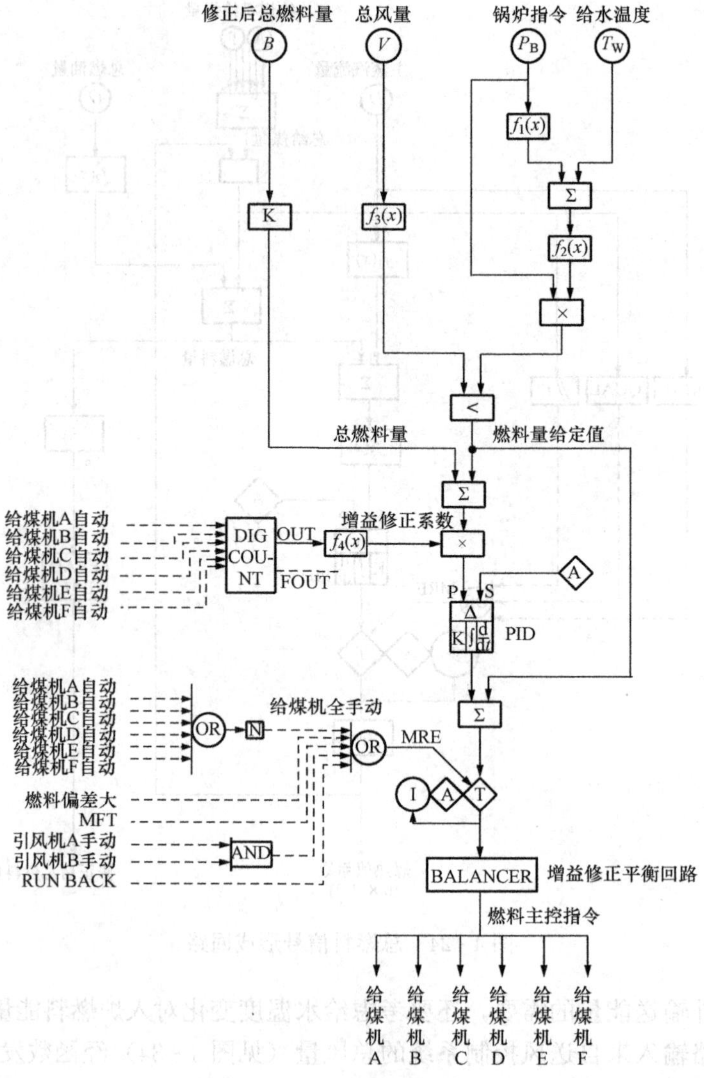

图 4-25 燃料主控

二、磨煤机组控制系统

磨煤机组控制是指将一台磨煤机组的控制作为一个整体来考虑，它包括给煤机转速控制系统、磨煤机出口温度控制系统和磨煤机风量控制系统。

该机组共配置六台磨煤机，分别为 A、B、C、D、E、F，每台磨煤机组的控制系统结构都是互相独立的，现以磨煤机 A 为例进行分析，图 4-26 为磨煤机 A 工艺流程图。给煤机转速控制系统通过调节给煤机转速使给煤量满足燃料主控的要求；磨煤机出口温度控制系统通过调节磨煤机热风调节门和冷风调节门开度控制磨煤机出口温度；磨煤机风量控制系统通过调节磨煤机入口混合风调节门控制磨煤机入口风量。

1. 给煤机转速控制系统

给煤机转速控制系统如图 4-27 所示。

每台给煤机的转速指令均来自燃料主控制站输出，运行人员可在上述指令基础上手动设

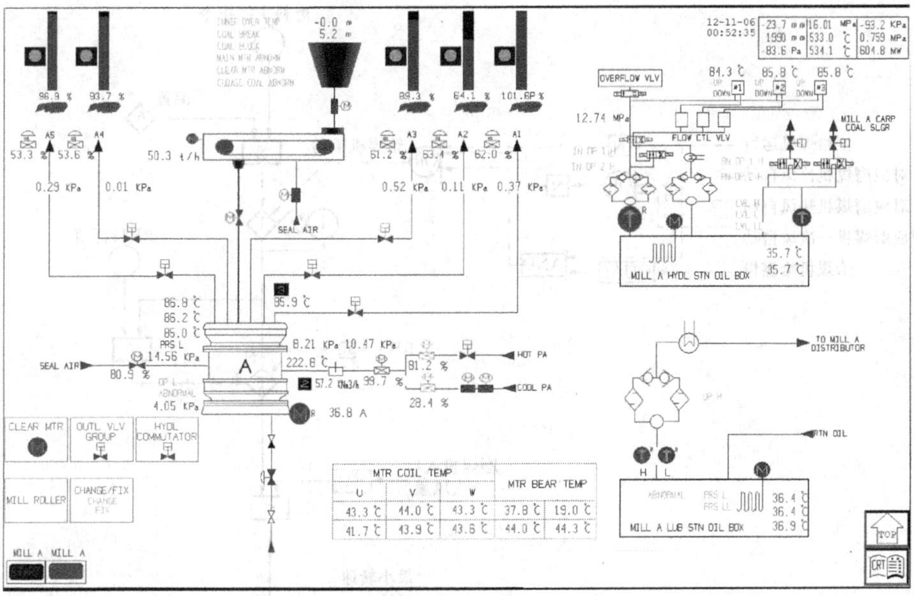

图 4-26　磨煤机 A 工艺流程图

定偏置。只有当给煤机转速控制在自动控制方式时，才允许手动设置偏置。燃料主控指令加上偏置经过给煤机控制站输出给煤量指令。

能否增加燃料量首先要看有无足够风量，为确保实际风量大于给煤量所需风量，磨煤机入口一次风量经函数发生器 $f(x)$ 后转换为该一次风量允许的给煤量，与给煤量指令通过小值选择器输出，以保证磨煤机入口一次风量有一定富裕度，防止磨煤机堵塞。

在正常运行时，给煤机转速指令应不小于最小转速要求，以保证磨组有一定负荷，使煤粉能稳定燃烧。因此，小值选择输出与给煤机可控最小转速经大值选择后，输出给煤机转速指令控制相应给煤机转速。

除正常控制外，给煤机转速指令还将受到下列信号的限制。

(1) RB 指令限制。当机组发生部分主要辅机故障跳闸，使机组的最大出力低于给定负荷时，控制系统将机组负荷快速降低到实际所能达到的相应出力，并能控制机组的主要参数在允许范围内继续运行，称为辅机故障减负荷即 RB（Run Back）。它是为了保证机组负荷指令在任何时候都不超过机组的最大出力能力。

当机组发生 RB 工况时，给煤机控制系统根据 RB 目标值减小给煤机转速，给煤量与 RB 目标值经小选后输出，降低锅炉总燃料量指令到机组最大出力能力相对应的总燃料量。同时，FSSS 将部分磨煤机切除。保留与机组负荷相适应的磨煤机台数。

(2) FSSS 系统。当 FSSS 系统来"减小给煤机转速至最小"信号时，给煤机转速控制站将强制输出最小速度，该系统最小速度为 0%。当相应磨煤机未运行时，给煤机转速控制站将强制输出 0%。

当出现下列情况之一时，给煤机控制站强制切到手动控制方式。

1) 给煤机未运行；

2) 对应磨煤机热风控制站、冷风控制站和一次风控制站均不在自动；

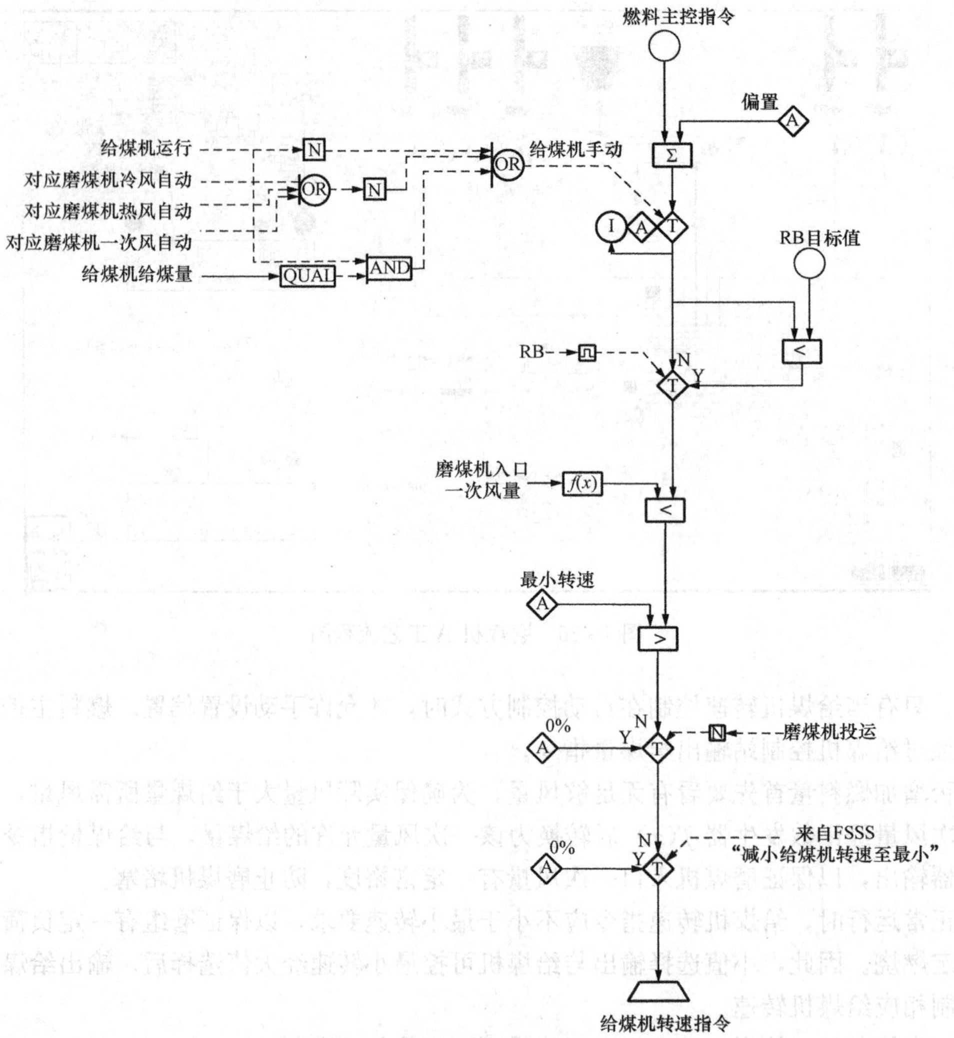

图 4-27　给煤机转速控制系统

3）给煤机运行且对应给煤量信号故障。

2. 磨煤机出口温度控制系统

磨煤机出口温度控制系统如图 4-28 所示。通过调节磨煤机热风调节门和冷风调节门开度使磨煤机出口温度保持在给定值，使磨煤机有合适的温度，保证磨煤机安全运行和煤粉干燥。

图 4-28 中，左侧为热风挡板控制，右侧为冷风挡板控制，两侧均为单回路控制系统，结构相同。下面以热风挡板为例说明控制系统工作过程。

热风挡板控制是在由控制器 PID1 组成的单回路控制系统的基础上，引入给煤机转速指令前馈信号形成的热风挡板控制系统。

磨煤机出口温度由三个通道测量值经三取中值回路（MEDIAN SELECT）得到，磨煤机出口温度给定值由运行人员手动给出；当冷风挡板和热风挡板均为手动时，磨煤机出口温度给定值跟踪磨煤机出口温度实际值。

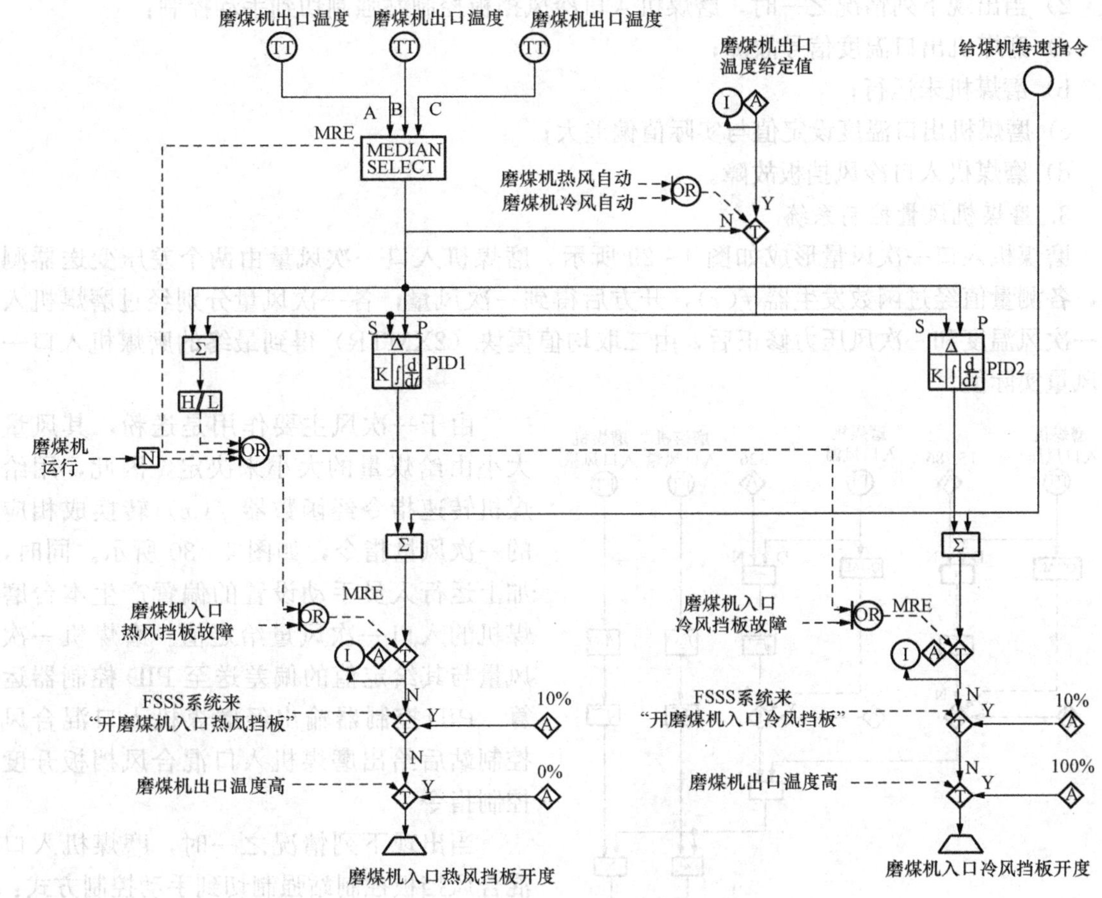

图4-28　磨煤机出口温度控制系统

磨煤机出口温度设定值和实际值的偏差经PID1控制器后再加上给煤机转速指令前馈信号作为热风挡板的控制指令。控制回路中加入给煤机转速指令作为其前馈，减少了控制系统调节的滞后。

（1）热风和冷风挡板强制输出。

1）当FSSS系统来“开磨煤机入口热风挡板”信号时，磨煤机入口热风挡板控制站将强制输出10%。

2）当FSSS系统来“开磨煤机入口冷风挡板”信号时，磨煤机入口冷风挡板控制站将强制输出10%。

3）磨煤机出口温度高时，磨煤机入口热风挡板全关，磨煤机入口冷风挡板全开。

（2）热风和冷风挡板强制手动。

1）当出现下列情况之一时，磨煤机入口热风挡板控制站强制切到手动控制：

a）磨煤机出口温度信号故障；

b）磨煤机未运行；

c）磨煤机出口温度设定值与实际值偏差大；

d）磨煤机入口热风挡板故障。

2）当出现下列情况之一时，磨煤机入口冷风挡板控制站强制切到手动控制：

a）磨煤机出口温度信号故障；

b）磨煤机未运行；

c）磨煤机出口温度设定值与实际值偏差大；

d）磨煤机入口冷风挡板故障。

3. 磨煤机风量控制系统

磨煤机入口一次风量形成如图 4 - 29 所示。磨煤机入口一次风量由两个差压变送器测得，各测量值经过函数发生器 $f(x)$，开方后得到一次风量，各一次风量分别经过磨煤机入口一次风温度和一次风压力修正后，由二取均值模块（2XMTR）得到最终的磨煤机入口一次风量实际值。

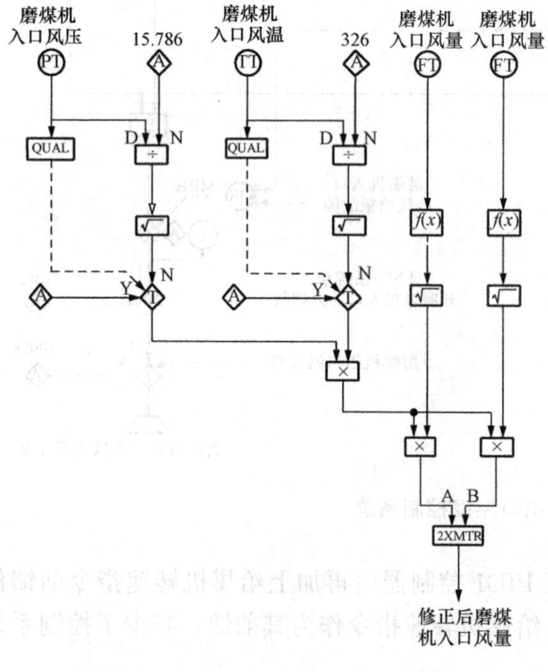

图 4 - 29 磨煤机入口一次风量测量

由于一次风主要作用是送粉，其风量大小由给煤量的大小来决定，因此，用给煤机转速指令经函数器 $f(x)$ 转换成相应的一次风量指令，如图 4 - 30 所示。同时，加上运行人员手动设置的偏置产生本台磨煤机的入口一次风量给定值。磨煤机一次风量与其给定值的偏差送至 PID 控制器运算。PID 控制器输出经磨煤机入口混合风控制站后给出磨煤机入口混合风挡板开度控制指令。

当出现下列情况之一时，磨煤机入口混合风挡板控制站强制切到手动控制方式：

（1）磨煤机入口风量信号故障；

（2）磨煤机入口混合风挡板故障；

（3）磨煤机入口风量给定值与实际值偏差大；

（4）磨煤机入口混合风挡板指令与阀位反馈偏差大。

三、送风控制系统

送风控制的主要任务是通过调节运行送风机的动叶开度，维持锅炉总风量为给定值，使送风量与燃料量协调变化，保证燃烧的经济性和安全性。

该机组送风量控制采用串级—比值控制系统结构，其控制特点是内回路首先确保一定的风煤比，然后外回路根据烟气含氧量对风量进行修正，用来修正燃料量与风量的比例系数，以确保燃烧的最佳风煤比，以使燃烧经济性最佳。

1. 总风量信号

总风量是总热二次风量和总一次风量之和，各风量测量信号均经过相应温度和压力校正。总一次风量为 6 台磨煤机入口一次风量之和。总二次风量为锅炉左、右两侧的二次风量之和，图 4 - 31 所示为右侧二次风量测量回路。各风量测量值经过函数发生器 $f(x)$ 和开方运算后再经过空气预热器出口二次风温及二次风压修正后相加得到一侧二次风量。

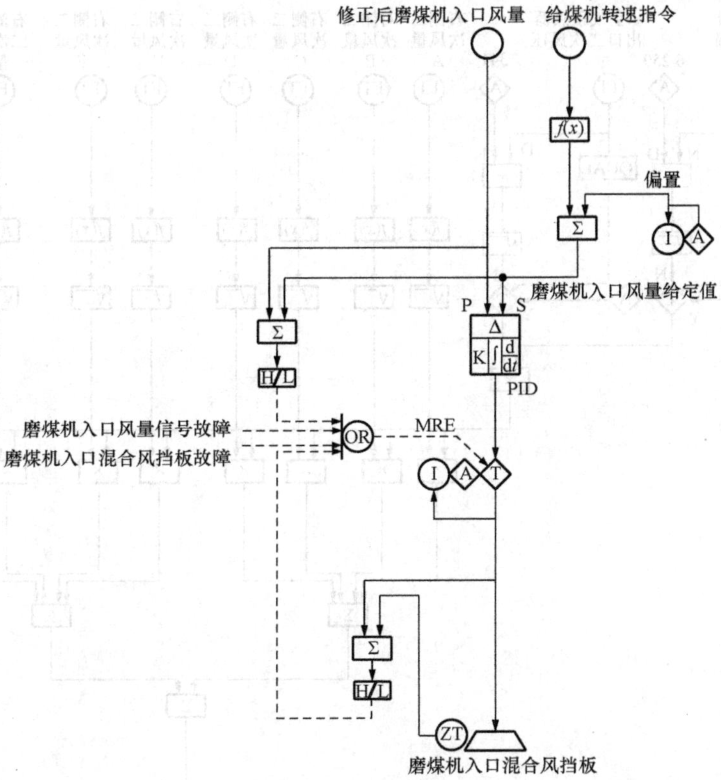

图 4-30　磨煤机风量控制系统

2. 总风量指令

锅炉主控指令 P_B 经过动态校正、函数变换、氧量修正后与修正后的实际燃料量、30%的最低风量经大值选择器形成总风量指令，如图 4-32 所示。

对锅炉主控指令 P_B 进行了动态校正，其动态校正如图 4-33 所示。其校正原理：在增负荷初期，y_3 输出比惯性环节输出 y_4 大，因此通过大值选择器，加大风量，然后随时间逐渐减少风量直至正常值，使风量修正量得到超前增加；在减负荷时，惯性环节输出 y_4 减小将比 y_3 减小慢，因此通过大值选择器，减少风量，然后随时间逐渐减少风量直至正常值，使得风量修正量减小较慢。经过动态校正后的锅炉主控指令经函数器 $f_3(x)$（见图 4-32）转化成对应的风量指令。

采用控制烟气含氧量以保证经济燃烧。烟气氧量信号形成如图 4-32 所示，锅炉燃烧需氧量给定值与锅炉负荷成一定函数关系，因此采用主蒸汽流量代表锅炉负荷，经函数发生器 $f_1(x)$ 后给出该负荷下烟气含氧量的基本给定值，运行人员根据发电机组的实际运行工况在上述基本给定值基础上手动进行偏置。经各自二取均值以后，左、右侧烟气含氧量信号再取平均值，经惯性环节（LEADLAG3）后作为烟气含氧量信号。氧量信号与其给定值求偏差后，经 PID 控制器运算，送至氧量修正控制站经 $f_2(x)$ 后输出氧量修正系数，对总风量指令进行修正，如图 4-32 所示。

在机组增减负荷时，为了保证有充足的风量和一定的过量空气，锅炉负荷指令 P_B 同时加到燃料量控制系统和风量控制系统，并经过了风煤交叉限制。在送风控制中，由于大值选

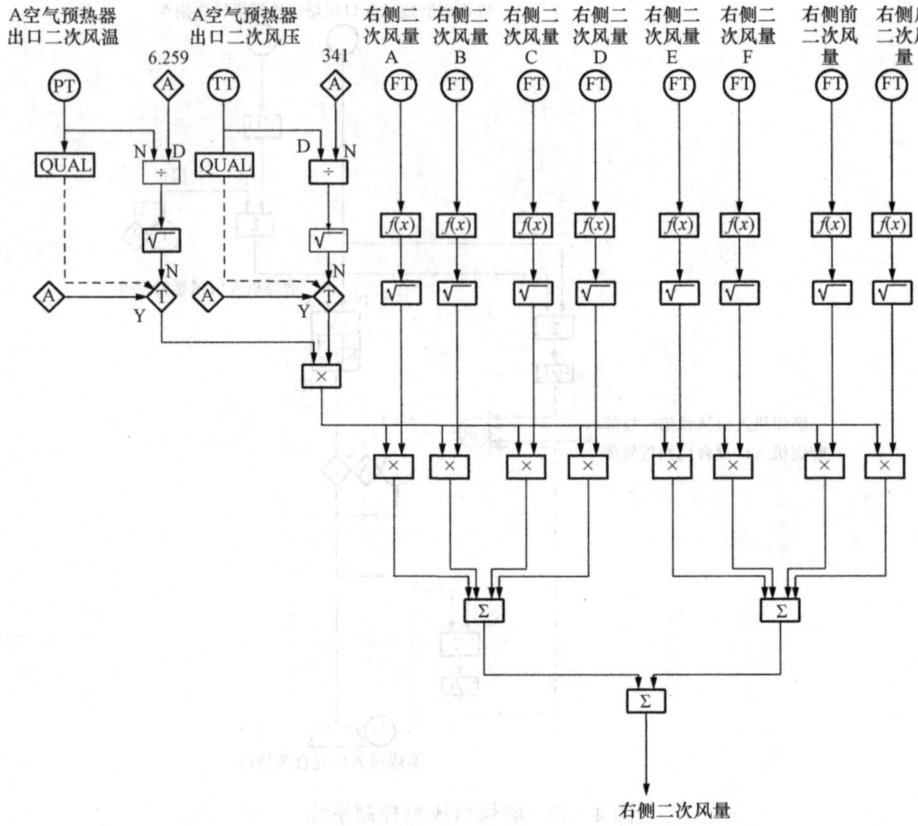

图 4 - 31 右侧二次风量测量回路

择器的作用，风量随着锅炉负荷指令的增加而增加（见图 4 - 32）。这样与燃料量控制中的给煤量动态校正配合以及风煤交叉限制一起作用，使在燃烧动态过程中总能保证锅炉处于过氧燃烧，同时加快了送风系统的响应速度。总燃料量经增益修正环节 K 转换为所需风量，同时当锅炉负荷较低时，为了保证锅炉能够安全燃烧，总风量应维持在 30%以上。因此，动态校正锅炉主控指令经过氧量修正后，与 30%最小风量信号、总燃料量对应风量信号，经大值选择器后作为总风量给定值。

3. 送风控制系统

送风控制回路如图 4 - 34 所示，总风量与其给定值的偏差经过 PID 控制器运算后送至增益修正回路 BALANCER，由两台送风机平均分配总风量。同时，用总风量指令经过函数发生器 $f(x)$ 后作为前馈信号引入控制回路，以实现超前控制。

当两台送风机动叶控制站都在自动控制方式时，可对两台送风机进行偏置，使两台送风机的出力平衡。当负荷不平衡且两台送风机均在自动时，可以对相应送风机加一定的偏置，避免一侧风机出力变化时对被控对象产生扰动，从而使两台送风机的动叶开度保持同步变化。当至少有一台送风机在手动时，由控制回路自动对动叶控制站输出进行修正，使送风机动叶开度之和保持不变，减小对系统的扰动。同时，处于手动的控制站，总风量指令将跟踪该站输出，以保证控制系统实现手/自动无扰切换。

（1）闭锁逻辑。设计中考虑了炉膛压力偏差过大时对送风机的方向闭锁：

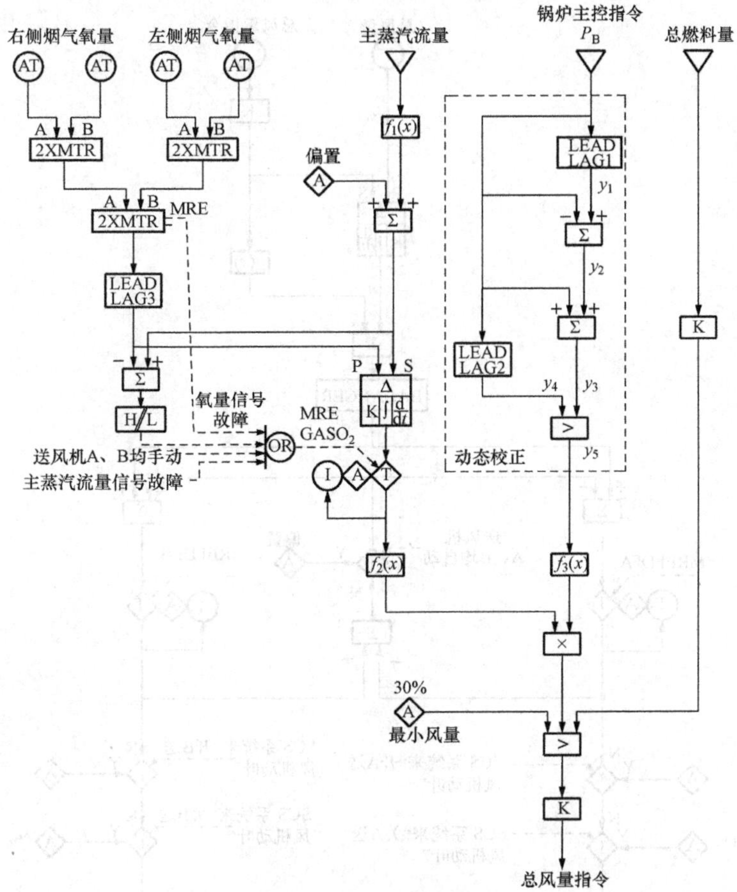

图 4-32 总风量指令形成回路

1）当炉膛压力过低时，形成闭锁降信号，限制送风机动叶进一步关小。此时，送风机动叶只许开大，不许关小。

2）当炉膛压力过高时，形成闭锁升信号，限制送风机动叶进一步开大。此时，送风机动叶只许关小，不许开大。

(2) 强制输出逻辑。当 SCS 系统来“开 A（或 B）送风机动叶”信号时，送风机 A（或 B）动叶控制站将强制输出至定值；当 SCS 系统来“关闭 A（或 B）送风机动叶”信号时，送风机 A（或 B）动叶控制站将强制输出 0%。

(3) 强制手动逻辑。

1）当出现下列情况之一时，送风机动叶控制站强制切到手动控制：

a）总风量信号故障；

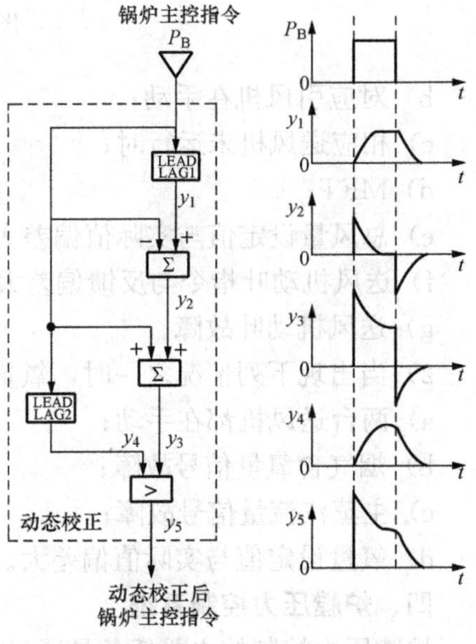

图 4-33 锅炉主控指令动态校正

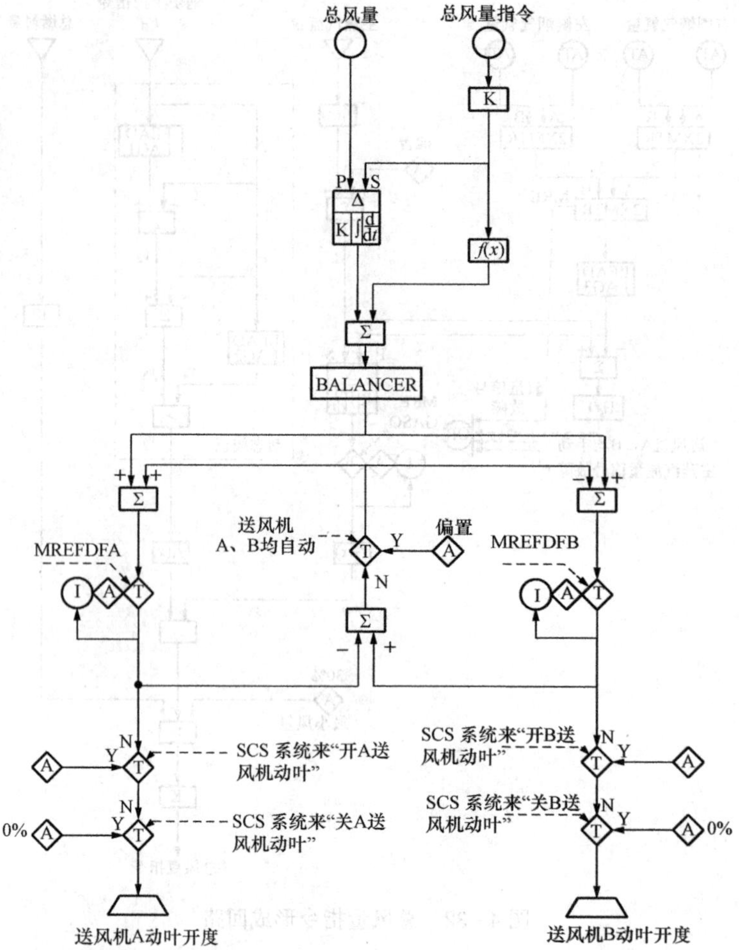

图 4-34 送风控制系统

b）对应引风机在手动；

c）相应送风机未运行时；

d）MFT；

e）总风量设定值与实际值偏差大；

f）送风机动叶指令与反馈偏差大；

g）送风机动叶故障。

2）当出现下列情况之一时，氧量校正控制站强制切到手动控制：

a）两台送风机都在手动；

b）烟气含氧量信号故障；

c）主蒸汽流量信号故障；

d）氧量设定值与实际值偏差大。

四、炉膛压力控制系统

炉膛压力控制的主要任务是通过调节引风机静叶开度维持炉膛压力为给定值。该机组炉膛压力控制采用前馈—反馈控制系统，如图 4-35 所示。

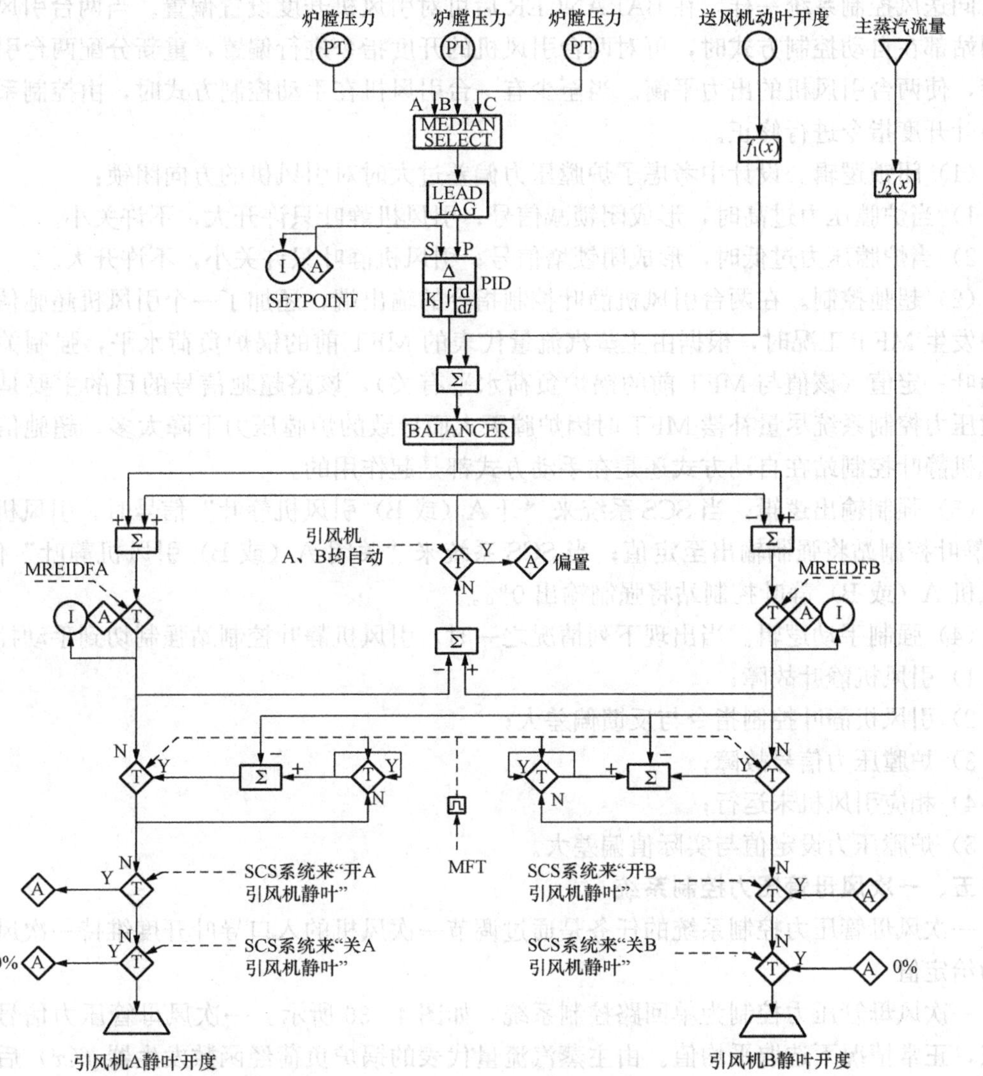

图 4-35　炉膛压力控制回路

炉膛压力信号由三个通道变送器测得，经三取中算法得到炉膛压力测量值。由于炉内燃烧化学反应剧烈，因此允许炉膛压力在一定范围内波动，为防止引风机静叶频繁来回动作，炉膛压力测量值要经带死区的非线性环节（LEADLAG）对其进行滤波。炉膛压力给定值由运行人员在操作员站上手动设定。

为减小送风量变化对炉膛压力的影响，采用两台送风机动叶开度指令之和代表送风量作为引风控制的前馈信号。通过适当选择函数 $f_1(x)$，一旦负荷变化引起送风量变化时，可通过此前馈信号迅速调节引风量，而不必等到负压出现较大偏差后再由炉膛压力控制系统来调节，从而可避免较大的动态偏差，使炉膛压力调节品质得以改善。

炉膛压力测量值和其给定值的偏差经 PID 控制器运算后再加上前馈信号，经过增益修正回路 BALANCER 后，分别送往引风机 A、B 静叶控制站，作为两台引风机静叶的共用指令。

同送风控制系统一样，在BALANCER后可对引风机开度设置偏置。当两台引风机静叶控制站都在自动控制方式时，可对两台引风机的开度指令进行偏置，重新分配两台引风机的负荷，使两台引风机的出力平衡。当至少有一台引风机在手动控制方式时，由控制系统自动对静叶开度指令进行修正。

(1) 闭锁逻辑。设计中考虑了炉膛压力偏差过大时对引风机的方向闭锁：

1) 当炉膛压力过高时，形成闭锁减信号；引风机静叶只许开大，不许关小。

2) 当炉膛压力过低时，形成闭锁增信号；引风机静叶只许关小，不许开大。

(2) 超驰控制。在两台引风机静叶控制指令的输出端，还加了一个引风机超驰信号，当锅炉发生MFT工况时，根据由主蒸汽流量代表的MFT前的锅炉负荷水平，强制关小引风机静叶一定值（该值与MFT前的锅炉负荷水平有关)，该路超驰信号的目的主要是为了使炉膛压力控制系统尽量补偿MFT时因炉膛灭火而导致的炉膛压力下降太多。超驰信号不管引风机静叶控制站在自动方式还是在手动方式都是起作用的。

(3) 强制输出逻辑。当SCS系统来“开A（或B）引风机静叶”信号时，引风机A（或B）静叶控制站将强制输出至定值；当SCS系统来“关闭A（或B）引风机静叶”信号时，引风机A（或B）静叶控制站将强制输出0%。

(4) 强制手动逻辑。当出现下列情况之一时，引风机静叶控制站强制切到手动控制：

1) 引风机静叶故障；

2) 引风机静叶控制指令与反馈偏差大；

3) 炉膛压力信号故障；

4) 相应引风机未运行；

5) 炉膛压力设定值与实际值偏差大。

五、一次风母管压力控制系统

一次风母管压力控制系统的任务是通过调节一次风机的入口导叶开度维持一次风母管压力为给定值。

一次风母管压力控制为单回路控制系统，如图4-36所示。一次风母管压力信号有两个测点，正常情况下选取平均值。由主蒸汽流量代表的锅炉负荷经函数发生器$f(x)$后给出该负荷下一次风母管压力的基本给定值，运行人员可根据机组的实际运行工况在上述基本给定值基础上手动进行偏置。一次风母管压力和其给定值的偏差经PID控制器运算后，作为两台一次风机导叶开度共用指令，再经过增益修正回路（BALANCER）分别送往两台一次风机入口导叶控制站，调节一次风机导叶开度。当两台一次风机导叶控制站都在自动控制方式时，可对两台一次风机入口导叶的开度指令设置偏置，其实现原理同送风控制和引风控制相同，这里不再赘述。

(1) 强制输出逻辑。当SCS系统来“开A（或B）一次风机入口导叶”信号时，一次风机A（或B）入口导叶控制站将强制输出至定值；当SCS系统来“关闭A（或B）一次风机入口导叶”信号时，一次风机A（或B）入口导叶控制站将强制输出0%。

(2) 强制手动逻辑。当出现下列情况之一时，一次风机入口导叶控制站强制切到手动控制：

1) 一次风母管压力设定值与实际值偏差大；

2) 一次风母管压力信号故障；

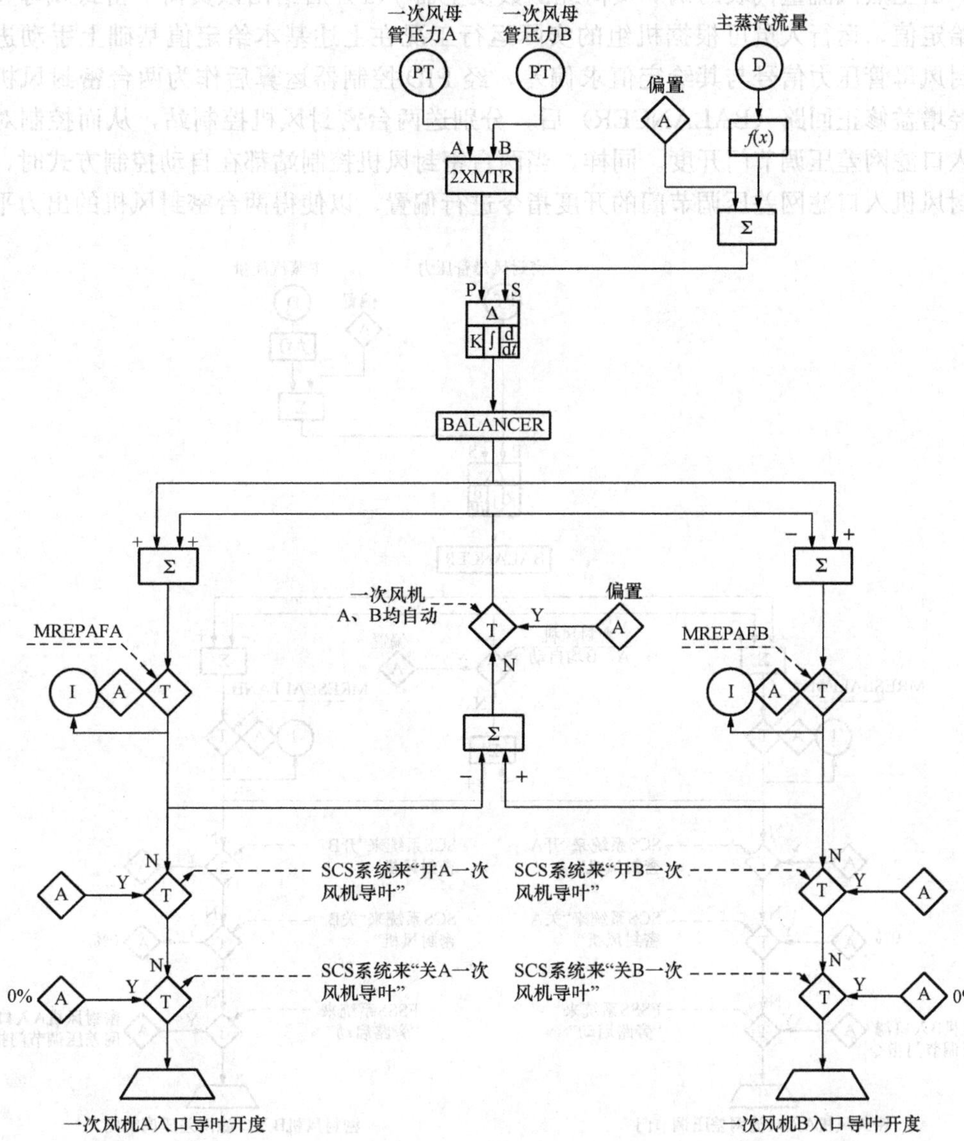

图 4-36 一次风母管压力控制系统

3）一次风机入口导叶控制指令和反馈偏差大；

4）一次风机入口导叶故障；

5）MFT；

6）主蒸汽流量信号故障；

7）相应一次风机未运行。

六、密封风母管压力控制系统

该控制系统是通过调节密封风机入口滤网差压调节门开度来维持密封风母管压力为给定值。

密封风母管压力控制为单回路控制系统，如图 4-37 所示。密封风母管压力信号只有一个测点。由主蒸汽流量代表的锅炉负荷经函数发生器 $f(x)$ 后给出该负荷下密封风母管压力的基本给定值，运行人员可根据机组的实际运行工况在上述基本给定值基础上手动进行偏置。密封风母管压力信号与其给定值求偏差，经 PID 控制器运算后作为两台密封风机共用指令，经增益修正回路（BALANCER）后，分别送两台密封风机控制站，从而控制对应密封风机入口滤网差压调节门开度。同样，当两台密封风机控制站都在自动控制方式时，可对两台密封风机入口滤网差压调节门的开度指令进行偏置，以使得两台密封风机的出力平衡。

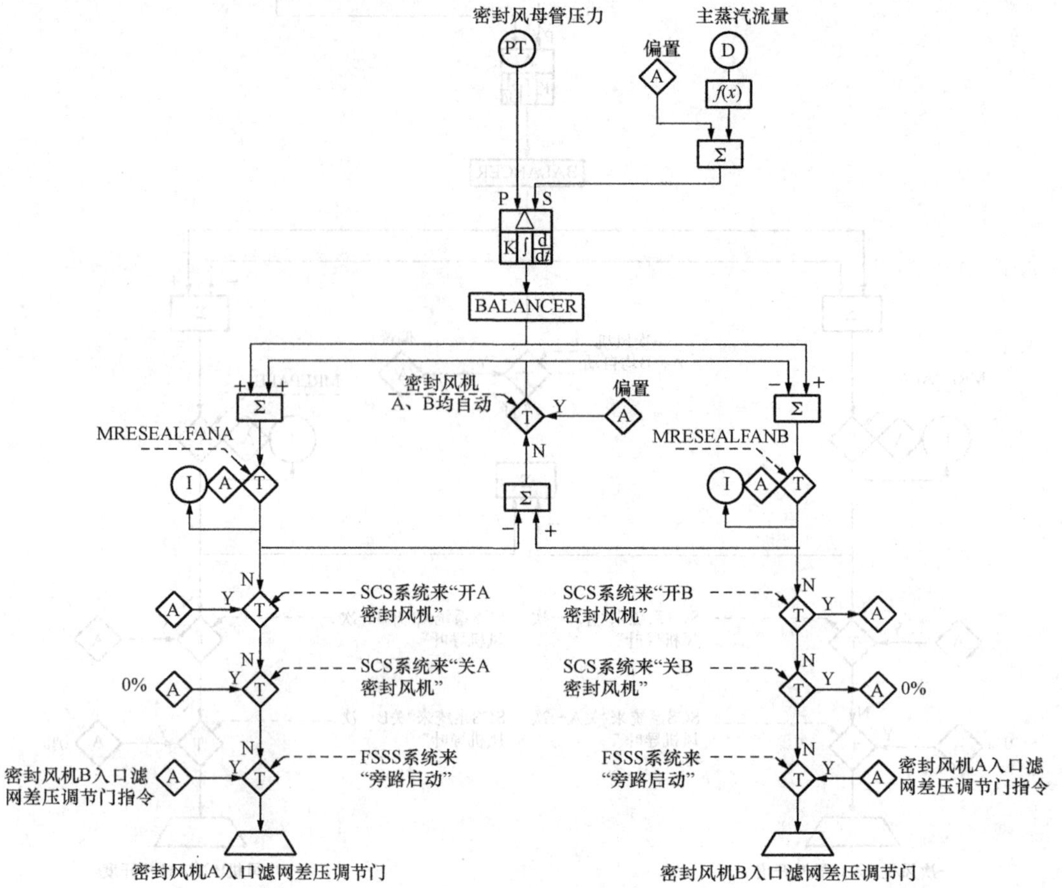

图 4-37 密封风母管压力控制系统

强制手动逻辑。当出现下列情况之一时，密封风机入口滤网差压调节门控制站强制切到手动控制：

（1）密封风机母管压力设定值与实际值偏差大；

（2）密封风机母管压力信号故障；

（3）密封风机入口滤网差压调节门控制指令和反馈偏差大；

（4）密封风机入口滤网差压调节门故障；

（5）MFT；

（6）主蒸汽流量信号故障；

（7）相应密封风机未运行。

【检查评估】

检查任务的完成情况，检查评估表参见表1-3。

任务三　燃烧控制系统性能测试

【学习目标】

（1）熟悉燃烧控制系统的动态与稳态品质指标；
（2）掌握燃烧控制系统性能测试的基本方法；
（3）能根据行业技术标准拟定燃烧控制系统性能指标试验方案；
（4）能根据试验方案完成燃烧控制系统性能指标试验；
（5）会整定燃烧控制系统相关参数；
（6）会填写试验报告，并分析试验结果；
（7）熟悉燃烧控制系统运行维护的基本要求，能识别并处理燃烧控制系统的常见故障；
（8）熟悉电力生产安全规定，严格遵守“两票三制”；
（9）具有团队合作意识，养成严谨求实的工作作风。

【任务描述】

燃烧控制系统性能测试的目的是提高燃烧控制系统在给定值扰动下的控制能力，并根据试验结果适当调整各有关参数（如比例带、积分时间等），提高调节品质，验证控制回路的安全可靠性。

通常，在机组投运前、锅炉A级检修、或运行中当稳态品质指标超差时，应进行燃烧定值扰动试验，并提交燃烧控制的动态、稳态品质指标合格报告。

本任务建议采用项目教学法组织教学，其实施过程参见表1-1。

【知识导航】

一、燃烧控制系统的品质指标

燃烧控制系统的品质指标如下。

1. 炉膛压力控制系统的品质指标（负荷范围70%～100%）

（1）稳态品质指标：300MW等级以下机组为±50Pa，300MW等级及以上机组为±100Pa。

（2）炉膛压力定值扰动（扰动量，300MW等级以下机组±100Pa、300MW等级及以上机组±150Pa）：过渡过程衰减率$\varphi=0.75\sim0.9$时，稳定时间为300MW等级以下机组小于40s、300MW等级及以上机组小于1min。

（3）机炉协调控制方式下的动态、稳态品质指标见附录D。

2. 风量氧量控制系统的品质指标（负荷范围70%～100%）

（1）氧量稳态品质指标为±1%。

（2）燃烧率指令增加时，风量应能在30s内变化，氧量应能在1min内变化。

（3）风压/差压定值扰动（扰动量，300MW等级以下机组±100Pa、300MW等级及以上机组±150Pa）：过渡过程衰减率φ=0.75～0.9时，稳定时间为300MW等级以下机组小于30s、300MW等级及以上机组小于50s。

3. 一次风压控制系统的品质指标（负荷范围70%～100%）

（1）稳态品质指标±100Pa。

（2）一次风压给定值改变300Pa，过渡过程衰减率φ=0.75～1时，稳定时间为300MW等级以下机组小于30s、300MW等级及以上机组小于50s。

4. 磨煤机控制系统的品质指标（负荷范围70%～100%）

直吹式制粉系统的磨煤机控制包括一次风量控制、出口温度控制、给煤量控制系统；中储式制粉系统除钢球磨煤机入口风压调节不同外，其余与本条要求相同。

（1）稳态品质指标：磨煤机入口一次风流量为±5%；磨煤机出口温度±3℃。

（2）一次风量给定值改变5%时，过渡过程衰减率φ=0.75～0.9，稳定时间小于20s。

（3）磨煤机出口温度给定值改变3℃，过渡过程衰减率φ=0.75～0.9、稳定时间小于5min。

（4）高温风（或低温风）挡板开度改变10%时，控制系统应能在3min内消除扰动，磨煤机出口温度最大偏差应不大于5℃。

5. 钢球磨煤机入口风压调节（中储式制粉系统）的品质指标

（1）稳态品质指标±40Pa。

（2）磨煤机入口风压给定值改变50Pa，过渡过程衰减率φ=0.75～0.9时，稳定时间小于20s。

（3）磨煤机入口高、低温风挡板开度改变10%时，控制系统应能在30s内消除扰动。

二、燃烧控制系统的投入与撤除

（一）燃烧控制系统的投入

1. 炉膛压力控制系统投入条件

（1）锅炉运行正常，燃烧稳定，炉膛压力信号准确可靠；

（2）炉膛压力方向性闭锁、炉膛压力低超驰控制、MFT超驰控制等保护回路投入；

（3）引风机挡板在最大开度下的引风量应能满足锅炉最大负荷要求，并有足够裕量；

（4）M/A操作站工作正常，跟踪信号正确，无切手动信号。

2. 风量氧量控制系统投入的条件

（1）锅炉运行正常，燃烧稳定，负荷大于50%，送风机动叶/二次风门风量控制系统投入；

（2）送风机动叶/二次风门在最大开度下的送风量应能满足锅炉负荷要求，并约有5%裕量；

（3）风量、氧量信号准确可靠，记录清晰；

（4）炉膛压力控制系统投入运行；

（5）M/A操作站工作正常，跟踪信号正确，无切手动信号；

（6）炉膛压力方向性闭锁、防喘振保护回路投入。

3. 一次风压控制系统投入的条件

(1) 一次风挡板在最大开度下的风量应能满足锅炉最大负荷的要求，并有足够裕量；

(2) 一次风压信号指示准确，记录清晰；

(3) M/A 操作站工作正常，跟踪信号正确，无切手动信号；

(4) 防喘振保护回路投入。

4. 磨煤机控制系统投入的条件

(1) 磨煤机系统运行正常，并有足够的干燥出力；

(2) 调节挡板开度有足够的调节范围；

(3) 一次风量、磨煤机出口温度、给煤量等信号正确可靠，记录清晰；

(4) 控制系统与 FSSS、SCS 系统间的保护联锁回路投入；

(5) 风煤交叉限制回路投入；

(6) M/A 操作站工作正常，跟踪信号正确，无切手动信号；

(7) 一次风压控制系统投入运行。

5. 钢球磨煤机入口风压控制（中储式制粉系统）投入的条件

(1) 制粉系统运行正常；

(2) 调节挡板开度有足够的调节范围。

(二) 燃烧控制系统的撤除

1. 炉膛压力控制系统的撤除

发生以下情况可考虑撤除自动：

(1) 锅炉燃烧不稳；

(2) 控制系统工作不稳定，炉膛压力波动过大；

(3) 炉膛压力保护装置退出运行。

2. 风量氧量控制系统的撤除

发生以下情况可考虑撤除自动：

(1) 锅炉运行不正常，燃烧不稳定；

(2) 控制系统不稳定，风压波动过大；

(3) 炉膛压力控制系统退出运行。

3. 一次风压控制系统的撤除

(1) 稳定工况下，一次风压超出给定值的±200Pa；

(2) 控制系统工作不稳定，一次风压大幅度波动。

4. 磨煤机控制系统

(1) 制粉系统运行不正常；

(2) 控制系统工作不稳定，风量波动过大；

(3) 磨煤机干燥出力不够；

(4) 磨煤机出口温度超过报警值。

5. 钢球磨煤机入口风压控制（中储式制粉系统）的撤除

(1) 制粉系统运行不正常；

(2) 控制系统工作不稳定，负压大幅度波动。

三、燃烧控制系统的运行维护要求

根据DL/T 774—2004《热工自动化系统检修运行维护规程》，燃烧控制系统的运行维护要求如下：

1. 炉膛压力控制系统

（1）炉膛压力取样管路应定期吹扫，保持畅通。

（2）每天比较炉膛压力三重冗余变送器的输出值，应取其中值作为炉膛负压控制系统的反馈信号。对超差的变送器及时消除故障。

（3）每天应向运行值班人员了解并根据炉膛压力记录曲线分析控制系统的运行情况，如发现问题应及时消除。

2. 风量氧量控制系统

（1）风量信号取样管路应定期吹扫，保持畅通；

（2）应经常根据风量、氧量、煤量、负荷等参数记录曲线分析控制系统的工作情况，如发现异常应及时消除。

3. 一次风压控制系统

（1）一次风压取压口及取样管路应定期吹扫，保证畅通；

（2）应经常根据一次风压记录曲线分析控制系统的工作情况，如发现异常应及时消除。

4. 磨煤机控制系统

（1）定期吹扫流量取样管路，保持畅通；

（2）定期检查测温元件，应防止保护套管磨穿；

（3）应经常根据一次风量、磨煤机出口温度、给煤量记录曲线分析控制系统的工作情况，如发现异常应及时消除；

（4）定期检查执行机构、调节机构的特性。

5. 钢球磨煤机入口风压控制系统

（1）定期吹扫制粉系统风压和风量取压口及取样管路，保持畅通；

（2）每月进行一次磨煤机入口风压定值扰动试验。

四、燃烧控制系统的常见故障与维护

（一）一次风自动不正常或不能投入的原因分析与解决方法

1. 故障现象

一次风自动系统不正常或不能投入。

2. 原因分析

（1）任意一台一次风压力与炉膛压力差压变送器测量信号故障（测量取样管路堵、测量管路漏、变送器膜盒损坏、变送器电缆破损、变送器漂移严重、变送器信号采集模件通道故障等）导致自动系统不正常或不能投入。

（2）一次风自动系统中的任意一个算法输出点质量坏（当算法质量向下一级传输功能设定为ON时），导致自动不能投入。

（3）一次风自动定值与实际值偏差超过允许值时，自动不能投入。

（4）一次风自动系统输出指令与执行机构反馈值偏差超过允许值时（如5%，延时10s），自动不能投入。

（5）当一次风自动系统软操作器故障时，自动不能投入。

(6) 当一次风自动系统指令输出卡件故障时（如卡件上的熔断器烧坏、输出卡件电源失去、输出指令电缆接地或绝缘下降），自动不正常，不能投入。

(7) 一次风系统执行机构故障，如伺服放大器输入输出比较放大电路不正常、死区设置太小、全开/全关位设置不对、晶闸管坏、电动机故障、功率板故障、控制板故障、电源板故障、反馈电位器故障等，将导致执行机构动作不正常。

(8) 一次风执行机构联轴器上的摩擦片损坏，导致电动机空转。

(9) 一次风机动叶的内部轴承损坏，导致一次风机压力不稳定。

(10) 一次风执行机构的手/自动切换手柄故障，执行机构不动。

(11) 一次风执行机构的行程开关设置不对或损坏时，导致自动系统不正常。

3. 解决方法

(1) 检查调整一次风与炉膛差压变送器符合质量标准，检查变送器测量管路畅通无阻。

(2) 检查核对一次风控制系统中的参数符合逻辑设计要求。

(3) 检查一次风自动系统的软操作器、硬操作器参数设置正确，工作状态正常。

(4) 检查 DCS 系统相应卡件工作正常，性能稳定，无故障。

(5) 检查更换执行机构联轴器上的摩擦片、推力轴承组件。

(6) 检查检修执行机构的手/自动切换手柄，确保手柄能弹回自动位。

(7) 联系机务人员调整一次风自动执行机构行程开关全开、全关位对应实际的一次风机调节挡板的全开/全关。

(8) 检查一次风指令与实际一次风压力跟踪正常，定期进行趋势分析，检查一次风机电流与风机动叶动作情况，确保一次风系统工作正常。

4. 防范措施

(1) 机组大、小修时，校验一次风自动系统中的变送器，吹扫一次风自动系统测量管路，保证测量正确。

(2) 机组大、小修时，检查核对一次风自动系统中的回路参数正确对应逻辑设置，检查一次风自动系统的 PID 输出 0%～100%对应执行机构的 0%～100%开度。

(3) 机组大、小修时，检查一次风自动执行机构的机械部分（联轴器、摩擦片、推力轴承、手/自动切换手柄）的磨损情况。如果磨损严重，则应更换。

(4) 日常维护时，加强巡检，及时消除控制系统故障。

(5) 定期对挡板以及执行机构的机械部分上油润滑，以增加其灵活性。

(二) 送风控制系统自动不正常或不能投入的原因分析与解决方法

1. 故障现象

送风自动系统不能正常或不能投入。

2. 原因分析

(1) 任意一台送风流量变送器测量信号故障（测量取样管路堵、测量管路漏、变送器膜盒损坏、变送器电缆破损、变送器漂移严重、变送器信号采集模件通道故障等），导致自动系统不正常或不能投入。

(2) 任意一台一次风流量变送器测量信号故障（测量取样管路堵、测量管路漏、变送器膜盒损坏、变送器电缆破损、变送器漂移严重、变送器信号采集模件通道故障等），导致自动系统不正常或不能投入。

(3) 送风自动系统中的任意一个算法输出点质量坏（当算法质量向下一级传输功能设定为ON时），导致自动不能投入。

(4) 送风自动给定值与实际值偏差超过允许限值时，自动不能投入。

(5) 送风自动系统输出指令与执行机构反馈值偏差超过允许值时（如5%，延时10s），自动不能投入。

(6) 当送风自动系统软操作器故障时，自动不能投入。

(7) 当送风自动系统指令输出卡件通道故障时（如卡件上的熔断器烧坏、卡件电源失去、输出指令电缆接地或绝缘下降等），自动不正常，不能投入。

(8) 送风系统执行机构故障，如伺服放大器输入输出比较放大电路不正常、死区设置太小、全开/全关位设置不对、晶闸管坏、电动机故障、功率板故障、控制板故障、电源板故障、反馈电位器故障等，将导致执行机构动作不正常。

(9) 送风机动叶执行机构的联轴器上的摩擦片损坏，导致电动机空转。

(10) 送风机动叶的内部轴承损坏，导致一次风机压力不稳定。

(11) 送风机动叶执行机构的手/自动切换手柄故障，执行机构不动。

(12) 送风机动叶执行机构的行程开关设置不对或损坏时，导致自动系统不正常。

(13) 设定限制引起送风机动叶电动执行机构操作不到100%（软件限制、执行机构行程限制）。

(14) 氧量测量回路异常，导致氧量校正环节不起作用。

3. 解决方法

(1) 检查调整送风流量变送器符合质量标准，检查变送器测量管路畅通无阻。

(2) 检查调整一次风流量变送器符合质量标准，检查变送器测量管路畅通无阻。

(3) 检查核对送风机控制系统中的参数符合逻辑设计要求，消除软件输出值限制。

(4) 检查DCS系统相应卡件工作正常，性能稳定，无故障。

(5) 检查送风自动系统的软件操作器，硬件操作器参数设置正确，工作状态正常。

(6) 检查DCS系统PID控制器参数，消除输出限制并使得系统稳定、准确。

(7) 检查更换执行机构联轴器上的摩擦片、推力轴承组件。

(8) 检查执行机构的手/自动切换手柄，确保手柄能弹回自动位。

(9) 联系锅炉风机班，调整送风自动执行机构行程开关全开、全关位对应实际的送风机调节挡板的全开、全关位。

(10) 检查送风指令与实际总风量跟踪正常，定期进行趋势分析，检查一次风机电流与风机动叶动作情况，确保一次风系统工作正常。

(11) 检查空气预热器入口氧量测点测量是否正常，确保氧量校正回路准确可靠。

4. 防范措施

(1) 机组小修时，校验送风自动系统中的变送器，吹扫送风自动系统测量管路，保证测量准确。

(2) 机组大、小修时，检查核对送风自动系统中的回路参数正确对应逻辑设置，检查送风自动系统的手操器输出0%～100%对应执行机构的0%～100%开度。

(3) 机组大、小修时，检查送风自动执行机构的机械部分（联轴器、摩擦片、推力轴承、手/自动切换手柄）的磨损情况。如果磨损严重，则应更换。

(4) 日常维护时，加强巡检，及时消除控制系统故障。

(5) 定期对送风机执行机构的机械部分上油润滑，以增加其灵活性，减小执行机构负载。

(三) 引风控制系统自动不正常或不能投入的原因分析与解决方法

1. 故障现象

引风自动系统不正常或不能投入。

2. 原因分析

(1) 任意一台炉膛压力变送器测量信号故障（测量取样管路堵、测量管路漏、变送器膜盒损坏、变送器电缆破损、变送器漂移严重、变送器信号采集模件通道故障等），压力测量敏感部件老化，使信号变化缓慢。压力测量管路积灰堵塞，初期造成压力变化缓慢，有时因灰尘移动造成压力测量大幅度波动。部分锅炉炉膛压力测量采用多个测量设备使用相同取样口，若该取样口附近人孔门、看火孔没有关好或取样口密封不好，会导致测量位置受大气影响，引起部分测量点同时脉动变化的现象。将导致自动系统不正常或不能投入。

(2) 引风自动系统中的任意一个算法输出点质量坏（当算法质量向下一级传输功能设定为ON时），导致自动不能投入。

(3) 引风自动给定值与实际值偏差超过允许限值时，自动不能投入。

(4) 引风自动系统输出指令与执行机构反馈值偏差超过允许值时（如5%，延时10s），自动不能投入。

(5) 当引风自动系统软操作器故障时，自动不能投入。

(6) 当引风自动系统指令输出卡件通道故障时（如卡件上的熔断器烧坏、卡件电源失去、输出指令电缆接地或绝缘下降等），自动不正常，不能投入。

(7) 引风机静叶执行机构故障，如伺服放大器输入输出比较放大电路不正常、死区设置太小、全开/全关位设置不对、晶闸管坏、电动机故障、功率板故障、控制板故障、电源板故障、反馈电位器故障等，将导致执行机构动作不正常。

(8) 引风机静叶执行机构联轴器上的摩擦片损坏，导致电动机空转。

(9) 引风机静叶的内部轴承损坏，导致一次风机压力不稳定。

(10) 引风机静叶执行机构的手/自动切换手柄故障，执行机构不动。

(11) 引风机静叶执行机构的行程开关设置不对或损坏时，导致自动系统不正常。

(12) 设定限制引起引风机静叶电动执行机构操作不到100%（软件限制、执行机构行程限制）。

3. 解决方法

(1) 检查调整压力变送器符合质量标准，检查变送器测量管路畅通无阻。

(2) 检查核对引风机控制系统中的参数符合逻辑设计要求，消除软件输出值限制。

(3) 检查引风自动系统的软件操作器，硬件操作器参数设置正确，工作状态正常。

(4) 检查调整DCS系统相应PID控制器，消除输出限制并使得系统稳定、准确。

(5) 检查更换执行机构联轴器上的摩擦片、推力轴承组件。

(6) 检查检修执行机构的手/自动切换手柄，确保手柄能弹回自动位。

(7) 联系机务人员调整引风自动执行机构行程开关全开、全关位对应实际的送风机调节挡板的全开、全关位。

（8）关闭取样口附近人孔门、看火孔，密封取样口。

（9）检查负压指令与实际负压跟踪正常，定期进行趋势分析，检查引风机电流与风机静叶执行机构动作情况，确保负压自动调节系统工作正常。

4. 防范措施

（1）机组大、小修时，校验引风自动系统中的变送器，吹扫引风自动系统测量管路，密封取样口，防止漏风造成灰尘堵塞；加防堵装置；保证测量准确。

（2）机组大、小修时，检查核对引风自动系统中的回路参数正确对应逻辑设置，检查引风自动系统的控制器输出0%～100%对应执行机构的0%～100%开度。

（3）机组大、小修时，检查引风自动执行机构的机械部分（联轴器、摩擦片、推力轴承、手/自动切换手柄）的磨损情况。如果磨损严重，则应更换。

（4）日常维护时，加强巡检，及时消除控制系统故障。

（5）定期对引风机执行机构的机械部分上油润滑，以增加其灵活性机。

（6）加强设备巡视，运行人员观察后及时关闭看火孔；检修人员检修后及时关闭看火孔并密封好取样口。

【任务准备】

一、引导问题

学习完相关知识后，需回答下列问题：

（1）燃烧控制系统的品质指标有哪些？

（2）如何整定比值燃烧控制系统的参数？

（3）燃烧控制系统的投入撤除条件有哪些？

（4）燃烧控制系统性能指标试验的目的是什么？

（5）燃烧控制系统性能指标试验的条件有哪些？

（6）燃烧控制系统性能指标试验的基本方法是什么？

（7）燃烧控制系统性能指标试验的安全措施有哪些？

二、制定试验方案

在正确回答引导问题后，依据行业（企业）规程，结合附录A所给出的试验方案样表制定燃烧控制系统性能指标试验方案。

【任务实施】

根据制定好的试验方案，按照试验步骤，完成试验。

下面给出某电厂引风控制系统试验操作步骤，供参考。

（1）做增加炉膛压力定值扰动试验时，应事先将炉膛压力调低些，并在允许范围内变化5min。

（2）在自动状态下，在原给定值的基础上增加100Pa，观察并记录试验曲线。同时，计算炉膛压力动态偏差、静态偏差、稳定时间、过渡过程衰减率等数据。

（3）做减小炉膛压力定值扰动试验时，应事先将炉膛压力调高些，并在允许范围内变化 5min。

(4) 在自动状态下，在原给定值的基础上减小 100Pa，观察并记录试验曲线。同时，计算炉膛压力动态偏差、静态偏差、稳定时间、过渡过程衰减率等数据。

(5) 对不满足品质指标的数据，要分析原因，优化调节参数，调整热控装置，直到炉膛压力扰动试验满足品质指标的要求，完成试验报告（试验报告格式参见附录 C）。

注意 在试验过程中，如危及到机组的安全运行，请运行人员立即退出试验，以确保机组安全。

图 4 - 38 所示为某 300MW 亚临界仿真机组炉膛压力控制系统性能测试曲线。

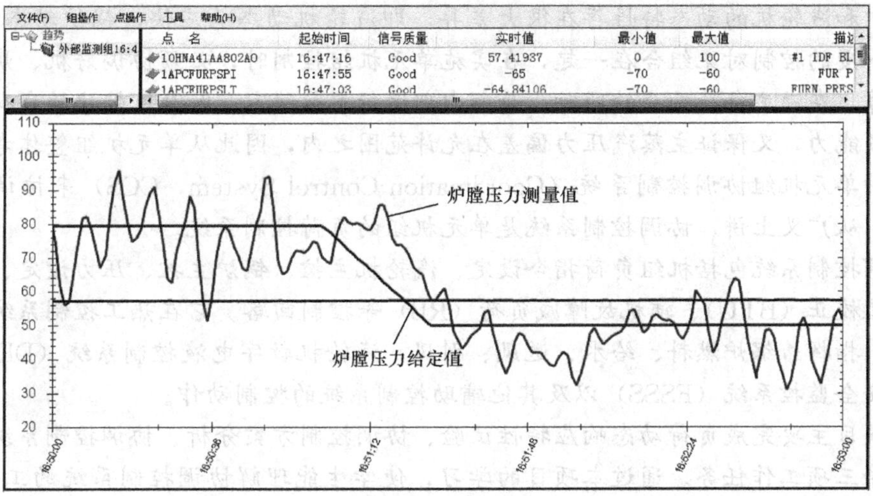

图 4 - 38 炉膛压力控制系统性能测试曲线

【检查评估】

检查任务的完成情况，检查评估表参见表 1 - 3。

项目五　协调控制系统运行与维护

【项目描述】

目前，大型机组都是采用单元制热力系统，单元机组由锅炉、汽轮机和发电机联合起来共同适应电网的负荷要求，因此要求单元制机组具有变负荷运行能力，同时还具有一定的调频能力。此外，在机组发生某些局部故障的情况下，依然要维持机组运行。然而，锅炉和汽轮机的动态特性存在很大差异，即汽轮机动态响应快，锅炉动态响应慢。这一快一慢的控制对象组合在一起，在实施单元机组控制时，必须协调好机、炉两侧的控制动作。在满足负荷响应的同时，兼顾内部运行参数稳定，既具有较快的负荷响应和一定调频能力，又保证主蒸汽压力偏差在允许范围之内，因此从单元机组整体考虑，需构建一种单元机组协调控制系统（Coordination Control System，CCS）来协调机炉控制任务。从广义上讲，协调控制系统是单元机组的负荷控制系统。

协调控制系统包括机组负荷指令设定、汽轮机主控、锅炉主控、压力设定、频率校正、热值校正（BTU）、辅机故障减负荷（RB）等控制回路。它在热工控制系统中占主导地位，指挥着锅炉燃料、给水、送风、引风，汽轮机数字电液控制系统（DEH），锅炉炉膛安全监控系统（FSSS）以及其他辅助控制系统的控制动作。

本项目主要完成负荷动态响应特性试验、协调控制方案分析、协调控制系统性能指标试验等三项工作任务。通过本项目的学习，使学生能理解协调控制系统的工作原理，能识读协调控制系统逻辑图，能进行负荷动态响应特性试验和品质指标试验，最终能完成协调控制系统运行维护工作。

任务一　负荷动态响应特性试验

【学习目标】

(1) 理解单元机组负荷响应动态特性的特点；
(2) 掌握负荷响应动态特性的试验方法；
(3) 能根据行业技术标准拟定负荷响应动态特性试验方案；
(4) 能根据试验方案完成负荷响应动态特性试验；
(5) 能根据试验结果分析负荷响应动态特性特点，并完成试验报告；
(6) 熟悉电力生产安全规定，严格遵守"两票三制"；
(7) 具有团队合作意识，养成严谨求实的工作作风。

【任务描述】

负荷动态响应特性试验目的是求取在燃烧率 M 和汽轮机调节阀开度 μ_T 扰动作用下负荷

主汽压变化的飞升特性曲线，为控制方案拟订和控制参数整定提供依据。

负荷动态响应特性试验应在不同负荷段分别进行，试验项目包括：

(1) 定压运行方式负荷动态响应特性试验。试验应分别在60%、90%负荷段进行，为了保持主蒸汽压力不变应投入主蒸汽压力自动。

(2) 滑压运行方式负荷动态响应特性试验。试验应在70%～80%负荷段进行，置汽轮机调节阀为手动，保持其开度不变。每一负荷下的试验宜不少于两次，记录试验数据和曲线，并提交试验报告。

通常，在机组投运前、锅炉A级检修或控制策略改变时，需要进行负荷动态响应特性试验。

本任务建议采用项目教学法组织教学，其实施过程参见表1-1。

【知识导航】

一、协调控制任务

协调控制系统的主要任务如下：

(1) 接受电网中心调度所的负荷自动调度指令ADS、运行操作人员的负荷给定指令和电网频差信号Δf，及时响应负荷请求，使机组具有一定的电网调峰、调频能力，适应电网负荷变化的需要。

(2) 协调锅炉、汽轮发电机组的运行，在负荷变化率较大时，能维持两者之间的能量平衡，保证主蒸汽压力稳定。

(3) 协调机组内部各子控制系统（燃料、送风、炉膛压力、给水、汽温等控制系统）的控制作用，在负荷变化过程中使机组的主要运行参数在允许的工作范围内，以确保机组有较高的效率和可靠的安全性。

(4) 协调外部负荷请求与主、辅设备实际能力的关系。在机组主、辅设备能力受到限制的异常情况下，能根据实际情况，限制或强迫改变机组负荷。

(5) 具有多种可供运行人员选择的控制系统与运行方式。协调控制系统必须满足机组各种工况运行方式的要求，提供可供运行人员选择或联锁自动切换的相应控制方式，具有在各种工况（正常运行、启动、低负荷或局部故障）条件下，都能投入自动的适应能力。

(6) 消除各种工况扰动的影响，稳定机组运行。协调控制系统能消除机组运行中各种内、外扰动的影响。通过闭环系统输入端引入的扰动，如燃料扰动，称为内部扰动；通过开环系统的其他环节影响到系统输出的扰动，如负荷扰动，称为外部扰动。

二、负荷动态响应特性

单元机组是一个互相关联的复杂被控对象，构成单元机组被控对象的设备是锅炉和汽轮发电机组两大部分。在负荷控制系统设计时，主要针对一个双输入、双输出的被控对象。其中输入量为燃烧率M和汽轮机调节阀开度μ_T，输出量为机前压力p_T和实发功率P_E，如图5-1所示。

图中的$W_T(s)$为蒸汽量—实发功率通道的传递函数。汽轮机调节阀开度、机前压力与汽轮机进汽量的关系是非线性函数关系，经线性化处理后可用K_μ和K_P两个比例系数近似表示。单元机组简化动态响应框图如图5-2所示。

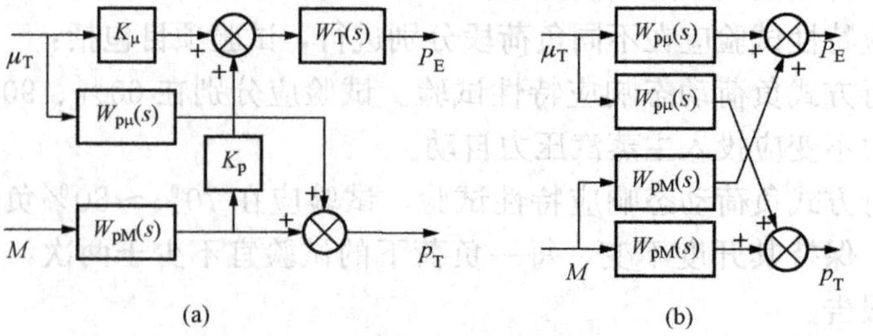

图 5-1 单元机组被控对象框图

(a) 原理框图；(b) 等效变换框图

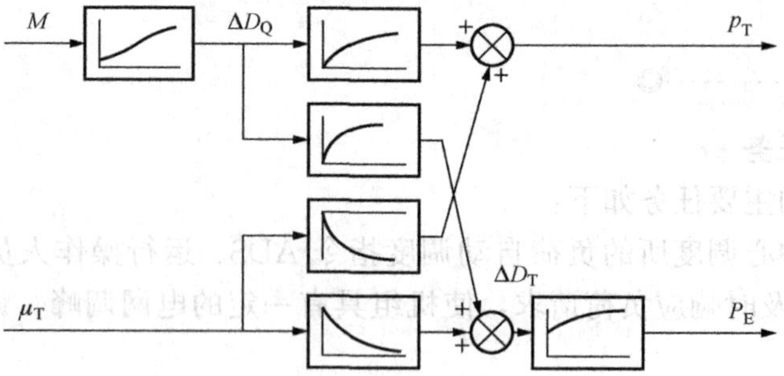

图 5-2 单元机组简化动态响应框图

由图 5-2 可方便地得出单元机组输入在阶跃扰动下的输出响应曲线，如图 5-3 所示。图 5-3 中，扰动量分别为燃烧率 M 和汽轮机调节阀开度 μ_T，输出量为机前压力 p_T 和实发功率 P_E。

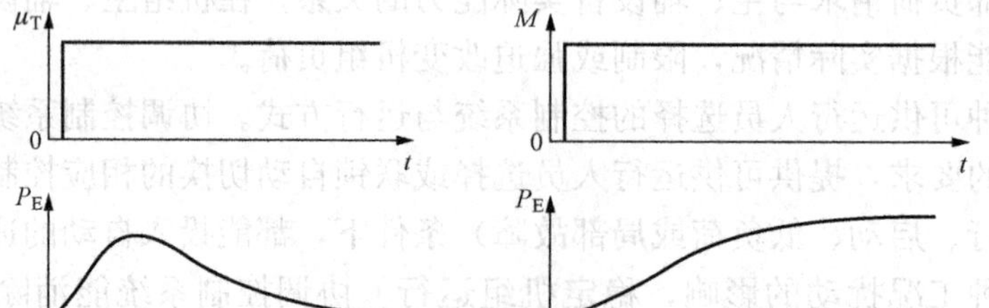

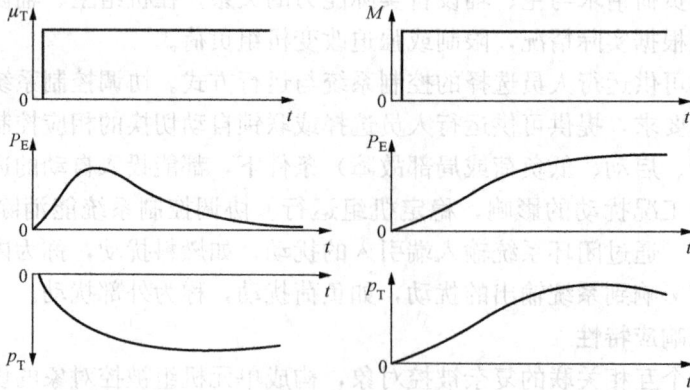

图 5-3 单元机组（汽包锅炉）动态特性曲线

在燃烧率 M 扰动下，机前压力 p_T 和实发功率 P_E 的响应是一个慢速惯性过程。由于锅炉的热惯性比汽轮发电机组的惯性大得多，使得输出被控量 p_T 和 P_E 对于 M 的响应速度十分接近。汽轮机调节阀开度 μ_T 的作用下，输出被控量 p_T 和 P_E 的响应则是一个快速过程。

根据以上机炉特性的基本特征，利用汽轮机调节阀开度 μ_T 作为控制量，可以快速地改变机组的被控量 p_T 和 P_E。其实质是利用了机组内部的蓄热，主要是锅炉内部的蓄热，机组容量越大，相对地这种蓄热能力越小。因而，利用汽轮机调节阀控制机组输出功率的方法只能是一种有限的、暂态的策略，这种限制体现在对机前压力 p_T 变化范围与变化速度的限制。

三、负荷动态响应特性试验的基本方法

负荷动态响应特性试验的基本方法如下：

（1）保持机组负荷稳定、锅炉燃烧率不变；

（2）置负荷控制于手动控制方式，手操并保持负荷稳定运行 5min 左右；

（3）一次关小（开大）汽轮机调节阀开度 μ_T，幅度以减小（开大）10%进汽量为宜；

（4）保持其扰动不变，记录负荷变化情况；

（5）待负荷上升（下降）并稳定在新值时结束试验；

（6）一次减少（增加）燃料量；

（7）保持其扰动不变，记录负荷变化情况；

（8）待负荷下降（上升）并稳定在新值时结束试验；

重复上述试验 2～3 次，分析汽轮机调节阀开度 μ_T 和燃烧率阶跃扰动下负荷变化的飞升特性曲线，求得其动态特性参数。

【任务准备】

一、引导问题

学习完相关知识后，需回答下列问题：

（1）负荷动态响应特性有何特点？

（2）负荷动态响应特性试验的条件有哪些？

（3）负荷动态响应特性试验的基本方法是什么？

（4）负荷动态响应特性试验的安全措施有哪些？

二、制定试验方案

在正确回答引导问题后，依据行业（企业）规程，结合附录 A 所给出的试验方案样表制定负荷动态响应特性试验方案。

【任务实施】

根据制定好的试验方案，按照试验步骤，完成试验。

下面给出某电厂负荷动态响应特性试验操作步骤，供参考。

（1）办理机组试验工作票；

（2）运行人员调整好工况，保持各主要参数稳定（负荷、主蒸汽压力、水位）；

（3）由热控人员打开工程师站密码，进入工程师环境；

（4）热控负责人调出实时曲线（显示范围，时间适当设置）；

（5）运行人员解除汽轮机调节阀开度控制自动至手动，手操并保持负荷稳定运行 5min

左右；

（6）快速开大汽轮机调节阀开度，幅度以增加10%进汽量为宜，保持其扰动不变，记录试验曲线，待负荷下降并稳定在新值时结束试验；

（7）快速关小汽轮机调节阀开度，幅度以减少10%进汽量为宜，保持其扰动不变，记录试验曲线，待负荷上升并稳定在新值时结束试验；

（8）快速增加燃料量，保持其扰动不变，记录试验曲线，待负荷上升并稳定在新值时结束试验；

（9）快速减小燃料量，保持其扰动不变，记录试验曲线，待负荷下降并稳定在新值时结束试验；

（10）同样步骤做三次试验，取两条基本相同的曲线作为试验结果；

（11）分析燃烧率和汽轮机调节阀开度阶跃扰动下负荷变化的飞升特性曲线，求取其动态特性参数，并完成试验报告（试验报告格式参见附录B）。

注意 在试验过程中，如危及到机组的安全运行，请运行人员立即退出试验，以确保机组安全。

图5-4所示为某300MW亚临界仿真机组在燃料量扰动下负荷控制对象动态特性曲线。

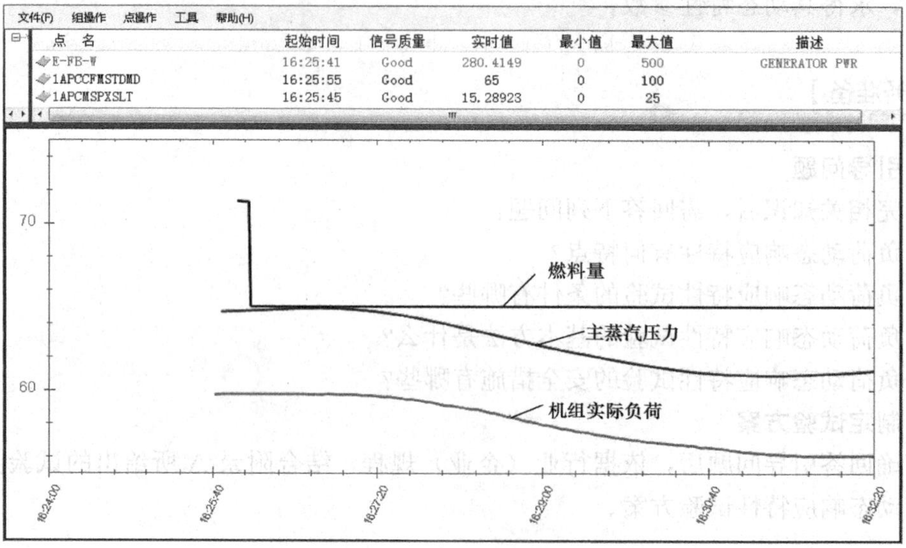

图5-4 燃料量扰动下负荷控制对象动态特性曲线

【检查评估】

检查任务的完成情况，检查评估表参见表1-3。

任务二 协调控制方案分析

【学习目标】

(1) 了解单元机组负荷控制方式；
(2) 掌握协调控制系统的基本组成；
(3) 理解协调控制系统的工作原理；
(4) 能识读模拟量控制系统逻辑图符号；
(5) 会分析协调控制系统的结构组成与工作过程；
(6) 会编制模拟量控制系统分析报告；
(7) 养成善于动脑、勤于思考的学习习惯，具有与人沟通和交流的能力。

【任务描述】

某600MW亚临界机组的协调控制系统逻辑图如图5-21～图5-30所示，试分析协调控制系统的结构组成和工作原理，并提交分析报告。

本任务建议采用案例教学法组织教学，其实施过程参见表1-4。

【知识导航】

一、单元机组负荷控制方式

单元机组负荷控制有下列三种基本方式。

1. 锅炉跟随的负荷控制方式

图5-5为单元机组锅炉跟随的负荷控制方式，简称BF方式。

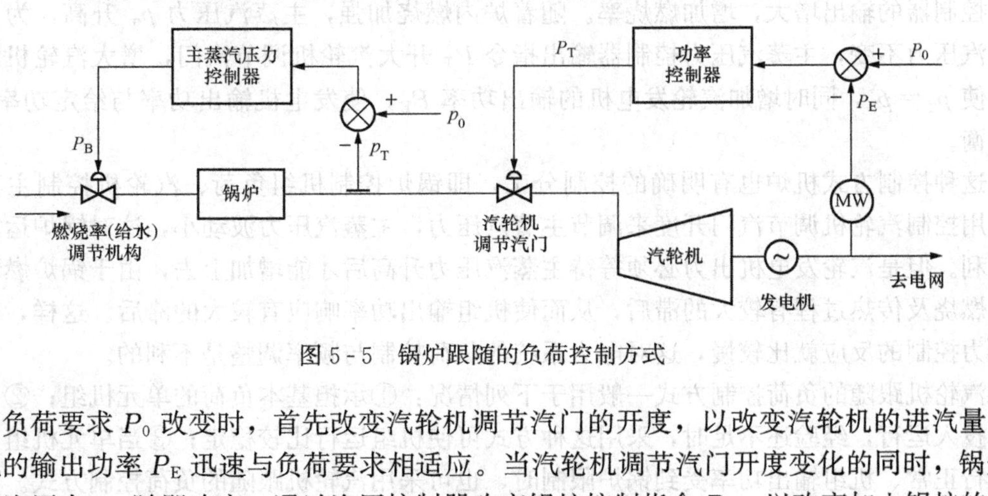

图5-5 锅炉跟随的负荷控制方式

当负荷要求P_0改变时，首先改变汽轮机调节汽门的开度，以改变汽轮机的进汽量，使发电机的输出功率P_E迅速与负荷要求相适应。当汽轮机调节汽门开度变化的同时，锅炉出口主蒸汽压力p_T随即改变，通过汽压控制器改变锅炉控制指令P_B，以改变加入锅炉的燃料量、送风量和给水量。这种由汽轮机来控制机组的输出功率，而锅炉控制汽压的方式就是常规的机、炉分别控制方式。在负荷要求改变初期，汽轮发电机组输出功率的改变很大程度上依靠锅炉的蓄热。这种控制方式机炉有明确的控制分工，即锅炉控制主蒸汽压力，汽轮机控制机组负荷。因为锅炉热惯性大，汽轮发电机时间常数小，所以这种方式虽在扰动初期能较快适应负荷变化，但汽压波动较大。

在大型单元机组中，锅炉的蓄热能力相对减小。当负荷变化较小时，在汽压允许的变化范围内，充分利用锅炉的蓄热以迅速适应负荷是有可能的，对电网的频率控制也是有利的。但是，在负荷需求变化较大时，汽压变化就太大，会因主蒸汽压力波动过大而影响机组的正常运行，也不可能会有很好的负荷响应。尤其是超临界直流锅炉，蓄热能力通常只有汽包锅炉的1/3～1/2，负荷扰动时汽压波动更大。

锅炉跟随的负荷控制方式一般用于下列情况：①当单元机组中的锅炉设备正常运行、机组的输出功率受到汽轮机限制时；②承担变动负荷的机组，锅炉蓄热能力较大时。

2. 汽轮机跟随的负荷控制方式

汽轮机跟随的控制方式如图5-6所示，简称TF方式。

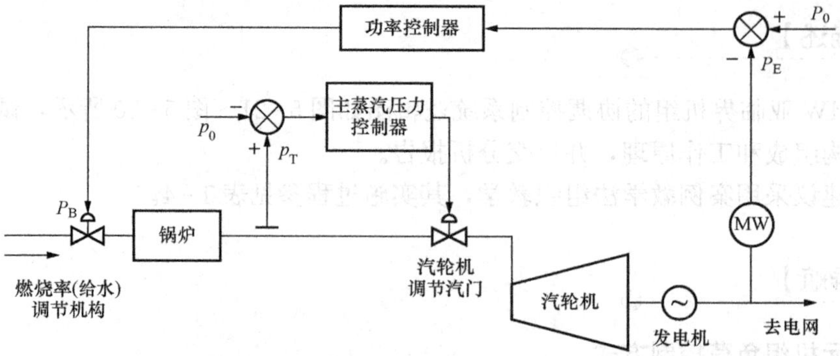

图5-6 汽轮机跟随的负荷控制方式

当外界负荷需求增加时，给定功率信号 P_0 增加，首先是锅炉的控制指令 P_B 增大，即功率控制器的输出增大，增加燃烧率。随着炉内燃烧加强，主蒸汽压力 p_T 升高，为了维持主蒸汽压力不变，主蒸汽压力控制器输出指令 P_T 开大汽轮机调节汽门，增大汽轮机的进汽量，使 $p_T = p_0$，同时增加汽轮发电机的输出功率 P_E，使发电机输出功率与给定功率 P_0 逐步平衡。

这种控制方式机炉也有明确的控制分工，即锅炉控制机组负荷、汽轮机控制主蒸汽压力。用控制汽轮机调节汽门开度来调节主蒸汽压力，主蒸汽压力波动小，这对锅炉运行的稳定有利。但是汽轮发电机出力必须等待主蒸汽压力升高后才能增加上去，由于锅炉燃料量输送、燃烧及传热过程有较大的滞后，从而使机组输出功率响应有较大的滞后。这样，对发电机出力控制的反应就比较慢，这对电力系统的负荷控制与频率调整是不利的。

汽轮机跟随的负荷控制方式一般用于下列情况：①承担基本负荷的单元机组；②当新机组刚投入运行，经验还不足时，采用这种方式可使机组运行比较稳定；③当单元机组中汽轮机运行正常、机组输出功率受到锅炉限制时，也可采用汽轮机跟随的负荷控制方式。

3. 机炉协调的负荷控制方式

上述两种控制方式中，由于机炉分别承担负荷调节和压力调节的任务，因而没能很好地协调负荷响应的快速性和机组运行的稳定性之间的矛盾。锅炉跟随方式虽然对电网负荷变化有较快的响应，但动用锅炉蓄热量过大时，会使主蒸汽压力产生大幅度波动，造成机组运行不稳定；而汽轮机跟随控制方式，根本不利用锅炉的蓄热量，汽压可以十分稳定，但负荷响应太慢，不能及时满足电网负荷需求，调频能力差。能否适度利用锅炉蓄热，在保证不致使汽压产生大幅度波动的前提下，最大限度地满足外界负荷变动的需求呢？机炉协调的负荷控制方式就是为了解决这个问题而提出的。

将锅炉、汽轮机视为一个整体，把上述两种负荷控制方式结合起来，取长补短，在使锅炉燃烧产生的热能与进入汽轮机的蒸汽带走的热能及时平衡、维持主蒸汽压力基本稳定的同时，又能使机组的输出功率迅速响应给定功率的变化。这种能将功率控制与压力控制结合起来的系统是比较理想的控制系统，称为协调控制系统，或称机炉协调的负荷控制方式，如图5-7所示，简称CCS方式或COORD方式。

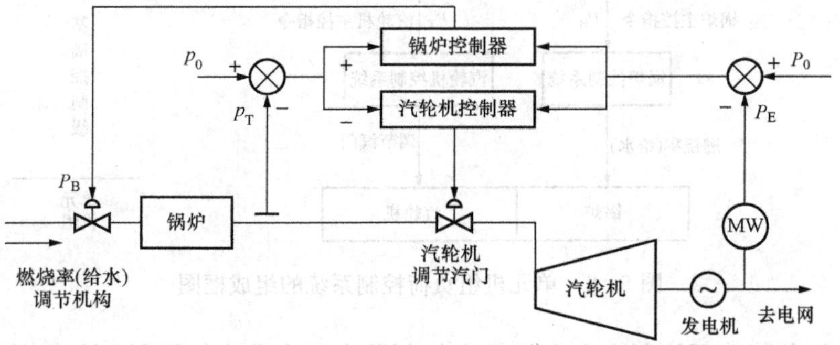

图5-7　机炉协调的负荷控制方式

在机炉协调的负荷控制方式中，锅炉与汽轮机的控制器同时接收机组功率偏差与压力偏差信号。在稳定工况下，机组的实发功率等于给定功率，主蒸汽压力等于给定汽压，其偏差信号为零。当外界要求机组增加出力时，给定功率 P_0 增加，出现正的功率偏差信号，它加到汽轮机控制器，会使汽轮机调节汽门开大，利用锅炉蓄热增加汽轮发电机组的出力，使输出功率 P_E 增加；功率偏差信号加到锅炉控制器，使锅炉燃烧率在汽轮机调节汽门开大的同时也相应地增加，以提高锅炉的蒸发量。这种蓄热的利用与及时补偿，就从一个方面体现了协调控制的基本思想。毫无疑问，这比锅炉跟随的负荷控制方式要等到汽压下降后才增加燃料，所引起的压力变化要小得多。

从协调控制方式的上述动作过程可以看出，这种控制方式一方面利用调节汽门动作，在锅炉允许的汽压变化范围内，利用锅炉的一部分蓄热量，适应负荷的需要；另一方面又向锅炉迅速补进燃料（压力与功率偏差信号均使燃料量迅速变化）。这种锅炉蓄热的合理利用与及时补偿的协调方式，使单元机组实际输出功率既能迅速响应给定功率的变化，又能保持主蒸汽压力的相对稳定。

当单元机组正常运行需要参加电网调频时，应采用机炉联合的协调控制方式。为了适应机组的不同运行工况，单元机组的负荷控制系统应当考虑同时具备几种控制方式的可能，以便运行人员可根据机组运行实际，任意选择其中一种控制方式。

二、协调控制系统的基本组成

单元机组负荷控制系统的组成框图如图5-8所示，它由负荷管理控制中心（LMCC）和机炉负荷控制系统两大部分组成。机炉负荷控制系统又由机炉主控制器和锅炉、汽轮机子系统组成。

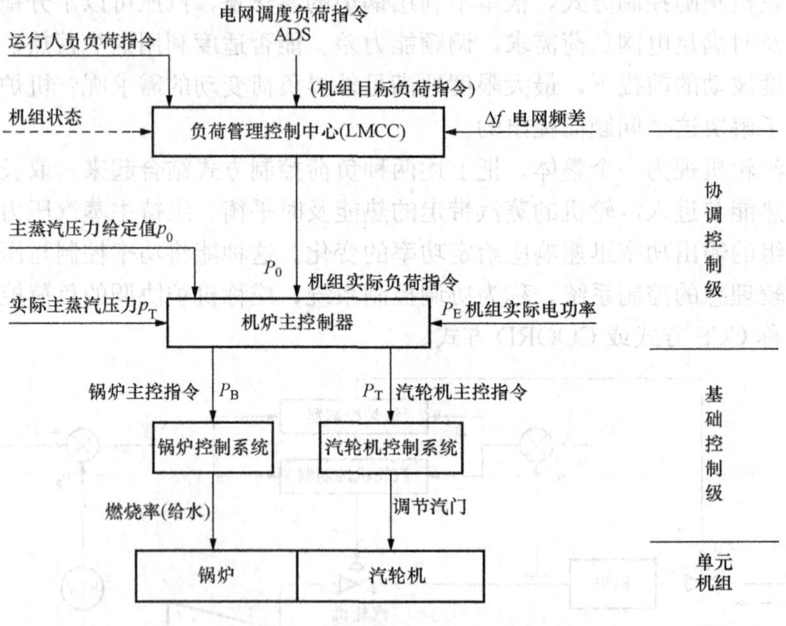

图 5-8 单元机组负荷控制系统的组成框图

一般把机组负荷管理控制中心和机炉主控制器合起来称为协调控制级，简称 CCS 系统，而把锅炉、汽轮机子控制系统称为基础控制级。但习惯上也把协调控制级和基础控制级统称为 CCS。因为这些系统输出的控制指令都是模拟量信号，所以也称为模拟量控制系统（简称 MCS）。

机组负荷管理控制中心又称为机组负荷指令处理装置，其主要作用是：根据机组运行状态，对机组的外部负荷需求指令 P_d（称为目标负荷指令），如电网中心调度的负荷调度指令（ADS）或者运行人员设定的负荷指令进行选择和处理，形成机组主/辅设备负荷能力和安全运行所能接受的机组实际负荷指令 P_0（Actual Load Demand，ALD），作为机炉主控制器的机组功率给定值信号。当机组参加电网一次调频时，该功率给定值信号还需经过电网频差修正。所以，负荷控制中心是用来协调机组内、外矛盾，也就是协调供与求的矛盾的。

机炉主控制器的主要作用是接收机组实际负荷指令 P_0、机组实际功率 P_E、主蒸汽压力给定值 p_0 和实际主蒸汽压力 p_T 等信号。根据机组运行条件及要求，选择合适的负荷控制方式；根据机组的功率偏差 ΔP 和主蒸汽压力偏差 Δp 进行控制运算，产生锅炉主控指令 P_B 和汽轮机主控指令 P_T，作为机炉协调动作的指挥信号，分别送往锅炉和汽轮机子控制系统。可见，机炉主控制器协调的是汽轮机与锅炉的内部矛盾。

锅炉子系统包括燃料量控制系统、送风量控制系统、炉膛压力控制系统、一次风压控制系统、二次风量控制系统、过热汽温控制系统、再热汽温控制系统、给水控制系统等。汽轮机子系统包括汽轮机数字电液控制系统 DEH、除氧器水位和压力控制系统、凝汽器水位控制系统、发电机氢气冷却控制系统、给水泵的密封水差压和再循环流量控制系统等。

负荷管理控制中心和机炉主控制器是机组的协调级，是机组负荷控制系统的核心，决定着机组变负荷的数量和变化速度，故直接将其称为协调控制系统；机炉子控制系统直接与控制对象相联系，执行协调级的指令，使燃料量、送风量、给水量、蒸汽流量等与负荷指令相适应，实现负荷控制的任务。因此，协调级和锅炉、汽轮机子系统的控制质量都直接影响机组负荷控制的品质，只有保证在都具备较高控制质量的前提下，才可能有较高的负荷控制质量，完成机组负荷控制任务。

三、负荷管理控制中心

单元机组负荷管理控制中心的主要功能是接受外部的负荷需求指令，根据机组主辅机运行情况，将其处理成与机、炉当前运行状态相适应的机组实际负荷指令 P_0。实际负荷指令又称为单元机组负荷指令（Unit Load Demand，ULD）。

在机组正常工况与异常工况下，负荷指令的处理是不一样的。在正常工况时，按需要控制，实际指令跟踪（就等于）目标指令；在异常工况（能力受限制）时，按可能控制，目标指令跟踪实发功率，或者跟踪实际指令。

（一）正常工况下负荷指令处理

在机组的设备及主要参数都正常的情况下，机组通常接受三个外部负荷指令，分别是：

（1）电网调度所的负荷分配指令 ADS；

（2）值班员手动指令（就地负荷指令）；

（3）电网一次调频所需负荷指令。

一般根据机组的运行状态和电网对机组的要求，选择其中的一种或两种指令构成目标负荷指令。其中就地负荷指令和 ADS 指令不可同时选中，即只能两者选其一。但在选择就地负荷指令或 ADS 指令情况下都可参加一次调频，即所选的负荷指令与一次调频指令相叠加。

随着机组自动化功能的提高，厂级监控信息系统（Supervisory Information System，SIS）等也可发出负荷指令，即负荷指令的选项会增多，但基本原理相同。

正常工况下，负荷指令一般受到以下限制。

1. 负荷指令变化速率限制

ADS 指令是电网调度所利用计算机，根据系统各类型机组的特点，对所带的负荷、系统潮流分布、电力系统稳定性计算和负荷需求量平衡计算等情况，做出负荷在各机组的最佳负荷分配指令；就地负荷指令是机组值班员根据对机组的负荷要求，通过负荷设定器发出的负荷指令。这两个指令信号都近似于阶跃形式，而这种形式的指令是机组所不能接受的，需将阶跃信号处理成以一定斜率变化的斜坡信号，其终值等于负荷指令值。

机组参加调频时，当频率偏差信号为正时（电网频率低于给定频率），只要机组尚有增加负荷的能力，这个正的频率偏差信号，使机组增加负荷；反之，若机组无增加负荷的能力，则要限制机组参加调频。当频率偏差信号为负时（电网频率高于给定频率），这时电网要求机组减负荷。因为电网要求发电机组具有快速调频能力，故调频信号一般不加速率限制。

2. 运行人员所设定的最大、最小负荷限制

运行人员可根据机组的状况，设定机组的最大、最小负荷，只允许负荷指令在该范围内变化。

图 5-9 给出了正常工况下，负荷指令处理的一种原则性方案。

通过切换器 T1 可以选择电网中心调度所的指令，或机组运行人员在给定器 A1 设定的负荷指令。所选中的目标负荷指令经负荷变化率限制器送至加法器。负荷变化率限制值可以

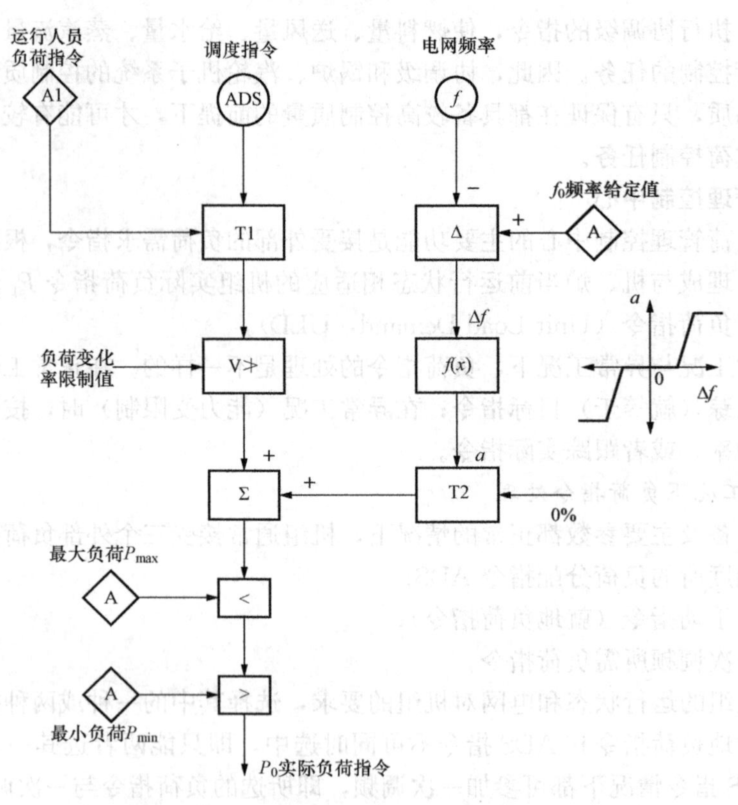

图 5-9 正常工况下负荷指令处理原则性方案

手动设定，或根据锅炉、汽轮机热应力条件自动设定，也可由其他对负荷指令的变化有要求的因素确定。当目标负荷指令的变化率小于设定的负荷变化率值时，变化率限制器不起作用；只有当目标负荷指令的变化率大于给定值时才对它实行限制，使负荷指令的变化率等于设定的变化率。

函数发生器 $f(x)$ 用来规定调频范围和调频特性。其特性相当于死区和限幅环节特性的结合。当频率偏差较小、在死区所规定的范围内时，函数发生器输出为零，以防止频率波动影响机组功率调节；当频率偏差超出死区所规定的范围时，机组根据频率偏差大小调整机组负荷指令；当频率偏差超出限幅值规定的范围时，函数发生器输出保持不变，即不再继续增加机组调频出力。函数发生器的斜率代表了电网对机组调频的负荷分配比例，斜率越大，机组的调频任务越重。

加法器的输出就是对机组发出的总的负荷指令 P_0。

（二）异常工况下负荷指令处理

当机组的主机、主要辅机或设备发生故障，影响到机组的带负荷能力或危及机组的安全运行时，就要对机组的实际负荷指令进行必要的处理，以防止局部故障扩大到机组其他处，以保证机组能够继续安全、稳定地运行。

单元机组的主机、主要辅机或设备的故障原因有两类：

（1）跳闸或切除。这类故障的来源是明确的，可根据切投状况加以确定。

（2）工作异常。这类故障来源是不明确的，无法直接确定，只能通过测量有关运行参数的偏差间接确定。

针对以上两类故障，对机组实际负荷指令的处理方法有四种：

1）负荷返回（Run Back，RB）；

2）快速负荷切断（Fast Cut Back，FCB）；

3）负荷闭锁增/减（Block Increase/Block Decrease，BI/BD）；

4）负荷迫升/迫降（Run Up/Run Down，RU/RD）。

其中，负荷返回RB和快速负荷切断FCB是处理第一类故障的，负荷闭锁增/减（BI/BD）和负荷迫升/迫降（RU/RD）是处理第二类故障的。下面分别进行介绍。

1. 负荷返回RB

负荷返回是针对由于辅机故障减负荷或甩负荷，其主要作用是根据主要辅机的切投状况，计算出机组的最大可能出力值。若实际负荷指令大于最大可能出力值，则发生负荷返回，将实际负荷指令降至最大可能出力值，同时规定机组的负荷返回速率。

因此，负荷返回回路具有两个主要功能：计算机组的最大可能出力值和规定机组的负荷返回速率。

（1）最大可能出力值的计算。当机组运行正常时，机组的最大可能出力值与主要辅机的切投状况直接有关，主要辅机跳闸或切除，最大可能出力值就会减小。因此机组的最大可能出力由投入运行的主要辅机的台数确定。应随时计算最大可能出力值，并将它作为机组实际负荷指令的上限。

发电机组的主要辅机设备有风机（送风机、引风机）、给水泵（电动、汽动给水泵）、锅炉循环水泵、空气预热器以及汽轮机或电气侧设备等。因此，负荷返回RB的主要类型包括送风机RB、引风机RB、一次风机RB、给水泵RB、磨煤机RB等。对于某一台辅机，都有一个对应机组容量的负荷百分数。根据共同运行的台数，将它们的负荷百分数相加，即可确定该种辅机所能承担的最大可能出力。从各种辅机负荷百分数中选出最小值，就是机组的最大可能出力值。

FSSS（furnace safeguard supervisory system）系统根据RB目标值将部分磨煤机切除，保留与机组负荷相适应的磨煤机台数。送风机（或引风机、一次风机）RB发生时，一般需要切掉对应侧的其他风机，以保证炉膛负压稳定。若风机的执行机构动作及时，也可以将对应侧的其他风机快关，以保证机组辅机RB发生之后能够快速恢复正常调节。

当发生负荷返回时，会自动切换机组的运行方式。若锅炉辅机发生跳闸而产生负荷返回，则机组将以汽轮机跟随方式运行，因为此时锅炉担负机组负荷能力受到限制。同理，若汽轮机辅机发生跳闸而产生负荷返回，则机组将以锅炉跟随方式运行。某300MW机组辅机故障减负荷时的运行方式切换见表5-1。

表5-1　辅机故障减负荷（RB）时的运行方式切换

序号	RB项目	RB目标值	运行方式	FSSS控制	汽轮机旁路控制
1	一台送风机跳闸	50%	COORD→TF	停磨、投油	自动
2	一台引风机跳闸	50%	COORD→TF	停磨、投油	自动
3	一台一次风机跳闸	50%	COORD→TF	停磨、投油	自动
4	一台汽动泵跳闸	50%	COORD→TF	停磨、投油	自动

续表

序号	RB项目	RB目标值	运行方式	FSSS控制	汽轮机旁路控制
5	一台循环泵跳闸	60%	COORD→TF	停磨	自动
6	发电机冷却水电断	30%	COORD→BF	停磨、投油	自动
7	高压加热器旁路	90%	COORD→BF	—	—

注 1序号6、7两项为汽轮机侧RB，其余为锅炉侧RB。
2 RB目标值取决于辅机容量及台数。

（2）负荷返回速率的计算。当机组的主要辅机跳闸或切除时，最大出力阶跃下降，这对于机组来说是一个较大的冲击，为保证负荷返回过程中机组能安全、稳定地继续运行，所以必须对最大可能出力值的变化速率进行限制。

一般对于不同辅机的跳闸，要求的负荷返回速率是不同的。例如，正常工况下，跳一台同容量百分数的给水泵所要求的减负荷速率通常比跳一台送风机的要大。因为，当一台给水泵跳闸时，初期流入锅炉的给水量比流出的蒸汽流量小许多，因此，必须快速减小蒸汽负荷以防锅炉干烧而使事故扩大，而一台送风机跳闸可相对缓慢地减负荷，否则会造成过大的扰动。负荷返回回路应根据不同辅机对返回速率的要求，采取相应的措施给以满足。

图5-10所示为某600MW发电机组负荷返回回路的设计方案。该机组主要选择送风机、引风机、一次风机、汽动给水泵、电动给水泵以及空气预热器为负荷返回监测设备。当其中设备因故跳闸，则发出负荷返回请求，同时计算出负荷返回速率。RB目标值和RB返回速率送到图5-12所示的负荷指令处理回路中去。

2. 负荷快速切断FCB

负荷快速切断FCB（又称快速甩负荷）的作用是当机组突然与电网解列（送电负荷跳闸），或发电机、汽轮机跳闸时，快速切断负荷指令，实现机组快速甩负荷。

负荷快速切断通常考虑两种情况：一种是由于电网系统故障使主断路器跳闸，机组与电网解列（送电负荷跳闸），机组能带厂用电运行（或空载运行），即不停机不停炉；另一种是发电机、汽轮机跳闸，由旁路系统维持锅炉继续运行，即停机不停炉。对于前一种情况，负荷指令必须快速切到厂用电负荷值；对于后一种情况，负荷指令应快速切到0（锅炉仍维持最小负荷运行）。

负荷快速切断回路的功能和负荷返回回路相似，只不过减负荷的速率要大得多。

设置FCB的目的是为故障消除后能快速并网发电。从电网稳定性来看，在一个大电网中应规划若干机组配备FCB功能，尤其是处于电网终端的机组，一旦发生系统故障，具备FCB能力的机组可快速恢复向电网送电，便于整个系统的恢复。

3. 负荷闭锁增/减BI/RD

单元机组第二类故障有燃烧器喷嘴堵塞、风机挡板卡涩、执行器连杆折断、给水调节机构故障等，这类故障属设备工作异常情况，出现这类故障时会造成诸如燃料量、空气量、给水流量等运行参数的偏差增大。

负荷闭锁增/减指的是在机组运行过程中，如果出现下述任何一种情况，就认为设备工作异常，出现故障：①任何一种主要辅机已工作在极限状态，比如送风机工作在最大极限状态；②燃料量、空气量、给水流量等任何一种运行参数与其给定值的偏差已超出规定限值。该回路就对实际负荷指令加以限制，即不让机组实际负荷指令朝着超越工作极限或扩大偏差

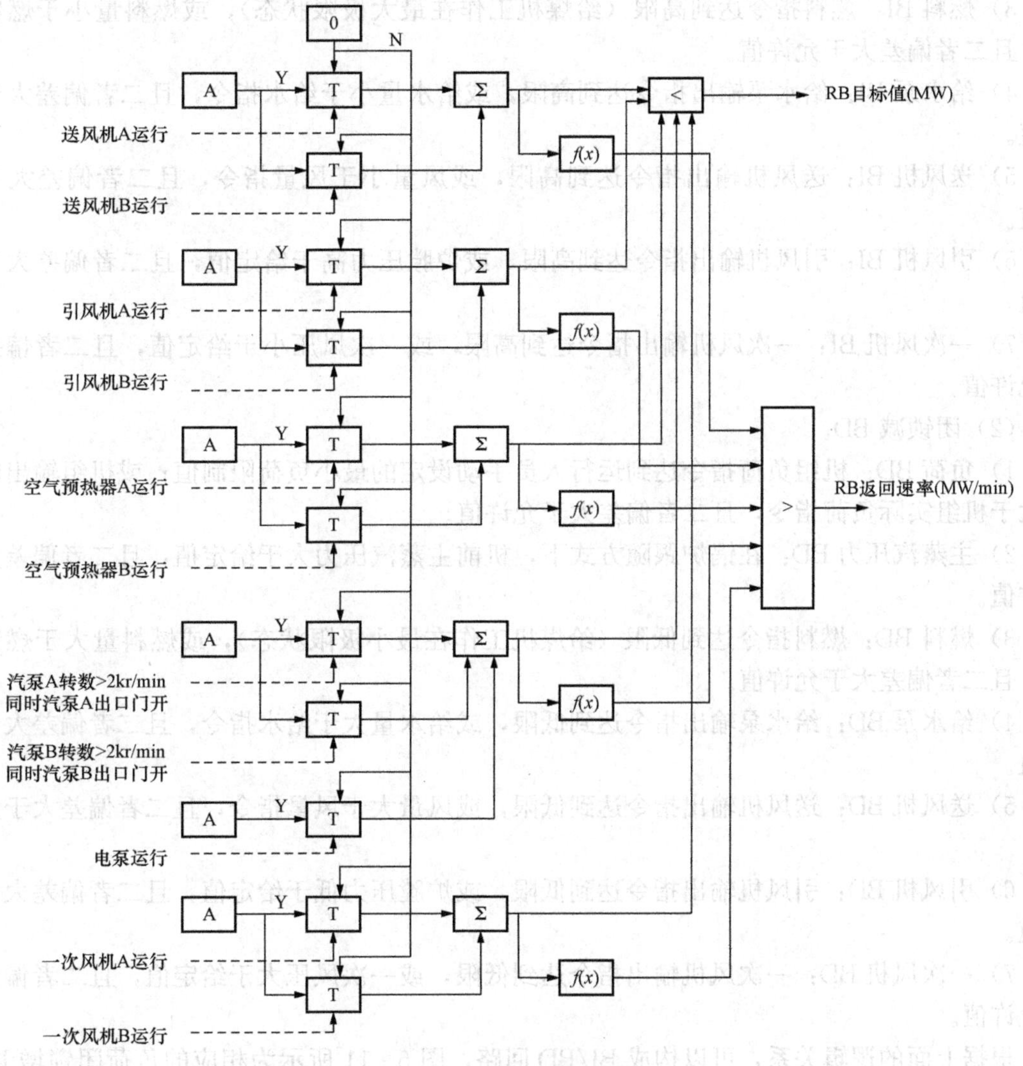

图 5 - 10　负荷返回回路

的方向进一步变化，以防止事故的发生，直至偏差回到规定限值内才解除闭锁，这就是所谓的负荷指令闭锁或负荷闭锁。负荷指令闭锁分闭锁增 BI（实际负荷指令上升方向被闭锁）和闭锁减 BD（实际负荷指令下降方向被闭锁）。

例如，当燃料量的实际值比给定值小到一定数值后，这意味着燃烧系统可能出现某些异常，若负荷指令继续增加，就会使偏差更大，所以，要求阻止负荷指令进一步增加，锁住负荷指令增加，即闭锁增。

引起机组实际负荷指令闭锁的原因主要有：

（1）闭锁增 BI。

1）负荷 BI：机组实际负荷指令达到运行人员手动设定的最大负荷限制值，或机组输出电功率小于机组实际负荷指令，且二者偏差大于允许值。

2）主蒸汽压力 BI：汽轮机负荷达到最大值，或在锅炉跟随方式下，机前主蒸汽压力小于给定值，且二者偏差大于允许值。

3）燃料 BI：燃料指令达到高限（给煤机工作在最大极限状态），或燃料量小于燃料指令，且二者偏差大于允许值。

4）给水泵 BI：给水泵输出指令达到高限，或给水量小于给水指令，且二者偏差大于允许值。

5）送风机 BI：送风机输出指令达到高限，或风量小于风量指令，且二者偏差大于允许值。

6）引风机 BI：引风机输出指令达到高限，或炉膛压力高于给定值，且二者偏差大于允许值。

7）一次风机 BI：一次风机输出指令达到高限，或一次风压小于给定值，且二者偏差大于允许值。

（2）闭锁减 BD。

1）负荷 BD：机组负荷指令达到运行人员手动设定的最小负荷限制值；或机组输出电功率大于机组实际负荷指令，且二者偏差大于允许值。

2）主蒸汽压力 BD：在锅炉跟随方式下，机前主蒸汽压力大于给定值，且二者偏差大于允许值。

3）燃料 BD：燃料指令达到低限（给煤机工作在最小极限状态），或燃料量大于燃料指令，且二者偏差大于允许值。

4）给水泵 BD：给水泵输出指令达到低限，或给水量大于给水指令，且二者偏差大于允许值。

5）送风机 BD：送风机输出指令达到低限，或风量大于风量指令，且二者偏差大于允许值。

6）引风机 BD：引风机输出指令达到低限，或炉膛压力低于给定值，且二者偏差大于允许值。

7）一次风机 BD：一次风机输出指令达到低限，或一次风压大于给定值，且二者偏差大于允许值。

根据上面的逻辑关系，可以构成 BI/BD 回路，图 5-11 所示为相应的负荷闭锁增 BI 逻辑图。

4. 负荷迫升/迫降 RU/RD

对于第二类故障，采取 BI/BD 措施是机组安全运行的第一道防线。当采用 BI/BD 措施后，监测的燃料量、空气量、给水流量等运行参数中的任一参数依然偏差增大，这样需采取进一步措施，使实际负荷指令减小/增大，直到偏差回到允许范围内，从而达到缩小故障危害的目的。这就是实际负荷指令的迫升/迫降 RU/RD。负荷迫升/迫降是机组安全运行的第二道防线。

通常，下列情况之一发生，则产生实际负荷指令迫降 RD。

（1）燃料 RD：燃料指令达到高限（给煤机工作在最大极限状态），同时燃料量小于燃料指令，且二者偏差大于允许值。

（2）给水 RD：给水泵输出指令达到高限（给水泵工作在最大极限状态），同时给水量小于给水指令，且二者偏差大于允许值。

（3）送风机 RD：送风机输出指令达到高限（送风机工作在最大极限状态），同时风量

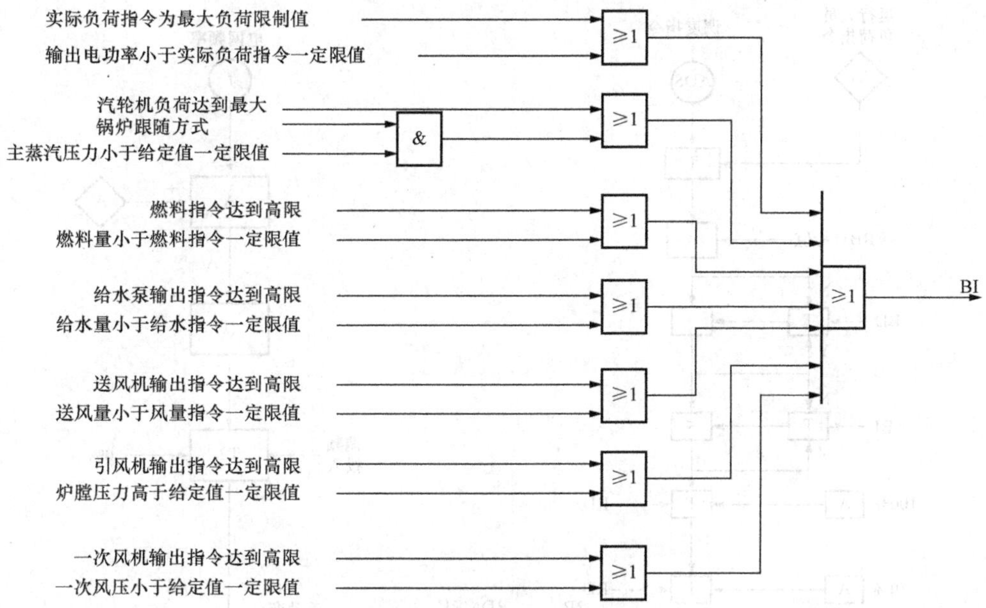

图 5-11　负荷闭锁增 BI 逻辑图

小于风量指令，且二者偏差大于允许值。

(4) 引风机 RD：引风机输出指令达到高限（引风机工作在最大极限状态），同时炉膛压力高于给定值，且二者偏差大于允许值。

(5) 一次风机 RD：一次风机输出指令达到高限（一次风机工作在最大极限状态），同时一次风压小于给定值，且二者偏差大于允许值。

实际负荷指令的迫升与迫降相反，不再列出。根据相应的逻辑关系，可以构成 RU/RD 回路。RU/RD 对偏差信号的监视部分与前述负荷闭锁增/减回路相似，只是把高/低限监控的定值范围取得更大些。RU/RD 逻辑控制信号通过控制图 5-12 所示中相应的切换器 T 即可实现负荷迫升/迫降功能。

另外，还有一种方案，就是只要有关运行参数与其给定值偏差超越限值（此限值高于闭锁增/减的限值），即对实际负荷指令进行迫升或迫降。

从上述分析可看出，异常工况时，根据故障的不同情况，对负荷指令作上述相应的处理后，就得到实际负荷指令。图 5-12 所示是负荷指令处理回路的一种原则性方案，它是在图 5-9 所示的正常工况下负荷指令处理原则性方案上，添加了异常工况下相应负荷指令处理功能。

在图 5-12 中，当未产生负荷闭锁增 BI 时，切换器接 N 端，小值选择器两输入端相同，其输出值等于输入值。当异常工况下，产生负荷闭锁增 BI 信号时，切换器接 Y 端，小值选择器的一输入端为原小值选择器的输出值，如果这时负荷指令增大，则小值选择器将选择原输出值作为小值选择器的输出值，因此闭锁了负荷指令增大的要求。负荷闭锁减 BD 的原理与闭锁增 BI 原理相似，只不过闭锁方向相反。

当发生负荷迫降 RD 时，切换器接 0%，迫降实际负荷指令 P_0 向 0%负荷方向变化，其下降速率由 RD 信号控制切换器接 RD/RU 速率，并将该速率送到速率限制回路中，限制实

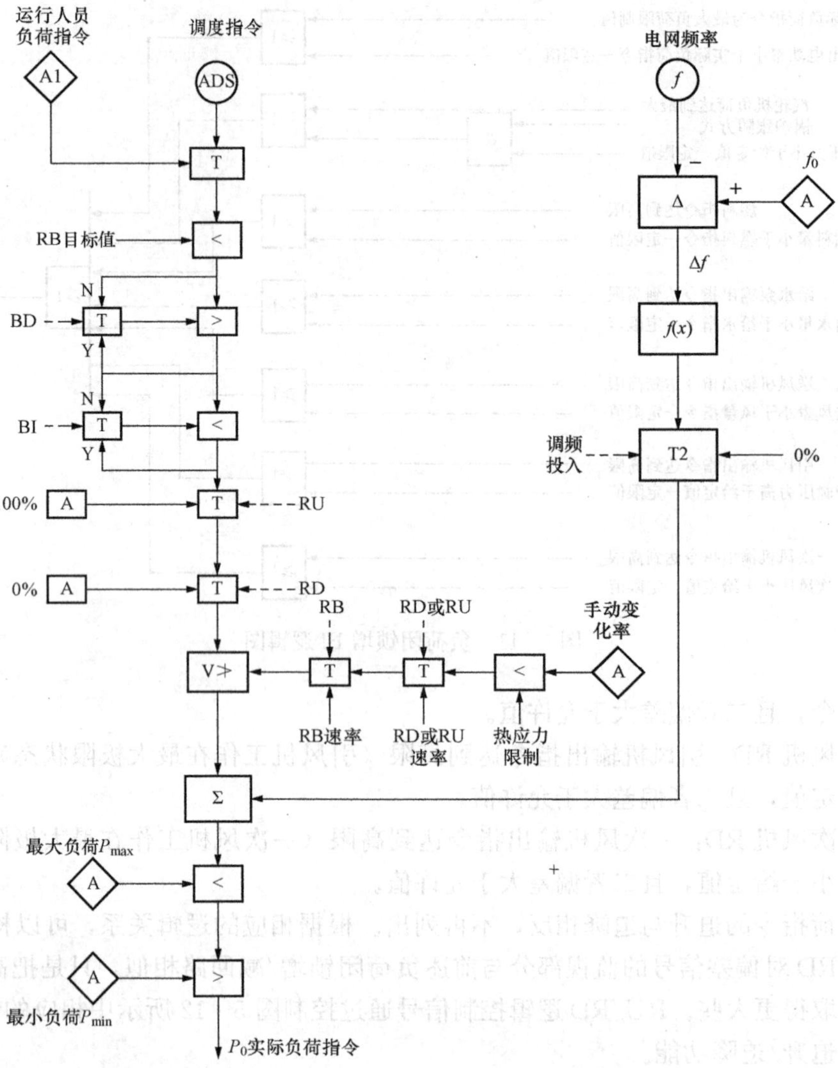

图 5-12 负荷指令处理回路原则性方案

际负荷指令 P_0 下降速度，此时强迫机组减负荷直到 RD 信号消失为止。

四、机炉主控制器

单元机组协调控制系统的机炉主控制器提供对锅炉和汽轮发电机组的全面控制，它由锅炉主控制器（BM）和汽轮机主控制器（TM）组成，主要用于协调机组负荷控制的内部矛盾，即机组功率响应与主蒸汽压力稳定之间的矛盾。

机炉主控制器的功能主要包括：

（1）接受 LMCC 输出的负荷指令 P_0、机组实发电功率 P_E 和机前主蒸汽压力偏差（$\Delta p=p_0-p_T$）信号，按照选定的基本控制方式（锅炉跟随或汽轮机跟随方式），进行常规的反馈控制运算。

（2）根据机、炉之间能量供求关系的平衡要求，在反馈控制的基础上，引入某种前馈控制，使机、炉之间能量在失去或刚要失去平衡时，及时按照机炉双方的特性采取前馈控制运算，以产生一种限制能量失衡在较小范围内的控制作用。这一功能是协调控制的核心。

(3) 根据不同的控制方式和前馈—反馈控制运算结果，发出适应外部负荷需求或满足机组运行要求的汽轮机负荷指令 P_T 和锅炉负荷指令 P_B，以指挥各子控制系统的运算。

(4) 实现不同控制方式（如锅炉跟随、汽轮机跟随、协调控制等方式）之间的切换。控制方式的切换可根据机组的运行状况手动或自动进行。

根据机炉主控制器设计思想和运行方式的不同，机炉主控制器有多种不同的分类方案。下面分别介绍它们的工作原理及主要特点。

（一）以反馈回路分类

按反馈回路分类有以锅炉跟随为基础的协调控制方式、以汽轮机跟随为基础的协调控制方式和综合型协调控制方式。

1. 以锅炉跟随为基础的协调控制方式（CCBF）

锅炉跟随方式中，汽轮机控制机组输出功率，锅炉控制汽压。由于机、炉动态特性的差异，锅炉侧对汽压的控制作用跟不上汽轮机侧调节机组输出功率对汽压产生的扰动作用。因此，单靠锅炉控制汽压通常得不到好的控制质量。如果让汽轮机侧在控制机组输出功率的同时，配合锅炉侧共同控制汽压，就可能改善汽压的控制质量。为此，只需在锅炉跟随方式的基础上，再将汽压偏差 Δp 通过函数器 $f(x)$ 引入汽轮机主控制器，就形成了以锅炉跟随为基础的协调控制方式，如图 5-13 所示。

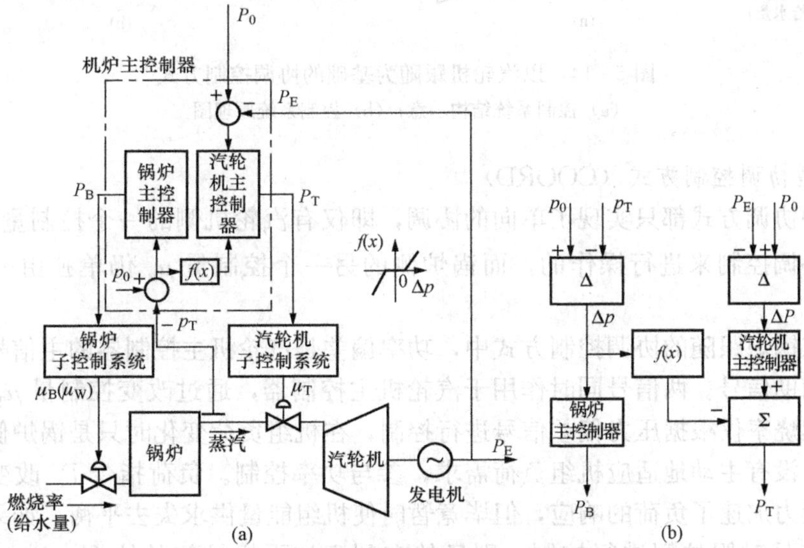

图 5-13　以锅炉跟随为基础的协调控制方式

(a) 控制系统结构示意；(b) 控制系统原理图

在图 5-13 (a) 中，用虚线围成的矩形内为机炉主控制器。它输出的锅炉控制指令为 P_B，作用于锅炉子控制系统，用以改变燃烧率和给水流量；输出的汽轮机主控指令为 P_T，作用于汽轮机子控制系统，即 DEH 系统，用以改变调节汽门开度。

2. 以汽轮机跟随为基础的协调控制方式（CCTF）

汽轮机跟随方式中，汽轮机控制汽压，锅炉控制机组输出功率。用汽轮机调节汽门控制主蒸汽压力，几乎没有迟延，故能保持汽压稳定，而锅炉的延迟特性使机组输出功率的响应很慢，在负荷指令增加时不但没有利用锅炉的蓄热，还因压力提高而先增加蓄热，尤其是滑压运行时。如果让汽轮机侧在控制汽压的同时，配合锅炉共同控制机组输出功率，就可以利用锅炉的蓄热提高机组输出功率的控制质量。为此，只需在汽轮机跟随方式的基础上，再将机组功率偏差信号引入汽轮机主控制器，就形成以汽轮机跟随为基础的协调控制方式，如图5-14所示。

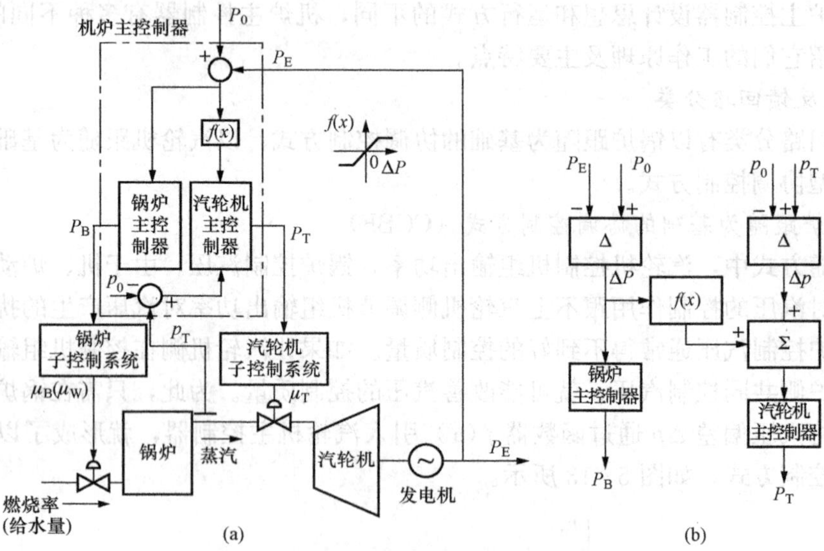

图5-14 以汽轮机跟随为基础的协调控制方式

(a) 控制系统结构示意；(b) 控制系统原理图

3. 综合型协调控制方式（COORD）

前述两种协调方式都只实现了单向的协调，即仅有汽轮机侧的一个控制量 μ_T 是通过两个被控量的协调控制来进行操作的，而锅炉侧的另一个控制量 μ_B 仍单独由一个被控量来控制。

例如，在锅炉跟随的协调控制方式中，功率偏差是汽轮机主控制器的主信号，压力偏差信号是它的辅助信号。两信号同时作用于汽轮机主控制器，通过改变控制量 μ_T 实现功率控制。而锅炉燃烧率仅根据压力偏差信号进行控制，在机组负荷变化时只是锅炉侧被动地维持主蒸汽压力，没有主动地适应机组负荷需求，参与功率控制。负荷指令 P_0 改变时，尽管利用锅炉蓄热能力加速了负荷的响应，但毕竟暂时使机组能量供求失去平衡。如果能同时相应地引入功率信号对锅炉侧进行控制，则显然有利于加强机炉间的协调，进一步提高控制质量。

综合型协调控制方式能够实现双向的协调，即任一控制量的动作都要同时考虑两个被控量的要求，协调操作加以控制。相应地，任一被控量的偏差都是通过机、炉两侧的两个控制量协调动作来消除的。图5-15（a）为综合型协调控制方式结构示意图，图5-15（b）为综合型协调控制方式原理图。

（二）以能量平衡分类

以能量平衡分类有直接能量平衡控制方式（Direct Energy Balance，DEB）和指令直接平衡控制系统（Direct Instruction Balance，DIB）。

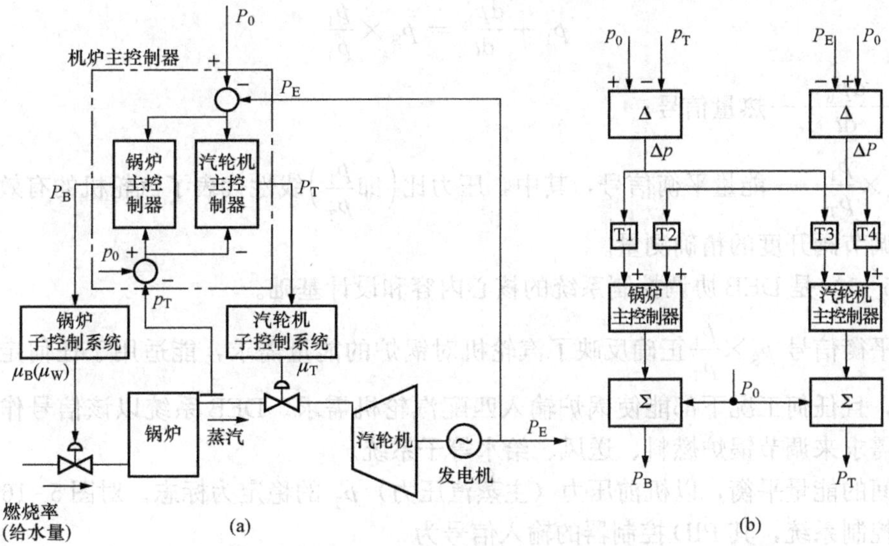

图 5 - 15 综合型协调控制方式

（a）控制系统结构示意；（b）控制系统原理图

1. 直接能量平衡协调方式

DEB 协调控制实际上是一种特殊的以锅炉跟随为基础的协调控制，图 5 - 16 为采用 MAX1000 的 DEB-400 协调控制系统的原则性框图。

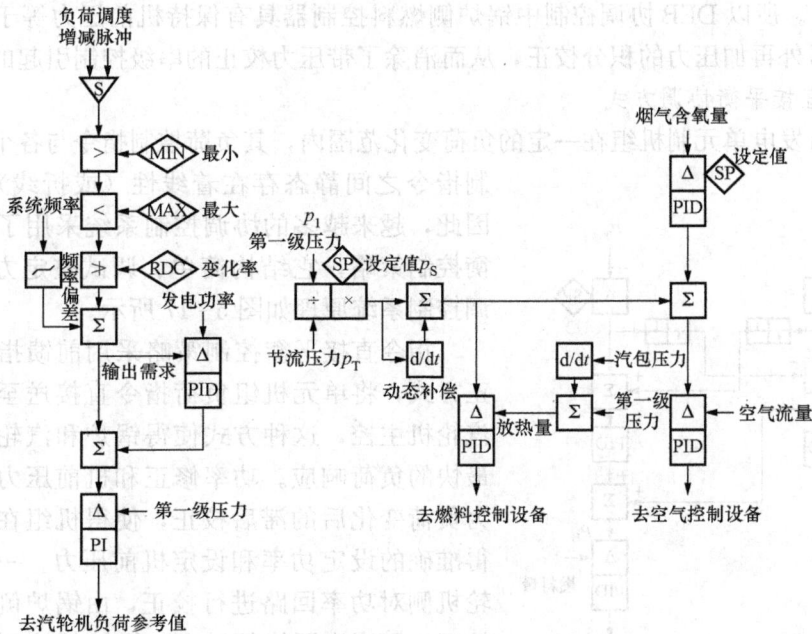

图 5 - 16 DEB 协调控制系统原则性框图

所谓直接能量平衡（DEB）是指锅炉热量释放应该和机组能量需求相平衡，即

$$p_1+\frac{\mathrm{d}p_b}{\mathrm{d}t}=p_S\times\frac{p_1}{p_T} \tag{5-1}$$

式中 $p_1+\frac{\mathrm{d}p_b}{\mathrm{d}t}$——热量信号；

$p_S\times\frac{p_1}{p_T}$——能量平衡信号，其中，压力比$\left(即\frac{p_1}{p_T}\right)$线性代表了汽轮机的有效阀位，提供了实际调节阀开度的精确测量。

式（5-1）是DEB协调控制系统的核心内容和设计基础。

能量平衡信号$p_S\times\frac{p_1}{p_T}$正确反映了汽轮机对锅炉的能量需求，能适用于任何定压或滑压运行工况，且任何工况下都能使锅炉输入匹配汽轮机需求。DEB系统以该信号作为响应汽轮机能量需求来调节锅炉燃料、送风、给水等子系统。

机炉间的能量平衡，以机前压力（主蒸汽压力）p_T的稳定为标志。对图5-16所示锅炉侧的燃料控制系统，其PID控制器的输入信号为

$$e_f=SP-PV=\left(p_S\times\frac{p_1}{p_T}\right)-\left(p_1+\frac{\mathrm{d}p_b}{\mathrm{d}t}\right)=(p_S-p_T)\times\frac{p_1}{p_T}-\frac{\mathrm{d}p_b}{\mathrm{d}t}=e_p\times\frac{p_1}{p_T}-\frac{\mathrm{d}p_b}{\mathrm{d}t} \tag{5-2}$$

式中，$e_p=p_S-p_T$，即机前压力偏差。

对稳态工况，有$\frac{\mathrm{d}p_b}{\mathrm{d}t}=0$，$e_f=0$，则$e_p\times\frac{p_1}{p_T}=e_f=0$。由于$\frac{p_1}{p_T}$不可能为0，则必然有$e_p=0$，即$p_T=p_S$。所以DEB协调控制中锅炉侧燃料控制器具有保持机前压力等于其给定值的能力，无需另外再加压力的积分校正，从而消除了带压力校正的串级控制引起的问题。

2. 指令直接平衡协调方式

现代火力发电单元制机组在一定的负荷变化范围内，其负荷控制指令与各个子系统的控制指令之间静态存在着线性（或折线）比例关系。因此，越来越多的协调控制系统采用了指令直接平衡控制策略，它结构简单、调试整定方便。DIB协调控制系统原理如图5-17所示。

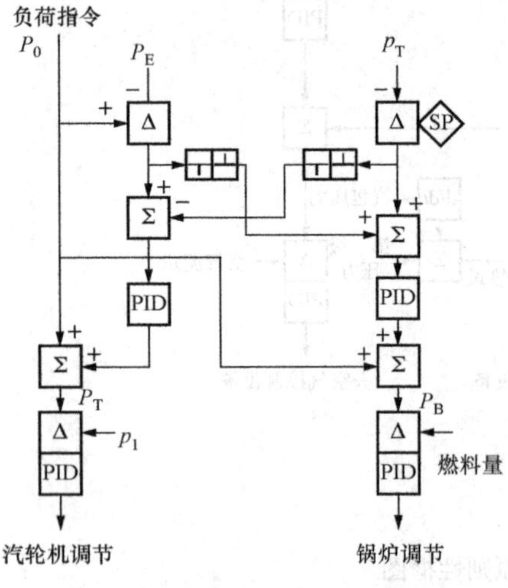

图5-17 DIB协调控制系统原理图

指令直接平衡控制策略采用前馈指令＋闭环校正方式，将单元机组负荷指令直接送至锅炉主控和汽轮机主控，这种方式使得锅炉和汽轮机同时获得最快的负荷响应。功率修正和机前压力修正回路作为负荷变化后的滞后校正，使得机组在稳定工况获得准确的设定功率和设定机前压力。一般采用由汽轮机侧对功率回路进行校正，由锅炉侧对汽压进行校正，而当汽压偏差过大，锅炉的控制不能及时调整时，则由锅炉和汽轮机共同对汽压进行控制，保证汽压偏差不超过允许范围。

五、滑压运行控制

单元机组有定压运行和滑压运行两种方式。定压运行是在维持机前压力不变的条件下，用改变调节阀的开度来改变机组输出功率。滑压运行时，调节阀的开度固定在某一位置，主蒸汽压力随机组负荷指令变化而变化，机组负荷的变化靠改变汽轮机进汽压力来实现。因为蒸汽的比热容随着压力的降低而减小，变压运行中，当主蒸汽压力随着负荷下降而下降时，在一定的变化范围内主蒸汽温度和再热蒸汽温度可以保持基本不变。这样负荷变化时，汽轮机各级温度可以保持基本不变，这就大大减小了汽轮机各级，特别是调节级的热应力和热变形，提高了汽轮机的负荷适应性。所以，目前大型单元机组多采用滑压运行。

滑压运行是建立在机组负荷协调控制之上的一种运行方式。控制系统的结构与定压运行基本相同，主要区别在于定压运行时主蒸汽压力给定值由运行人员手动设定，滑压运行时主蒸汽压力定值随着负荷指令变化而变化。实际应用时，多采用定压与滑压相结合的定压/变压复合运行方式。即机组负荷低于某一下限（如20%～30%额定负荷）、或高于某一上限（如80%～90%额定负荷）时，采用定压方式，而在负荷的上、下限之间采用滑压运行方式。压力给定值、汽轮机调节汽门开度与负荷之间的关系如图5-18（a）所示。当负荷小于P_1时，主蒸汽压力保持为最低值，增大负荷靠开大汽轮机调节汽门进行；当负荷在P_1～P_2之间时，采用滑压运行方式，阀门开度固定在适当值，增加负荷靠增加主蒸汽压力来进行；当机组负荷大于P_2时，采用定压运行方式，用改变调节汽门开度来控制机组负荷，以增强机组的调频能力。

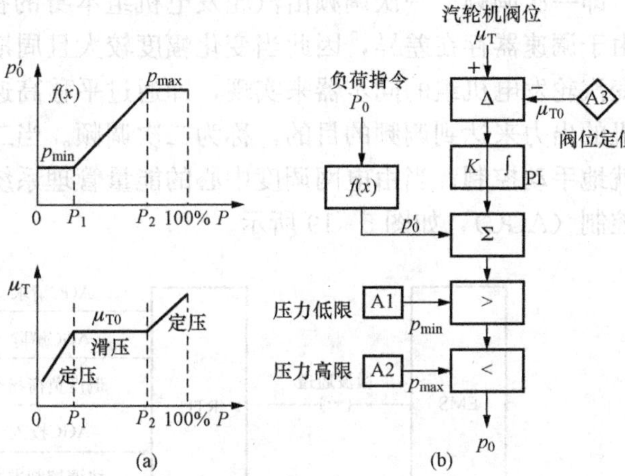

图5-18　滑压运行主蒸汽压力给定值形成原理图

（a）各量之间关系图；（b）原理图

在低负荷下采用定压运行，对于稳定锅炉运行是必要的。压力低，机组循环效率低；压力过低，汽温也会明显降低。并且还有低负荷下燃烧的稳定性问题。尤其是直流锅炉，当变压运行至某一较低负荷时，水冷壁系统压力低，汽水比体积变化较大，水动力特性变差。一旦发生水动力不稳定，则各并列管子中工质的流量会出现很大的差别，管子出口工质的参数也就大不相同。有些管子的出口为饱和蒸汽甚至过热蒸汽，另一些管子则为汽水混合物，甚至为水。在同一根管子中也会发生流量时大时小的情况，水冷壁的冷却条件大大恶化，发生部分水冷壁管超温的现象。同时，压力过低对给水泵的稳定运行也不利。

在高负荷下采用定压运行，对于提高机组负荷的适应性也是必要的。滑压运行虽然改善了汽轮机的热应力和热变形，提高了汽轮发电机组的负荷适应性，但对锅炉侧而言，滑压运行比定压运行惯性更大。因为增加负荷必须先提高汽压，此时锅炉的蓄热不但不能利用，还因提高压力要新增一部分蓄热，这样就进一步加大了锅炉的迟延时间。因此，对于同一机组，滑压运行的负荷响应速度比定压运行差。另外，当机组在高负荷区运行时，阀门开度较大，定压运行的节流损失并不大，尤其是喷嘴调节的汽轮机，节流损失更小，故在高负荷段宜采用定压运行。

滑压运行主蒸汽压力给定值形成回路的原理如图 5-18（b）所示。机组实际负荷指令 P_0 经函数器 $f(x)$ 形成滑压运行主蒸汽压力定值 p_0'，与汽轮机调节汽门开度校正器 PI 的输出叠加后，经上、下限幅，输出主蒸汽压力给定值 p_0，作为协调控制系统的压力定值信号。

最后指出，超临界锅炉与汽包锅炉相比，由于其蓄热能力小，且允许压力波动的幅度较大，更宜于采用滑压运行。

六、自动发电控制（AGC）

电力系统的频率和功率的调整一般是按负荷变动周期的长短及幅度的大小进行分别调整的。

对于幅度较小、变动周期短的微小分量，主要是靠单元机组调速系统来自动调速完成的，即一次调频。一次调频由汽轮发电机组本身的控制系统直接调节，因而其响应速度快。但由于调速器存在差异，因此当变化幅度较大且周期较长的变动负荷分量存在时，则要通过改变汽轮发电机组的同步器来实现，即通过平移高速系统的调节静态特性，从而改变汽轮发电机的出力来达到调频的目的，称为二次调频。当二次调频由电厂运行人员就地设定时，称为就地手动控制；当由电网调度中心的能量管理系统来实现遥控自动控制时，则称为自动发电控制（AGC），如图 5-19 所示。

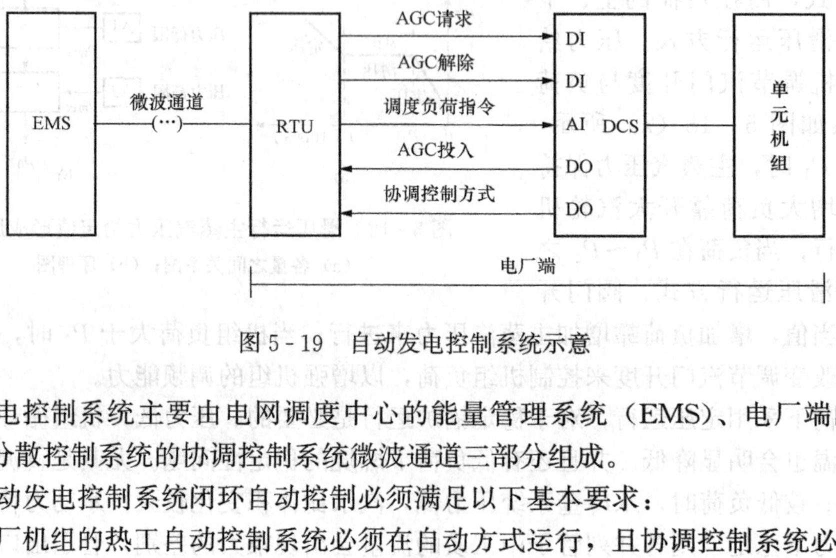

图 5-19　自动发电控制系统示意

自动发电控制系统主要由电网调度中心的能量管理系统（EMS）、电厂端的远方终端（RTU）和分散控制系统的协调控制系统微波通道三部分组成。

实现自动发电控制系统闭环自动控制必须满足以下基本要求：

(1) 电厂机组的热工自动控制系统必须在自动方式运行，且协调控制系统必须在协调控制方式。

(2) 电网调度中心的能量管理系统、微波通道、电厂端的远方终端 RTU 必须都在正常工作状态，并能从电网调度中心的能量管理系统的终端 CRT 上直接改变机、炉协调控制系统中的调度负荷指令。机、炉协调控制系统能直接收到从能量管理系统下发的要求执行自动发电控制的“请求”和“解除”信号、“调度负荷指令”的模拟量信号（标准接口为 4～20mA DC），能量管理系统能接收到机组协调控制系统的反馈信号、协调控制方式信号和 AGC 已投入信号。

(3) 能量管理系统下达的“调度负荷指令”信号与电厂机组实际出力的绝对偏差必须控制在允许范围内。

（4）机组在协调控制方式下运行，负荷由运行人员设定称为就地控制；接受调度负荷指令，直接由电网调度中心控制称为远方控制。就地控制和远方控制之间相互切换是双向无扰动的。在就地控制时，调度负荷指令自动跟踪机组实发功率；在远方控制时，协调控制系统的手动负荷设定器的输出负荷指令自动跟踪调度负荷指令。

【任务准备】

一、引导问题

学习完相关知识后，需回答下列问题：

（1）单元机组的负荷控制方式有哪些？

（2）协调控制系统有哪几部分组成？

（3）协调控制方案有哪几种？

【任务实施】

分析协调控制系统的结构与工作原理。下面的分析过程仅供参考。

一、系统概述

机炉协调控制系统将单元机组作为一个整体来考虑，在保证机组安全稳定运行的前提下，使机组的负荷尽快满足运行人员或电网调度所发出的负荷指令。机炉协调控制主控回路发出的控制指令最终形成锅炉主控指令和汽轮机主控指令。图 5-20 所示为协调控制监控画面。

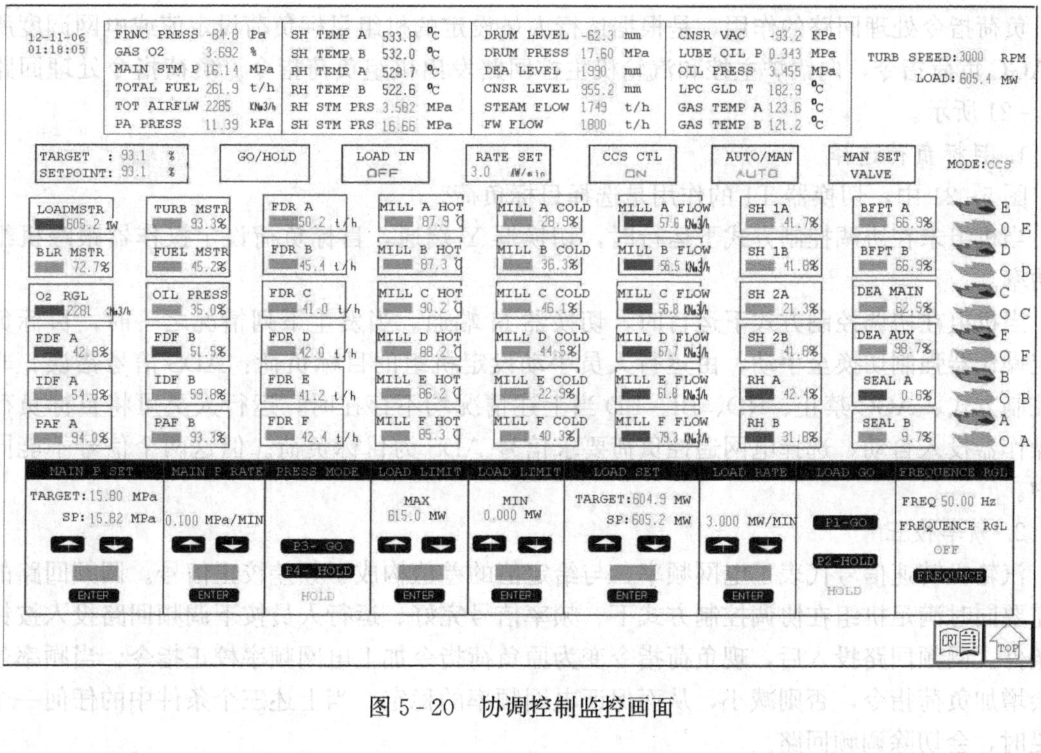

图 5-20 协调控制监控画面

机炉协调控制共有以下四种独立的控制方式：

（1）当锅炉主控制器和汽轮机主控制器均为手动时，采用基本方式（BASE MODE）。在基本方式下，锅炉燃烧率指令手动给定，汽轮机调节阀由DEH独立控制。

（2）当锅炉主控制器为自动，汽轮机主控制器为手动时，采用锅炉跟随方式（BF MODE）。在锅炉跟随方式下，机前主蒸汽压力（机前压力）由锅炉燃烧率自动控制，汽轮机调节阀由DEH独立控制。

（3）当锅炉主控制器为手动，汽轮机主控制器为自动时，采用汽轮机跟随方式（TF MODE）。在汽轮机跟随方式下，主蒸汽压力由汽轮机调节阀自动控制，机组功率由运行人员手动控制。

（4）当锅炉主控制器和汽轮机主控制器均为自动时，采用协调控制方式（CCS MODE）。该机组采用以锅炉跟随为基础的协调控制方式（CCBF），即主蒸汽压力通过锅炉燃烧率自动控制，机组功率通过汽轮机调节阀自动控制。

在协调控制和锅炉跟踪方式下，可以采用滑压控制。滑压控制时，主蒸汽压力的设定值根据机组负荷经函数发生器自动设定。在机组定压控制时，主蒸汽压力的设定值由运行人员在操作员站上手动设定。

机炉协调控制可划分为以下几个部分：

（1）机组负荷指令；

（2）主蒸汽压力设定；

（3）锅炉主控；

（4）汽轮机主控。

二、负荷指令处理回路

负荷指令处理回路的作用，是根据运行人员设定的机组目标负荷设定值或电网调度所来的AGC负荷指令，向锅炉主控和汽轮机主控回路发出机组负荷指令。负荷指令处理回路如图5-21所示。

1. 目标负荷选择

图5-21中，切换器T1的作用是选择目标负荷。

当机组未在协调控制方式下运行时，切换器Y端通，目标负荷设定操作器跟踪机组实际功率。

当机组在协调控制方式下运行时，切换器N端通。当发生下列情况之一时，目标负荷设定操作器强制切换至手动，由运行人员手动设定机组的目标负荷：ADS信号错误、非协调控制方式、AGC禁止、RD、BI、BD当上述情况均不存在时，运行人员可将目标负荷设定操作器投入自动，选择电网遥控负荷要求信号ADS为目标负荷。但这两个信号不能同时选中。

2. 频率校正

汽轮机转速信号代表了电网频率，与给定值的差值构成了频差校正信号。调频回路的投入需要同时满足机组在协调控制方式下、频率信号完好、运行人员按下调频回路投入按钮三个条件。调频回路投入后，现负荷指令变为原负荷指令加上电网频率校正指令。当频率过低时会增加负荷指令，否则减小，从而保证电网频率的稳定。当上述三个条件中的任何一个不满足时，会切除调频回路。

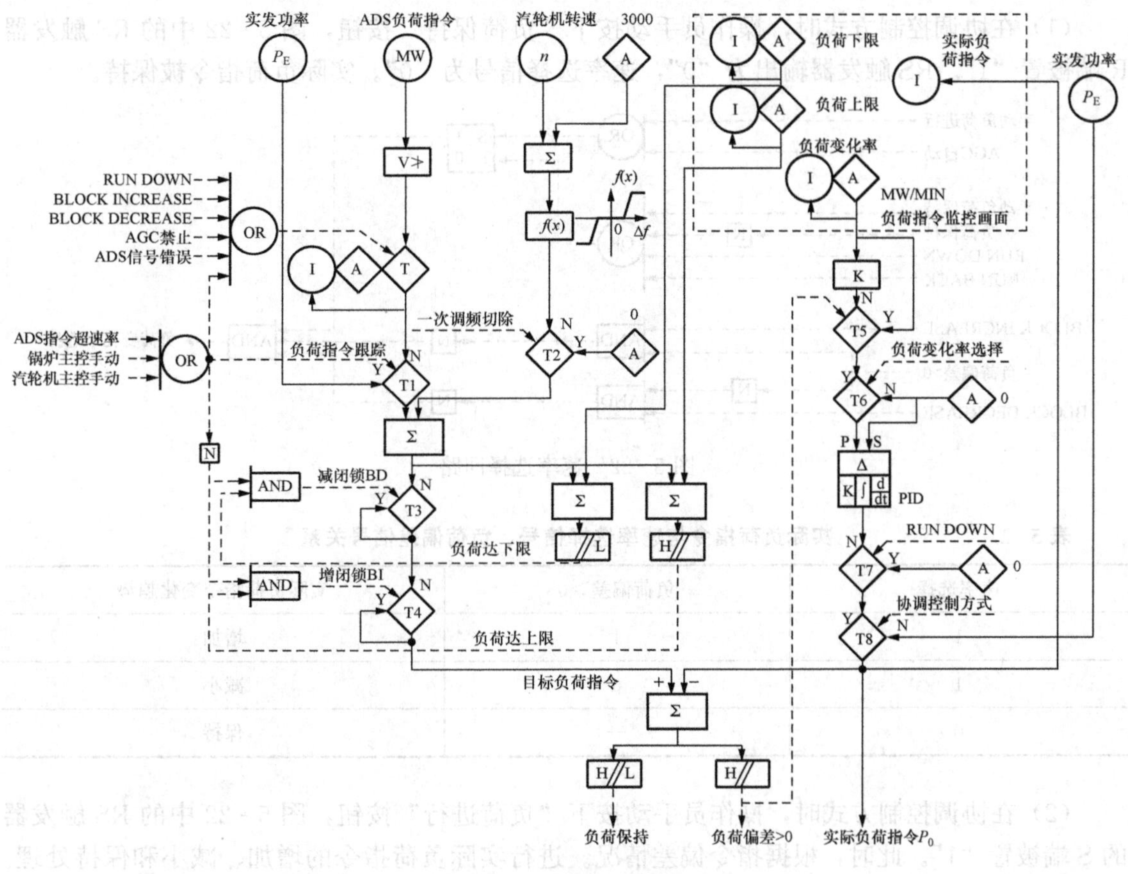

图 5-21　负荷指令处理回路

3. 实际负荷指令形成

当机组为协调控制方式时，根据实际负荷指令与目标负荷指令的偏差方向，通过负荷偏差信号的“1”和“0”控制切换器 T5 选择负荷变化速率与方向。利用 PID 控制器中的积分作用进行实际负荷指令的增加或减少。

当 ADS 指令为增大时，目标负荷指令大于实际负荷指令，图 5-21 中的“负荷偏差＞0”为“1”，控制切换器将正负荷变化速率送入 PID 控制器中，进行正向积分，使得实际负荷指令不断增加，直到实际负荷指令与目标负荷指令相等为止。

当 ADS 指令减少时，目标负荷指令小于实际负荷指令，“负荷偏差＞0”为“0”，负荷变化速率经比例器 K 送入 PID 控制器中，由于 K 为一个负值，所以此时为反向积分，实际负荷指令将减小，直到实际负荷指令与目标负荷指令相等为止。

当实际负荷指令与目标负荷指令相等时，图 5-21 中的“负荷保持”信号为“0”，该信号送到图 5-22 中的速率选择信号回路中，使得 R-S 触发器被置“0”，这时，速率选择信号为“0”，这样图 5-21 中的切换器 T6 将 0 送到 PID 控制器中，停止积分作用，实际负荷指令停止变化。

由此可见，利用速率选择信号和负荷偏差信号，实现了实际负荷指令增加、减少或保持。表 5-2 为在协调控制方式下，实际负荷指令与速率选择信号、负荷偏差信号的关系。

除了上面介绍的对实际负荷指令的基本处理方法外，还有以下几种处理情况：

(1) 在协调控制方式时，操作员手动按下“负荷保持”按钮，图 5-22 中的 RS 触发器 R 端被置“1”。RS 触发器输出为“0”，速率选择信号为“0”。实际负荷指令被保持。

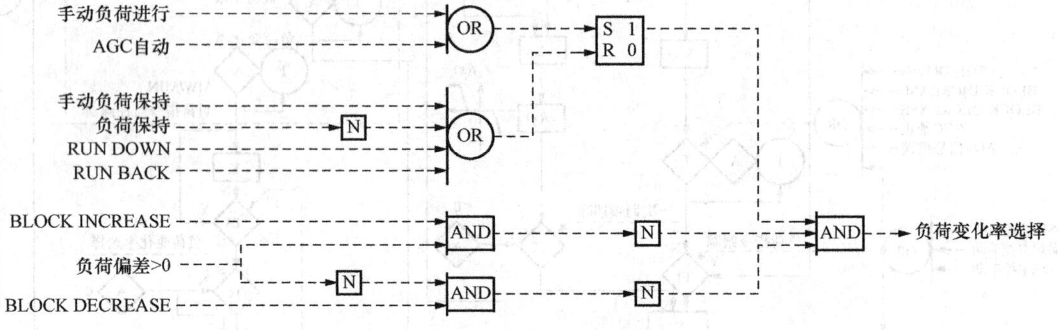

图 5-22 速率选择回路

表 5-2 实际负荷指令与速率选择信号、负荷偏差信号关系

速率选择	负荷偏差>0	实际负荷指令变化趋势
1	1	增加
1	0	减小
0	—	保持

(2) 在协调控制方式时，操作员手动按下“负荷进行”按钮，图 5-22 中的 RS 触发器的 S 端被置“1”。此时，根据指令偏差情况。进行实际负荷指令的增加、减小和保持处理。如“负荷保持”信号为“1”，则表示实际负荷指令与目标负荷指令不相等，RS 触发器 R 端被置“0”，速率选择信号为“1”。根据负荷偏差信号控制实际负荷指令增或减。当“负荷保持”信号为“0”时，表示此时实际负荷指令与目标负荷指令相等。此时，R 端被置“1”，速率选择信号为“0”，实际负荷指令保持。

(3) 在协调控制方式时，AGC 自动或调频回路投入，此时 RS 触发器的 S 端被置“1”。

(4) 在协调控制方式时，当 RD 信号为“1”时。速率选择信号为“0”，图 5-21 中 PID 输出保持，而实际负荷指令被置 0，此时机组被强迫减负荷直到 RD 信号消失为止。

(5) 在协调控制方式时，当 BI 信号为“1”时，如果此时负荷偏差信号为“1”，即实际负荷指令小于目标负荷指令，速率选择信号为“0”，实际负荷指令保持。反之，如果负荷偏差信号为“0”，即实际负荷指令大于目标负荷指令，速率选择信号为“1”，允许实际负荷指令减小操作。因此实现了负荷指令闭锁增功能。

(6) 在协调控制方式时，当 BD 信号为“1”时，原理同（5），但速率选择信号的逻辑切换与（5）相反，由此实现了负荷指令闭锁减功能。

(7) 当 RB 信号为“1”时，机组切汽轮机跟随方式，速率选择信号为“0”，图 5-21 中 PID 输出保持，而实际负荷指令跟踪输出电功率。

4. RB 信号

在 RB 信号生成逻辑中，主要监测的辅机包括给水泵、送风机、引风机、一次风机、空气预热器。在机组负荷大于一定值的情况下，若上述辅机跳闸，则发出 RB 请求。

RB信号发出后，机组控制方式将自动切为汽轮机跟随方式。汽轮机维持主蒸汽压力，锅炉则以预定的RB目标值降低锅炉总燃料量，由FSSS系统根据RB目标值将部分磨煤机切除，保留与机组负荷相适应的磨煤机台数。磨煤机切除顺序遵循由高（F）向低（C）原则，接收到RB指令后，首先会跳F磨煤机，当F磨煤机运行状态消失后延时数秒后，再停止E磨煤机运行，等等依此类推。

图5-23为发生RB后，根据跳闸设备的不同而产生不同的RB目标值和RB速率。

当引风机、送风机、一次风机、空气预热器发生单台跳闸时，产生50%RB信号。当有一台汽动给水泵跳闸且电动给水泵正常联启时，产生75%RB信号；当一台汽动给水泵跳闸且电动给水泵没有正常联启时，产生50%RB信号；当两台汽动给水泵跳闸且电动给水泵正常联启时，产生35%RB信号。当多台设备同时跳闸时，RB目标值选最小值，而RB速率则选最大值。

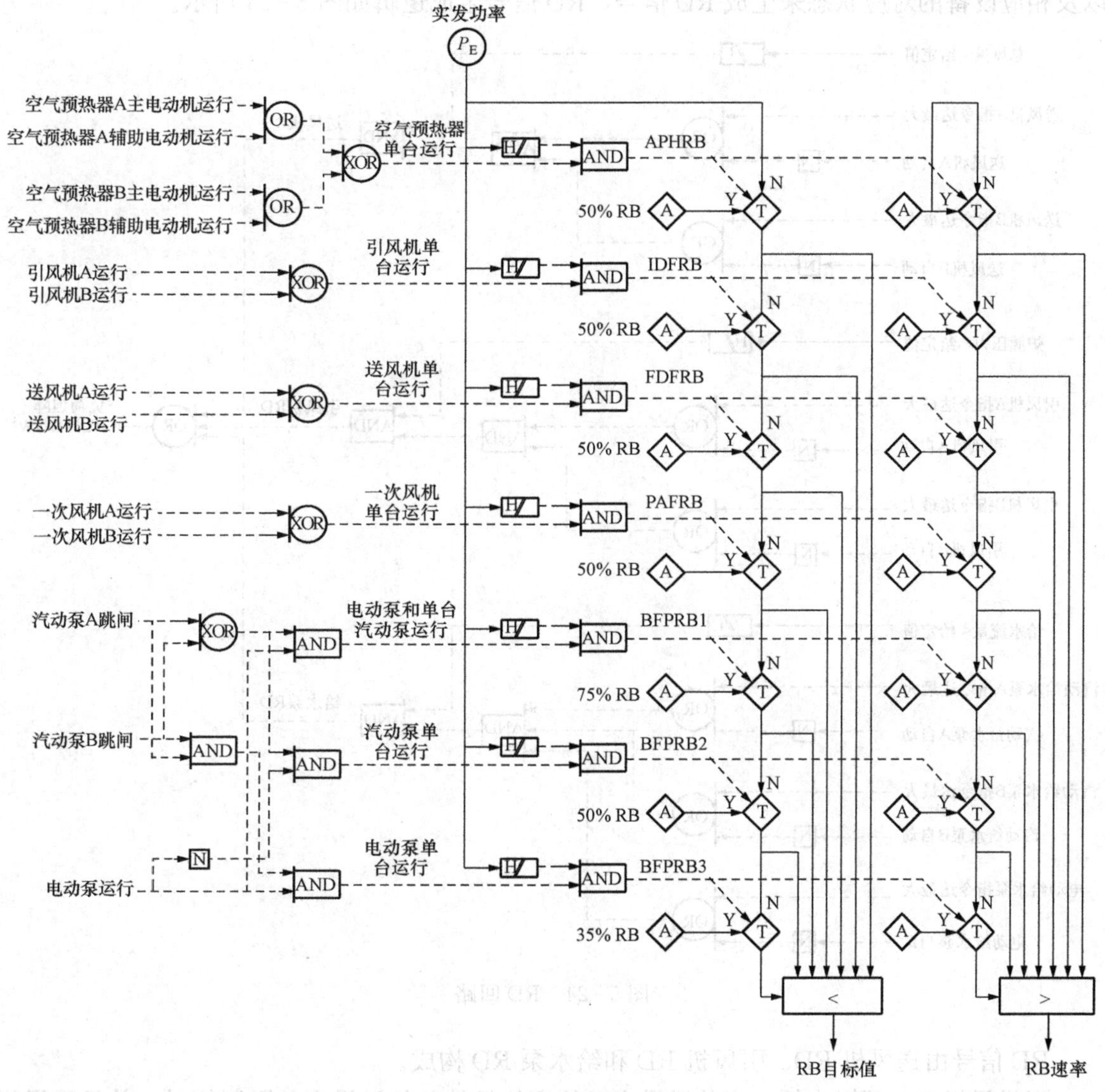

图5-23　RB回路

发生 RB 情况后，机组将快速减少进入炉膛的燃料量，这时机组实际负荷指令跟踪输出电功率，其处理方法如下：

（1）机组负荷大于 330MW，当空气预热器、引风机、送风机或一次风机设备中有任一台跳闸停运，则发生 RB。FSSS 切除磨煤机，保留 3 台磨煤机运行，协调控制方式切至汽轮机跟随方式，机组减负荷至 300MW。

（2）任一汽动给水泵跳闸，电泵联启成功，发 75%RB 信号，保留 4 台磨煤机运行；任一台汽动给水泵跳闸，电泵联启不成功，发 50%RB 信号，保留 3 台磨煤机运行；两台汽动给水泵均跳闸，电泵联启成功，发 35%RB 信号，保留 2 台磨煤机运行，协调控制方式切至汽轮机跟随方式。

5. RD 信号

RD 信号是通过监测总风量、炉膛压力和给水流量这三个量与它们的给定值之间偏差；以及相应设备的对应状态来生成 RD 信号，RD 信号生成逻辑如图 5 - 24 所示。

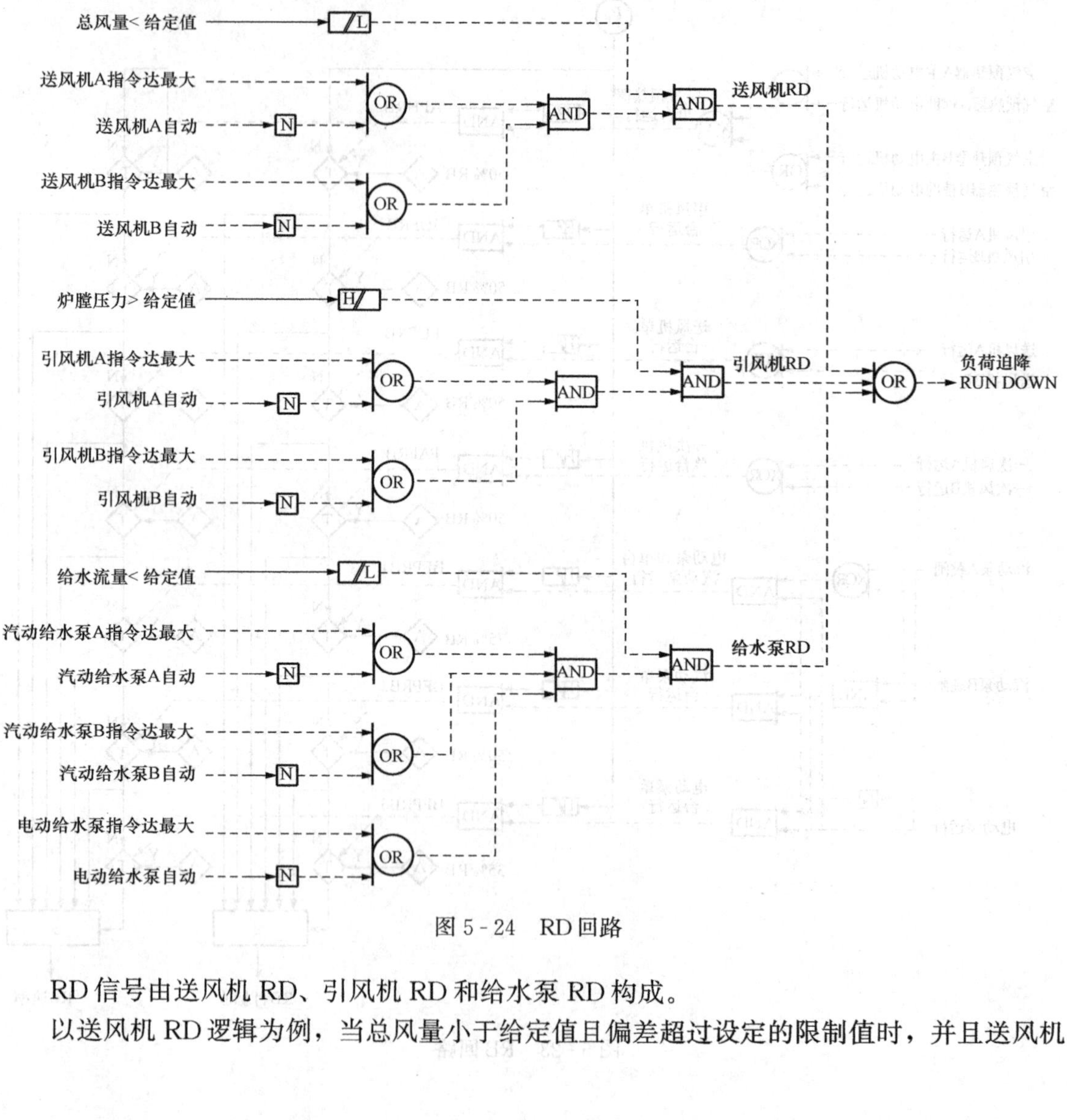

图 5 - 24 RD 回路

RD 信号由送风机 RD、引风机 RD 和给水泵 RD 构成。

以送风机 RD 逻辑为例，当总风量小于给定值且偏差超过设定的限制值时，并且送风机

A、B 均投自动，此时送风机 A、B 指令已经是最大，表明送风机 A、B 的最大出力风量不能满足当前需求，故发出 RD 信号，迫使机组实际负荷指令减小，使机组减负荷。

当送风机 A、B 未投自动，总风量小于给定值且偏差超过设定的限制值时，虽然送风机指令未达到最大值，但是由于送风控制系统无法自动调整风量，也会发出 RD 信号。

当炉膛压力大于给定值时或给水流量小于给定值时，且它们的偏差超过设定的限制值时，其 RD 产生逻辑与送风机 RD 基本原理相似，不再复述。当发生 RD 时，机组一方面强制减负荷，另一方面将 AGC 自动切除。

6. BI/BD 信号

闭锁增与闭锁减逻辑的实现，是设备实际出力与负荷需求有偏差且偏差超过设定的限制值时，对负荷指令产生闭锁，即不让机组实际负荷指令向着超过设备工作极限或进一步扩大偏差的方向变化，以防止事故的发生。

BI/BD 监测的对象与 RD 监测的基本一致，除了监测总风量、炉膛压力、给水流量外，还增加了对机组输出电功率和主蒸汽压力的监测。当总风量、给水流量、输出电功率和主蒸汽压力小于其相应给定值的偏差超限制值时；或炉膛压力大于给定值的偏差超限制值时；或相应的设备达到极限状态，则发生 BI，闭锁负荷指令的增大变化。如果监测的变量偏差继续增大，超过更大的限制值，且相应的设备已达到极限状态，则发生 RD，强迫机组减负荷，图 5-25 为 BI 信号生成逻辑。

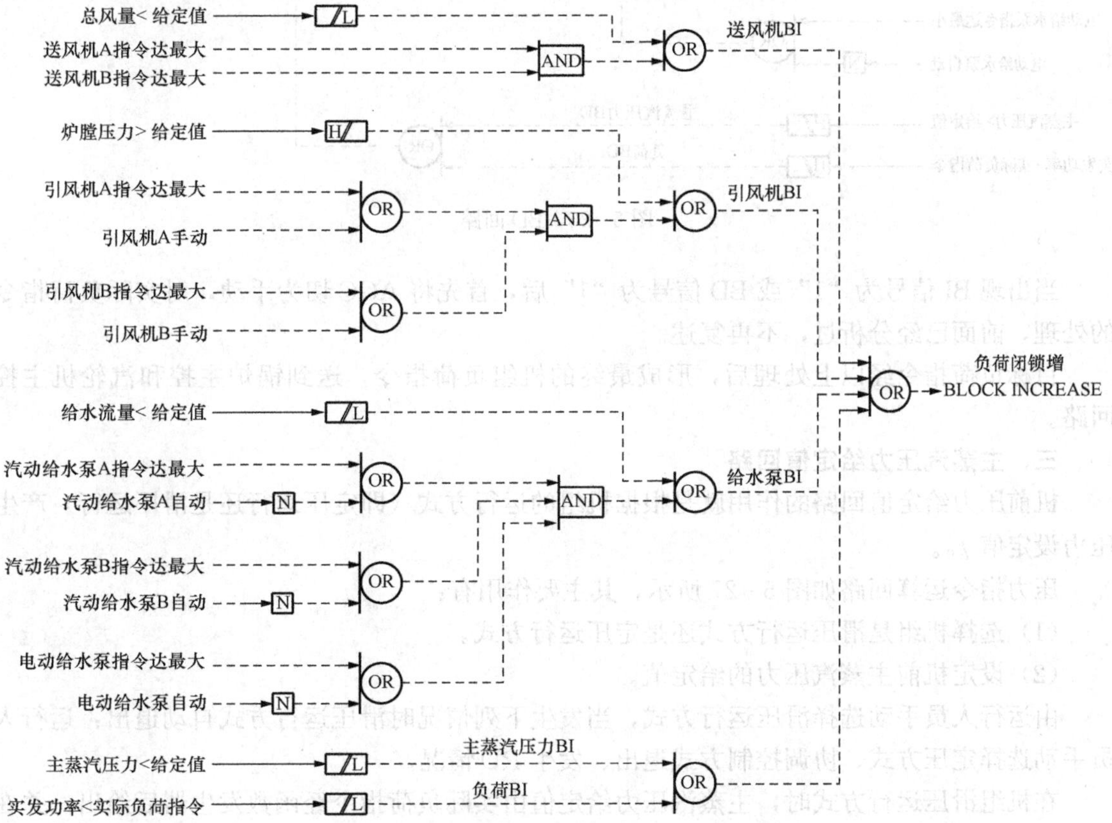

图 5-25　BI 回路

同理，当总风量、给水流量、输出电功率和主蒸汽压力大于其相应给定值的偏差超限制值时；或炉膛压力小于给定值的偏差超限制值时；或相应的设备达到极限状态，则发生 BD，闭锁负荷指令的减小变化，其 BD 信号生成形式如图 5-26 所示相同，但判别逻辑相反。图 5-26 为 BD 信号生成逻辑。

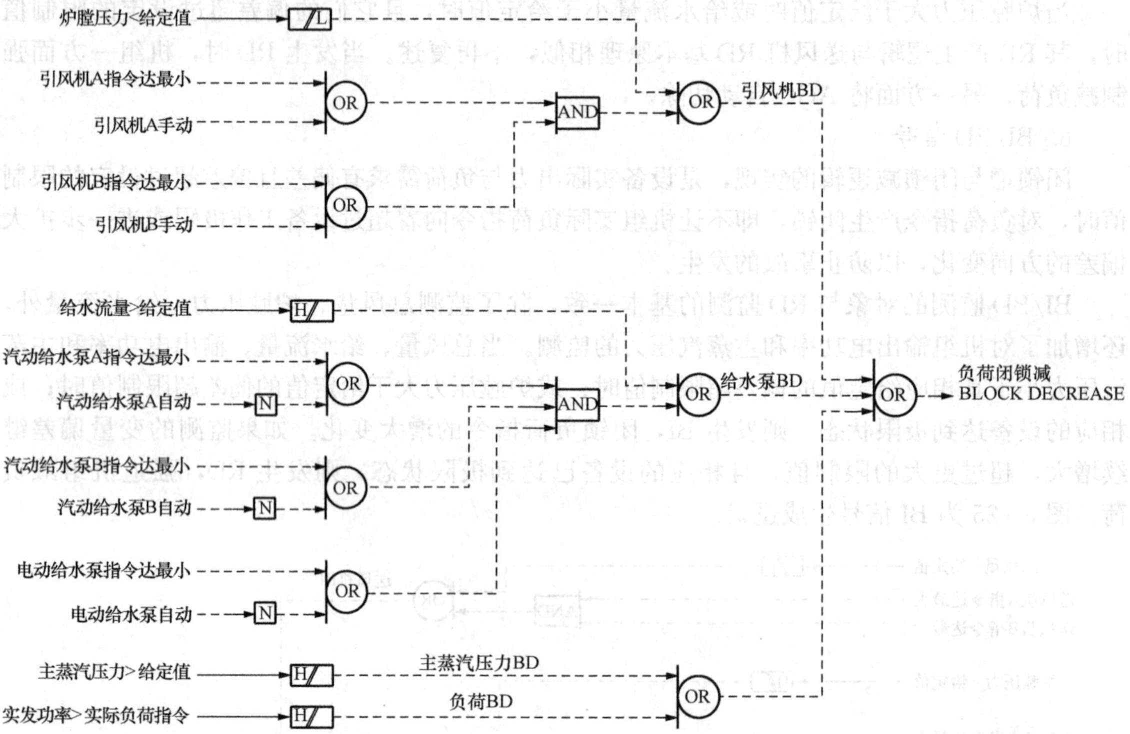

图 5-26 BD 回路

当出现 BI 信号为“1”或 BD 信号为“1”后，首先将 AGC 切为手动，对实际负荷指令的处理，前面已经分析过，不再复述。

目标负荷指令经以上处理后，形成最终的机组负荷指令，送到锅炉主控和汽轮机主控回路。

三、主蒸汽压力给定值回路

机前压力给定值回路的作用就是根据机组的运行方式（即定压运行还是滑压运行）产生压力设定值 p_0。

压力指令运算回路如图 5-27 所示，其主要作用有：

（1）选择机组是滑压运行方式还是定压运行方式。

（2）设定机前主蒸汽压力的给定值。

由运行人员手动选择滑压运行方式，当发生下列情况时滑压运行方式自动退出：运行人员手动选择定压方式、协调控制方式退出、发生 RD 情况。

在机组滑压运行方式时，主蒸汽压力给定值由实际负荷指令经函数发生器后给出，并在主蒸汽压力给定值上加入了调节阀开度校正信号。

在机组定压运行方式时，主蒸汽压力给定值由运行人员手动设定，并且给定值需经压力

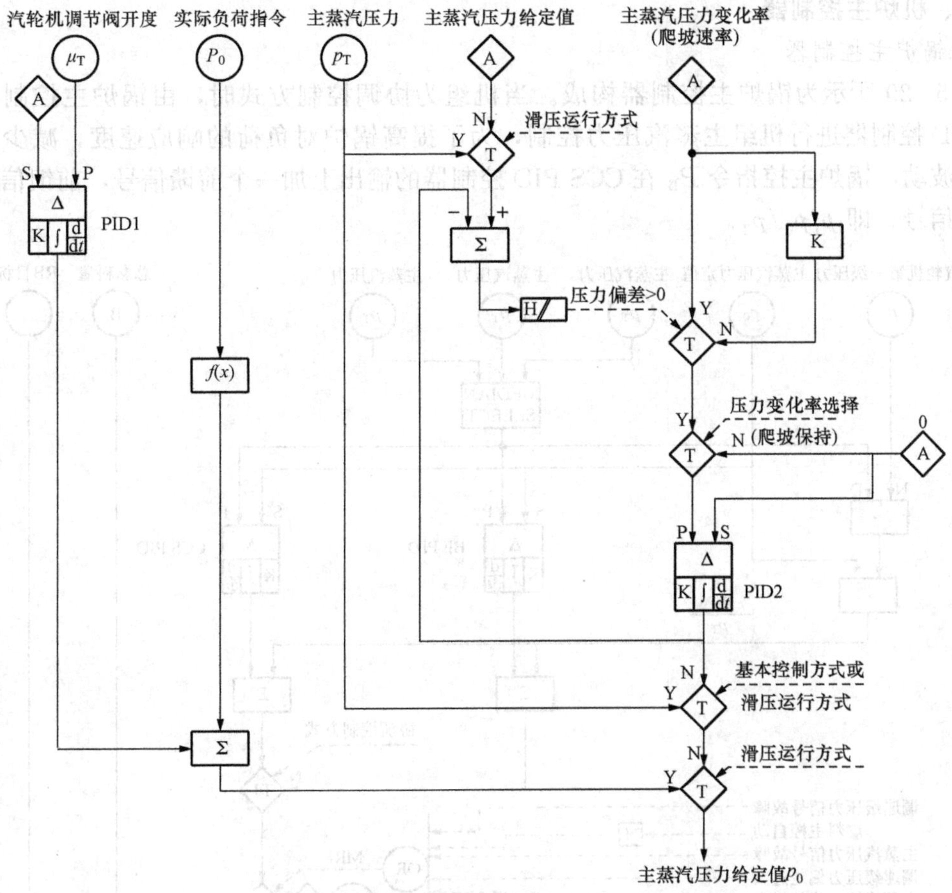

图 5-27 主蒸汽压力给定值回路

变化速率限制器后作为最终的主蒸汽压力给定值，压力变化速率由运行人员手动设定。

在定压运行方式时，主蒸汽压力给定值变化过程中与图 5-21 所示的机组实际负荷指令形成的方法基本相同。利用了压力正差逻辑信号，通过选择 PID 控制器的积分方向来控制压力给定值增加还是减小。利用变化速率选择控制压力给定值变化还是保持，其压力变化速率选择形成逻辑如图 5-28 所示，当压力变化速率选择信号为“1”时，压力给定值增加或减小；当其为“0”时，保持当前压力给定值输出。

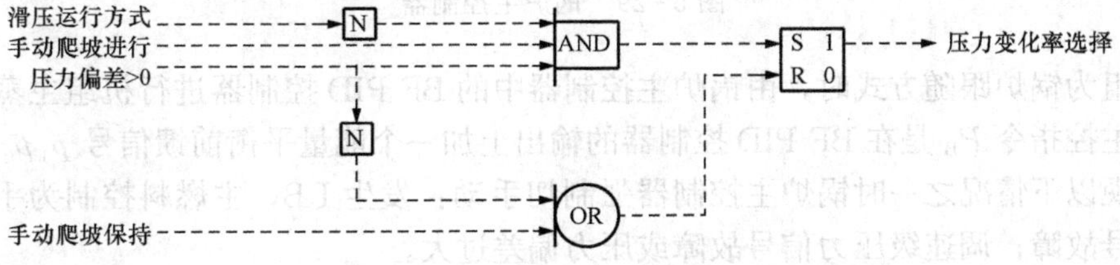

图 5-28 压力变化率选择回路

当运行人员按手动保持或压力偏差信号为“0”时，保持当前压力给定值输出。

四、机炉主控制器

1. 锅炉主控制器

图 5－29 所示为锅炉主控制器构成。当机组为协调控制方式时，由锅炉主控制器中的 CCS PID 控制器进行机组主蒸汽压力控制，为了提高锅炉对负荷的响应速度，减少主蒸汽压力的波动，锅炉主控指令 P_B 在 CCS PID 控制器的输出上加一个前馈信号，前馈信号为能量平衡信号，即 p_1p_0/p_T。

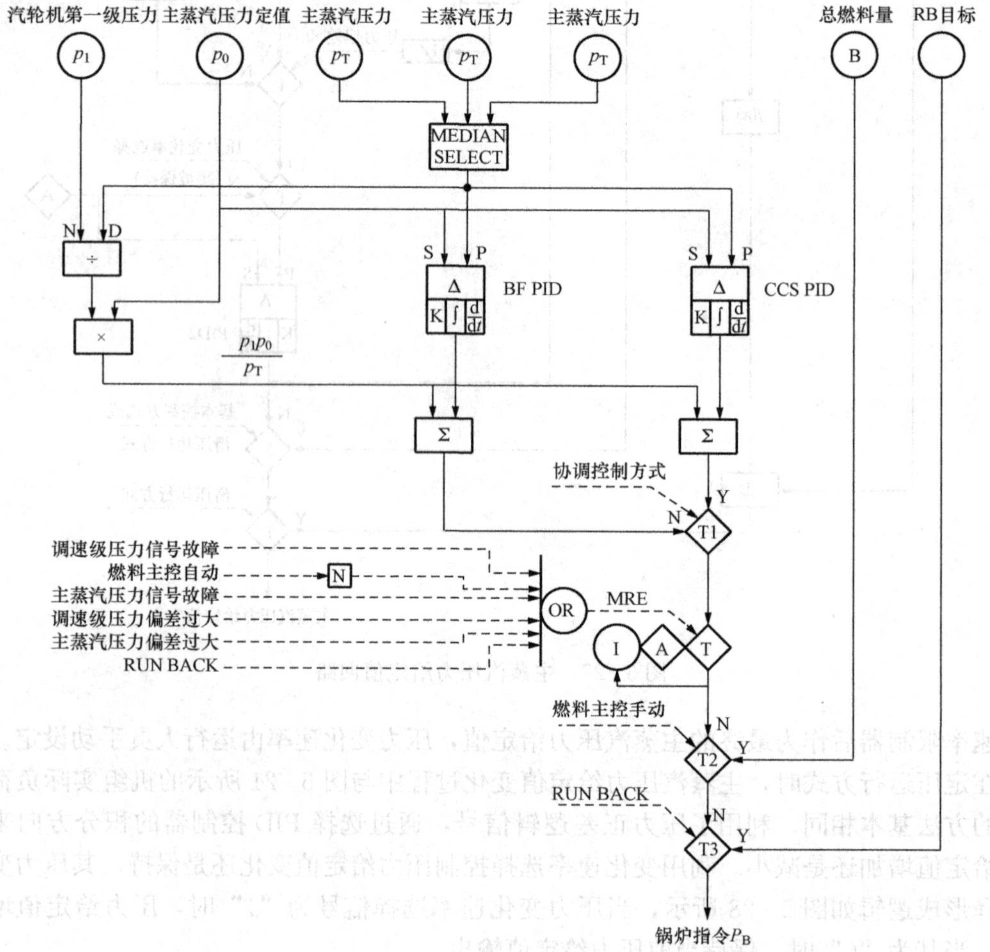

图 5－29 锅炉主控制器

当机组为锅炉跟随方式时，由锅炉主控制器中的 BF PID 控制器进行机组主蒸汽压力控制，锅炉主控指令 P_B 是在 BF PID 控制器的输出上加一个能量平衡前馈信号 p_1p_0/p_T。

当出现以下情况之一时锅炉主控制器强制切手动：发生 RB；主燃料控制为手动；主蒸汽压力信号故障；调速级压力信号故障或压力偏差过大。

当锅炉主控制器为手动，机组为汽轮机跟随方式或基本方式，这时锅炉主控指令不接受自动控制信号，当主燃料控制为自动时，锅炉主控指令 P_B 由运行人员通过主控操作器手动设置；当燃料控制为手动时，锅炉主控指令 P_B 跟踪总燃料量，不能通过主控操作器手动改变锅炉主控指令 P_B。

当发生 RB 时，锅炉主控指令 P_B 跟踪 RB 目标负荷值。

2. 汽轮机主控制器

图 5-30 所示为汽轮机主控制器构成。当机组为协调控制方式时，由汽轮机主控制器中的 CCS PID 控制器进行机组负荷控制，其控制器输出值经切换器和主控操作器后作为汽轮机指令 P_T 送往汽轮机 DEH 系统。为了避免负荷控制时主蒸汽压力偏差过大，故在控制器输入端，即在实际负荷指令上叠加压力偏差限制信号。当主蒸汽压力偏差小时，对负荷控制不限制。当主蒸汽压力偏差过大、超过函数器 $f(x)$ 的死区后，对实际负荷指令进行修正，避免在负荷控制时汽轮机调节阀门开度过大或过小，以限制主蒸汽压力偏差的进一步增大，从而保证机组的安全运行。

当机组发生 RB 时，锅炉主控制器切手动，由图 5-30 所示知，机组为汽轮机跟随方式。这时由汽轮机主控制器的 TF PID 控制器控制主蒸汽压力，其控制器输出值经切换器和主控操作器后作为汽轮机指令 P_T 送往汽轮机 DEH 系统。

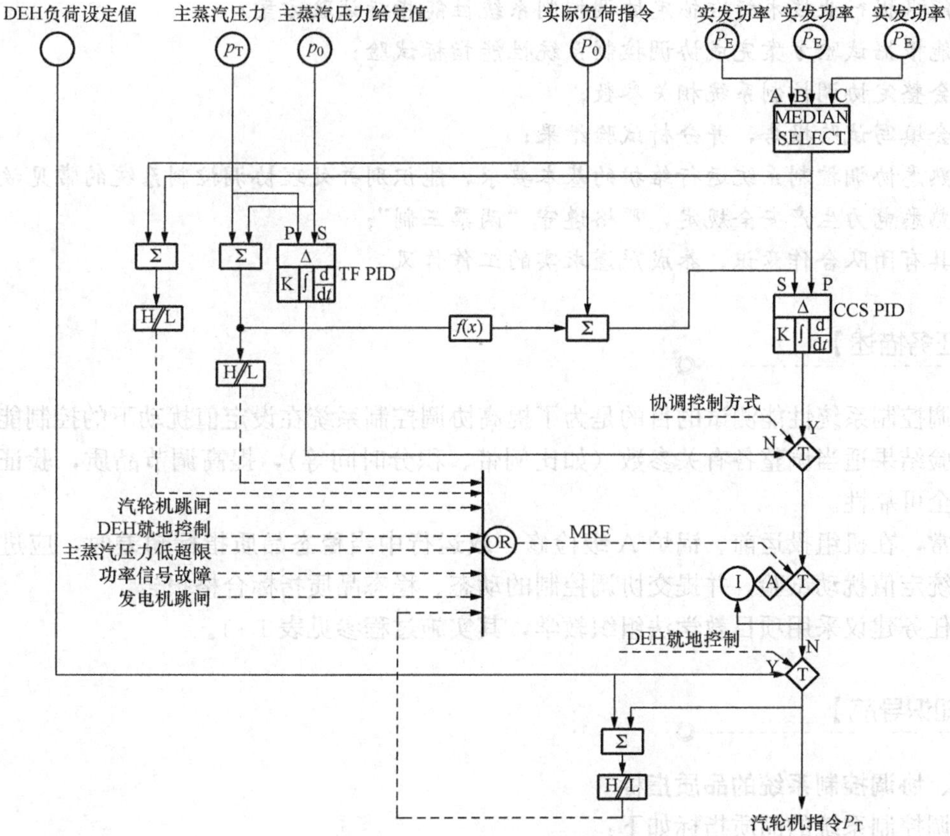

图 5-30　汽轮机主控制器

满足下列任一条件，汽轮机主控制器切手动：DEH 非遥控状态、负荷偏差超限、主蒸汽压力偏差超限、负荷低超限、主蒸汽压力低超限、功率信号故障、汽轮机跳闸、发电机跳闸。

机组运行在锅炉跟随或基本方式时，汽轮机主控指令不接受自动控制信号，由运行人员在汽轮机主控器上手动设定汽轮机指令 P_T，由 DEH 系统控制机组功率。

当 DEH 系统非遥控方式时，汽轮机指令 P_T 跟踪 DEH 系统送来的汽轮机负荷参考。

【检查评估】

检查任务的完成情况，检查评估表参见表 1 - 3。

任务三　协调控制系统性能测试

【学习目标】

(1) 熟悉协调控制系统的动态与稳态品质指标；
(2) 掌握协调控制系统性能测试的基本方法；
(3) 能根据行业技术标准拟定协调控制系统性能指标试验方案；
(4) 能根据试验方案完成协调控制系统性能指标试验；
(5) 会整定协调控制系统相关参数；
(6) 会填写试验报告，并分析试验结果；
(7) 熟悉协调控制系统运行维护的基本要求，能识别并处理协调控制系统的常见故障；
(8) 熟悉电力生产安全规定，严格遵守“两票三制”；
(9) 具有团队合作意识，养成严谨求实的工作作风。

【任务描述】

协调控制系统性能测试的目的是为了提高协调控制系统在设定值扰动下的控制能力，并根据试验结果适当调整各有关参数（如比例带、积分时间等），提高调节品质，验证控制回路的安全可靠性。

通常，在机组投运前、锅炉 A 级检修、或运行中当稳态品质指标超差时，应进行协调控制系统定值扰动试验，并提交协调控制的动态、稳态品质指标合格报告。

本任务建议采用项目教学法组织教学，其实施过程参见表 1 - 1。

【知识导航】

一、协调控制系统的品质指标

协调控制系统的品质指标如下：

(1) 负荷变动试验：在机炉协调控制方式下，70%～100%负荷范围内，负荷指令以直吹式机组 $2\%P_e$/min 或 $3\%P_e$/min、中储式机组 $3\%P_e$/min 或 $4\%P_e$/min 的变化速率、负荷变动量为 $\Delta P=15\%P_e$，分别进行负荷单向变动试验；机组各主要被调参数的动态、稳态品质指标见附录 D。

(2) AGC 负荷跟随试验：在 AGC 控制方式下，70%～100%负荷范围内，负荷指令以 $1.5\%P_e$/min（直吹式机组）或 $2.0\%P_e$/min（中储式机组）的变化速率、负荷变动量为

$\Delta P=10\%P_e$ 的斜坡方式连续增、减（或减、增）各一次的双向变动试验；机组各主要被调参数的动态、稳态品质指标见附录D。

二、协调控制系统的投入与撤除

1. 协调控制系统投入的条件

（1）锅炉运行正常，炉膛燃烧稳定；

（2）机组功率、负荷指令、主蒸汽压力、调速级压力、总风量、总燃料量等重要参数准确可靠，记录清晰；

（3）DEH系统功能正常，能转入CCS控制方式；

（4）燃烧、给水、过热汽温、再热汽温、除氧器水位等主要控制系统已投入运行；

（5）协调控制系统控制方式及各参数设置正确，汽轮机主控、锅炉主控等M/A操作站工作正常，跟踪信号正确，无切手动信号。

2. 协调控制系统的撤除

发生以下情况可考虑撤除自动：

（1）影响协调控制系统决策的主要测量参数如机组功率、主蒸汽压力、调速级压力、总风量、总燃料量等信号偏差大或失去冗余。

（2）主要被控参数严重越限，如主蒸汽温度偏差超过±15℃，再热汽温偏差超过±15℃，汽包水位偏差超过±100mm，主蒸汽压力偏差超过±1MPa。

（3）协调控制系统发生故障。

（4）计算机控制系统局部故障，机组运行工况恶化。

三、协调控制系统的运行维护要求

根据DL/T 774—2004《热工自动化系统检修运行维护规程》，协调控制系统的运行维护要求如下：应经常根据机组功率、负荷指令、主蒸汽压力、总风量、总燃料量、主蒸汽温度、再热蒸汽温度、汽包水位、炉膛压力、烟气含氧量等主要被控参数的记录曲线分析协调控制系统及各子系统的工作情况，如发现异常应及时消除。

四、协调控制系统的常见故障与维护

1. 故障现象

正常运行中，单元机组负荷指令操作不动。

2. 原因分析

（1）机组负荷指令超过允许限值，导致机组指令被保持。

（2）机组送、引风指令超过允许限值，导致机组负荷指令禁止操作。

（3）机组给水指令超过允许限值，导致机组负荷指令禁止操作。

（4）汽轮机阀位信号超过允许限值，导致机组负荷指令禁止操作。

（5）机组负荷指令处理回路故障，控制回路设置不正常导致无法输出。

（6）机组负荷指令处理卡件故障（如卡件地址设置有问题、卡件通道工作不正常）。

3. 解决方法

（1）检查机组负荷指令，送、引风指令，给水指令，汽轮机阀位信号在算法中的允许限值是否符合机组的额定值。如果不符合，应该在做好安全措施的情况下或者在大、小修中更换这些参数。

（2）对照CCS图纸检查负荷指令处理卡件地址、通道地址的设置是否正确。如果不正确，应该做好安全措施，重新设置这些地址。

（3）做好安全措施，检查负荷指令处理卡件通道工作是否正常。如果不正常，应该更换卡件。

（4）检查机组负荷指令处理回路组态工作是否正常，是否符合逻辑设计。如果不正常，应该重新组态机组负荷指令回路。

4. 防范措施

（1）在大、小修中系统调试时，应认真检查整个控制系统的卡件、通道、回路、组态参数是否正常，并根据机组的实际情况整定回路参数。

（2）在日常生活中，加强 DCS 软、硬件等系统关键设备的巡检。

（3）定期做机组负荷指令，控制系统的静态及动态试验，对照实验结果调整、完善逻辑回路。

【任务准备】

一、引导问题

学习完相关知识后，须回答下列问题：

（1）协调控制系统的品质指标有哪些？

（2）协调控制系统的投入撤除条件有哪些？

（3）协调控制系统性能指标试验的目的是什么？

（4）协调控制系统性能指标试验的条件有哪些？

（5）协调控制系统性能指标试验的基本方法是什么？

（6）协调控制系统性能指标试验的安全措施有哪些？

二、制定试验方案

在正确回答引导问题后，依据行业（企业）规程，结合附录 A 所给出的试验方案样表制定协调控制系统性能指标试验方案。

【任务实施】

根据制定好的试验方案，按照试验步骤，完成试验。

下面给出某电厂协调控制系统试验操作步骤，供参考。

（1）调整机组负荷到试验负荷段，稳定机组运行工况。

（2）在机炉协调控制方式下，负荷指令以 $3\%P_e$/min、$4\%P_e$/min 变化速率，负荷变动量为 $15\%P_e$ 进行单方向变动试验。

（3）待机组负荷及各主要参数稳定运行 10min 后，再进行反方向的变动试验。

（4）当机组运行工况稳定（机组负荷稳定，或机组给定负荷变化速率小于 $1\%P_e$/min，且各子系统无明显内外扰动）后，分别记录机组各主要参数变化曲线（也可利用 DCS 的历史数据），将各参数波动量最大偏差数据进行记录。

（5）对不满足品质指标的数据，要分析原因，优化调节参数，调整热控装置，直到协调控制系统扰动试验满足品质指标的要求，完成试验报告（试验报告格式参见附录 C）。

注意　在试验过程中，如危及到机组的安全运行，请运行人员立即退出试验，以确保机组安全。

图 5-31 所示为某 600MW 超临界仿真机组负荷负荷扰动时控制系统性能测试曲线。

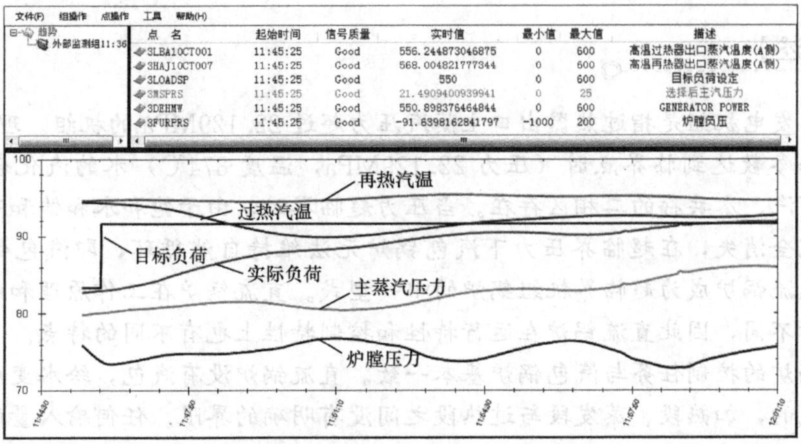

图 5-31　600MW 超临界仿真机组负荷扰动时控制系统性能测试曲线

【检查评估】

检查任务的完成情况，检查评估表参见表 1-3。

项目六　直流锅炉控制系统运行与维护

【项目描述】

超临界发电机组是指过热器出口主蒸汽压力超过22.129MPa的机组。理论上认为：在水的状态参数达到临界点时（压力22.129MPa，温度374℃）水的汽化会在瞬间完成，不再有汽、水共存的二相区存在。当压力超临界时，由于饱和水和饱和蒸汽之间的差别已经完全消失，在超临界压力下汽包锅炉无法维持自然循环，即汽包锅炉不再适用，因而直流锅炉成为超临界机组锅炉的唯一型式。直流锅炉在工作原理和结构上与汽包锅炉有所不同，因此直流锅炉在运行特性和控制特性上也有不同的特点。

直流锅炉的控制任务与汽包锅炉基本一致。直流锅炉没有汽包，给水变成过热蒸汽是一次完成的，加热段、蒸发段与过热段之间没有明确的界限。任何输入量的变化都会引起各输出量的变化，各系统有较强的相互关联，控制系统的结构与汽包锅炉也有较大的差别。

本项目主要完成直流锅炉控制对象特性试验、直流锅炉控制方案分析和直流锅炉控制系统性能测试等三项工作任务。

通过本项目的学习，使学生能理解直流锅炉控制系统的工作原理，能识读直流锅炉控制系统逻辑图，能进行对象动态特性试验和品质指标试验，最终能完成直流锅炉控制系统的运行维护工作。

任务一　直流锅炉控制对象动态特性试验

【学习目标】

(1) 熟悉直流锅炉的基本结构和特点；
(2) 理解直流锅炉和汽包锅炉的主要区别；
(3) 理解直流锅炉控制对象动态特性的特点；
(4) 掌握直流锅炉控制对象动态特性的试验方法；
(5) 能根据行业技术标准拟定直流锅炉控制对象动态特性试验方案；
(6) 能根据试验方案完成直流锅炉控制对象动态特性试验；
(7) 能根据试验结果分析直流锅炉控制对象动态特性特点，并完成试验报告；
(8) 熟悉电力生产安全规定，严格遵守"两票三制"；
(9) 具有团队合作意识，养成严谨求实的工作作风。

【任务描述】

直流锅炉动态特性试验目的是求取在主要扰动作用下直流锅炉控制对象主要输出量的动

态特性曲线，为控制方案拟订和控制参数整定提供依据。

直流锅炉动态特性试验的内容有很多，其中大部分是和汽包锅炉相同或相似的，因此本任务着重关注直流锅炉所特有的，主要包括给水流量扰动下机组负荷、中间点温度（或焓值）的动态特性，燃料量扰动下机组负荷、中间点温度（或焓值）的动态特性，以及燃料量—给水流量联合扰动下机组负荷、中间点温度（或焓值）的动态特性。中间点一般选在分离器出口，中间点温度（或焓值）的特性试验主要是为了给中间点温度（或焓值）的控制提供依据，进而达到很好的控制主蒸汽温度的目的。

通常，在机组投运前、锅炉A级检修或控制策略改变时，需要进行直流锅炉动态特性试验。试验宜分别在50%、70%和100%三种负荷下进行，每一负荷下的试验宜不少于两次，记录试验数据和曲线，并提交试验报告。

本任务建议采用项目教学法组织教学，其实施过程可参见表1-1。

【知识导航】

一、直流锅炉的特点

下面结合汽包锅炉的特点，介绍直流锅炉的一些特点。

1. 汽包锅炉的特点

(1) 自然循环。汽包锅炉的汽水流程如图6-1所示，汽包锅炉的汽水行程中，由汽包将锅炉受热面分割为加热、蒸发和过热三段。其蒸发段由汽包、下降管、联箱和水冷壁组成小循环回路，一般汽包锅炉的蒸发段中工质循环是靠水冷壁中汽水混合物和下降管中水的重力差来推动的，即形成自然循环（也有靠循环泵的强制循环汽包锅炉）。

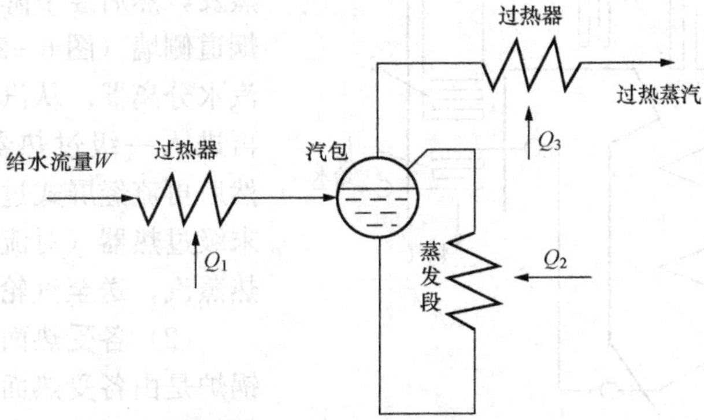

图6-1　汽包锅炉汽水流程

(2) 受热面的界限是固定的。汽包既是汽水分离容器，又是省煤器、水冷壁、过热器的汇合容器，它把锅炉各部分受热面，如加热段、蒸发段和过热段都明确地分开，不论负荷、燃烧率如何变化，各受热面的大小是固定不变的。因此，在控制上具有如下特点：

1) 锅炉蒸发量主要由燃烧率的大小来决定（蒸发量由加热段受热面的吸热量Q_1和蒸发段受热面的吸热量Q_2决定），而与给水流量W的大小无关。所以在汽包锅炉中由燃烧率控制负荷（实现燃料热量与蒸汽热量之间的能量平衡），由给水流量调节水位实现给水流量与蒸汽流量间的物质平衡，这两个控制系统的工作可以认为是相对独立的。

2）汽包除作为汽水分离器外，还作为燃水比（燃料量 M 与给水流量 W 的比值关系）失调的缓冲器。当燃水比失去平衡关系时，利用汽包中的存水和空间容积暂时维持锅炉的工质平衡关系，而各段受热面积的界限是固定的，使燃料量或给水流量的改变对过热汽温的影响较小。过热蒸汽温度主要取决于加热段、蒸发段吸热量（它们决定了锅炉将产生多少饱和蒸汽量）与过热段吸热量的比值 $(Q_1+Q_2)/Q_3$，因为汽包锅炉各受热面的区域界限是固定的，所以当燃烧率变化时，即使 Q_1、Q_2、Q_3 也都发生了变化，但这个比值不会有太大的改变，因而对汽温的影响幅度较小。因此在汽包锅炉中仅依靠改变减温水流量 W_j 来控制过热蒸汽温度。而改变 W_j 时，可近似认为对汽包水位 H 和主蒸汽压力 p_T 没有影响。如当给水流量 W 增加，破坏原有的平衡关系时，汽包水位 H 上升，由于燃料量 M 没变，各段受热面积及相应的吸热量不变，因此过热汽温 T 和主蒸汽压力 p_T 可认为不变。当燃料量 M 增加，给水流量 W 不变，锅炉蒸发量增加，汽包水位 H 下降，由于各段受热面积比例不变，相应吸热量大体成比例增加，过热段吸热量与蒸汽流量同时增加，使过热汽温 T 变化不大。

(3) 蓄热量大。锅炉蓄热量是其工质和受热面金属中储存热量的总和。汽包锅炉有重型金属汽包、较大的水容积、较粗的下降管和联箱等，所以其蓄热能力比直流锅炉要大2～3倍。

2. 直流锅炉的特点

(1) 强制循环。直流锅炉属强制循环锅炉，其结构简图如图 6-2 所示。

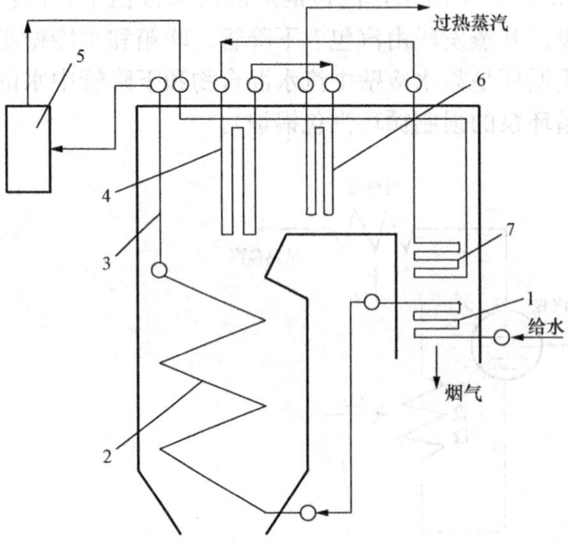

图 6-2　直流锅炉简图

1—省煤器；2—螺旋水冷壁；3—垂直水冷壁（和后水冷壁吊挂管）；4—屏式过热器（前屏和后屏）；5—汽水分离器；6—末级过热器；7—一级过热器

锅炉正常负荷下，给水在给水泵压力作用下，经省煤器加热后，通过螺旋管圈水冷壁（下辐射区）和垂直水冷壁以及后水冷壁吊挂管（上辐射区）加热蒸发，然后经下降管引入折焰角和水平烟道侧墙（图 6-2 中未画出），再引入汽水分离器。从汽水分离器出来的蒸汽再进入一级过热器中（对流过热区），然后再流经屏式过热器（上辐射区）和末级过热器（对流过热区）后加热成过热蒸汽，送至汽轮机。

(2) 各受热面无固定分界点。直流锅炉是由各受热面及连接这些受热面的管道组成，其汽水流程工作原理示意如图 6-3 所示。

在正常负荷下，给水泵强制一定流量的给水进入锅炉内，一次性经历加热、蒸发和过热各段受热面，全部转变成过热蒸汽。直流锅炉没有汽包，加热、蒸发和过热三段受热面没有固定分界点，而由管道内工质状态所决定。因此，给水流量、燃料量、给水温度以及汽轮机调节阀门开度的变化都会影响三段受热面积的比例，这样，三段受热面的吸热量分配比例也将发生变化，这对于锅炉出口蒸汽温度影响很大，对蒸汽压力和流量的影响方式则较为复杂。

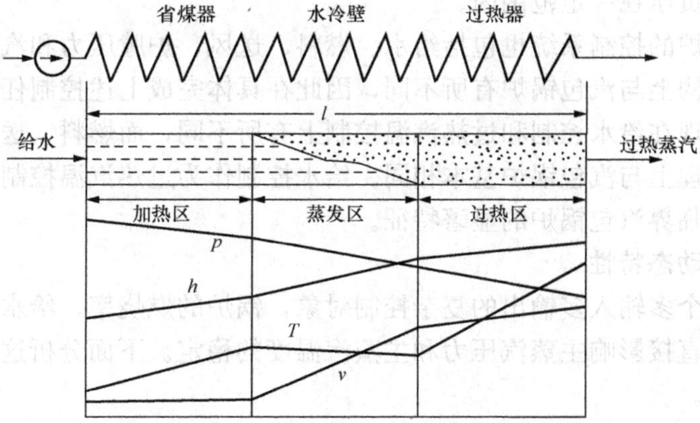

图 6-3　直流锅炉原理示意

p—压力；T—温度；h—焓；v—比定压热容

当燃料量增加，给水流量不变时，由于蒸发所需的热量不变，因而加热和蒸发的受热面缩短，蒸发段与过热段之间的分界向前移动，过热受热面增加，所增加的燃烧热量全部用于使蒸汽过热，过热汽温将急剧上升。

当给水量增加，燃料量不变时，由于加热及蒸发段的伸长，蒸发量增加，蒸发段与过热段之间的分界则向后移动，过热段减少，使过热汽温下降。燃料量、给水流量对过热汽温的影响如图 6-4 所示。

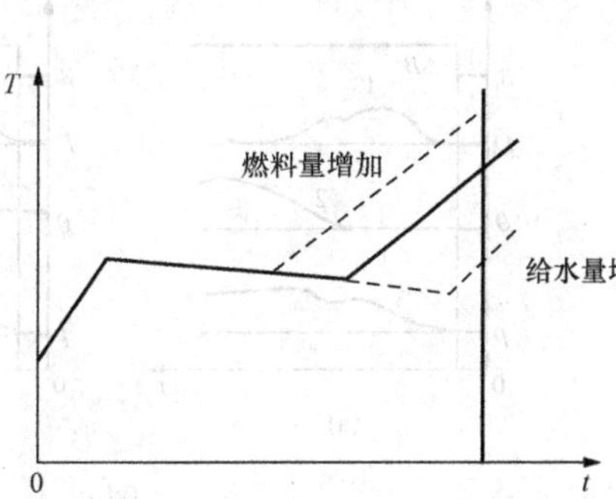

图 6-4　燃料量、给水流量对过热汽温的影响

（3）蓄热量小。直流锅炉由于没有汽包，汽水容积小，所用金属也少，因此蓄热能力显著减小。对外界负荷扰动比较敏感。当外界负荷变动时，其主蒸汽压力的波动比汽包锅炉剧烈得多，给运行和自动控制带来了困难。但从另一个方面讲，汽包锅炉在外界负荷扰动引起压力下降过快时，会造成下降管中的工质汽化而破坏水循环，因此汽包锅炉对压力变化速度有严格的要求。但直流锅炉中，工质流动依靠给水泵压力推动，压力下降而引起水的蒸发不会阻碍工质的正常流动。因此直流锅炉允许汽压有较大的下降速度，这有利于有效利用锅炉的蓄热能力。在主动变负荷时，因为直流锅炉的热惯性小，其蒸汽流量能迅速变化，所以它在负荷适应性方面比汽包锅炉来得快，有利于机组对电网高峰负荷的响应。

（4）对给水品质的要求高。由于没有汽包和汽水分离装置，直流锅炉不能够连续排污，给水带入的盐类除蒸汽带走一部分外，其余部分都将沉积在锅炉的受热面中。因此，直流锅炉对给水品质的要求高。

二、直流锅炉控制任务

直流锅炉的控制任务和汽包锅炉基本相同，其内容为：

（1）使锅炉的蒸发量迅速适应负荷的需要。

（2）保持蒸汽压力和温度在一定范围内。

（3）保持燃烧的经济性。

（4）保持炉膛负压在一定范围内。

因此，直流锅炉的控制系统也包括给水、燃料、送风、炉膛压力和汽温等控制系统。但由于直流锅炉在结构上与汽包锅炉有所不同，因此在具体完成上述控制任务时就与汽包锅炉有些差异，主要体现在给水控制和过热汽温控制上有所不同，而燃料、送风、炉膛压力和再热汽温等在控制原理上与汽包锅炉基本相同。给水控制作为过热汽温控制的基本手段，是超临界锅炉有别于亚临界汽包锅炉的显著特征。

三、直流锅炉动态特性

直流锅炉是一个多输入多输出的复杂控制对象，锅炉的燃烧率、给水流量、汽轮机调节汽门开度的变化会直接影响主蒸汽压力和主蒸汽温度的稳定。下面分析这几个主要扰动下直流锅炉的动态特性。

1. 燃烧率扰动时的动态特性

正常运行时，进入炉膛的燃料量与风量必须成适当比例，代表这两个成适当比例的变量称为锅炉的燃烧率。燃烧率扰动是锅炉燃料量和风量的扰动，一般可用燃料量 B 代替。燃烧率扰动时，主蒸汽压力 p、主蒸汽流量 D、过热汽温 θ 的过渡过程曲线可用图 6-5（a）表示。

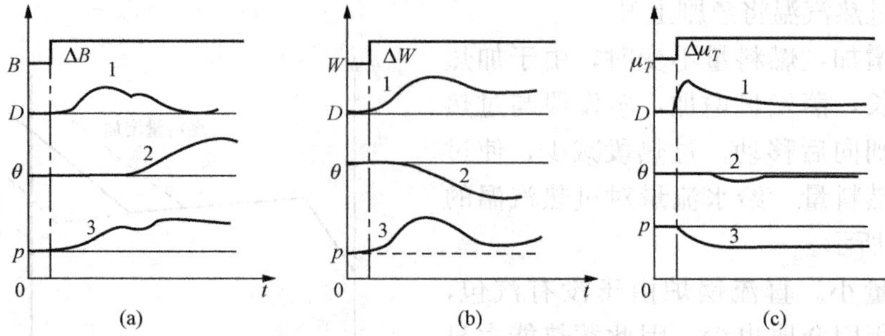

图 6-5 直流锅炉的动态特性

（a）燃烧率扰动；（b）给水流量扰动；（c）负荷扰动

在其他条件不变、燃料量 B 阶跃增加时，蒸发量在短暂延迟后先上升，后下降，最后稳定下来与给水量保持平衡。因为在扰动刚开始时，由于炉内热负荷变化，加热段逐步缩短，蒸发段将蒸发出更多的饱和蒸汽，使过热蒸汽流量 D 增大。当蒸发段和加热段的长度减少到与燃料量相适应时，过热蒸汽流量 D 重新与给水量相等，蒸汽流量 D 趋于稳定，如图 6-5（a）中曲线 1 所示。在这段时间内，由于蒸发量始终大于给水流量，一部分水容积渐渐为蒸汽容积所取代，锅炉内部的工质储存量不断减少，曲线 1 下的面积即代表锅炉工质减少的数量。

燃料量增加，过热段加长，必然引起过热汽温升高。但在过渡过程的初始阶段，经燃料传输和燃烧迟延后，炉内燃烧中心的热负荷急剧增加，蒸发量与燃烧发热量近似按比例变化，由于过热器管壁金属储热所起的延缓作用，故过热汽温要经过一段迟延后才逐渐上升。当燃料燃烧的发热量与蒸汽带走的热量平衡时，过热汽温最终趋于稳定，如图 6-5（a）中曲线 2 所示。

主蒸汽压力如图 6-5（a）中曲线 3 所示，在短暂延迟后逐渐上升，最后稳定在较高的水平。最初的上升是由于蒸发量的增大，后来的上升则是由于汽温升高、蒸汽容积增大以及汽轮机调节阀门开度不变的情况下，蒸汽流速增大而使流动阻力增大所致。实际上，为维持给水流量不变，给水压力比扰动前要高。

燃烧率提高使加热段和蒸发段缩短，过热段增长，过热汽温经迟延后上升，是燃水比提高的反映。汽温上升的同时锅炉金属温度也上升，锅炉蓄热增加。

2. 给水流量扰动下的动态特性

给水流量 W 扰动时，主蒸汽压力、主蒸汽流量、过热汽温的过渡过程曲线可用图 6-5（b）表示。给水流量 W 阶跃增加时，因为受热面热负荷未变化，故一开始锅炉的加热段和蒸发段都要伸长，从而推出部分蒸汽，使蒸汽流量增加，最终等于给水流量。主蒸汽压力开始时由于给水压力的提高和蒸汽流量增加而提高，但后来由于给水流量增加后导致过热汽温下降，容积流量下降，主蒸汽压力又有所下降。实际蒸汽的容积流量比扰动前增加不多，所以主蒸汽压力保持在比初始值稍高的水平。随着蒸汽流量的逐渐增大和过热段的减小，过热汽温逐渐降低。但在汽温降低时金属放出蓄热，对汽温变化速度有一定的减缓作用。故过热汽温经延时后下降，这显然是燃水比降低的反映。

由图 6-5（b）可看出，当给水量扰动时，蒸发量、汽温和汽压的变化都存在迟延。这是因为自扰动开始，给水从入口流动到加热段末端时需要一定的时间，因而蒸发量产生迟延。蒸发量迟延又引起汽压和汽温的迟延。

3. 负荷扰动时的动态特性

在机组运行过程中，外界负荷需求的变化一般是通过汽轮机调节汽门开度的变化来反映的。在调节汽门开度扰动下，主蒸汽压力、主蒸汽流量、过热汽温的过渡过程曲线可用图 6-5（c）表示。

当汽轮机调节汽门阶跃开大时，蒸汽流量立即增加。过热器出口压力 p 一开始有较大的下降趋势。随着汽压下降，饱和温度下降，锅炉工质“闪蒸”、金属释放蓄热，产生附加蒸发量，抑制汽压下降。随后，蒸汽流量因汽压降低而逐渐减少，最终与给水量相等，保持平衡。同时汽压降低速度也趋缓，最后达到稳定值。

调节汽门开大减小了汽轮机侧的流动阻力，主蒸汽压力稳定在较扰动前低的水平上。若燃料量和给水流量未变，过热蒸汽的焓值未变，过热汽温随压力下降会略有下降。

实际上，若给水压力不变，由于汽压降低，给水流量是会自发增加的。这样，稳定后给水流量和蒸汽流量会有所增加。在燃料量不变的情况下，这意味着单位工质吸热量必定减小，过热汽温必然会明显下降。

从上面的分析可以看出：

（1）负荷扰动时，汽压的变化没有迟延，变化很快，且变化幅度较大，这是因为直流锅炉没有汽包，蓄热能力小。若给水流量能保持不变，负荷扰动时汽温变化较小。

（2）单独改变燃烧率或给水流量时，动态过程中对汽温、汽压、蒸汽流量都有显著影响，尤其是对汽温的影响更加突出。汽温变化的特点是具有很长的迟延时间和很大的变化幅度。若等到汽温已经明显变化后再用改变燃烧率或改变给水流量的方法进行汽温控制，必然引起严重超温或汽温大幅下跌。因此，变负荷过程中，给水量必须与燃料量保持适当比例协调动作。

（3）过热汽温对燃料量和给水量扰动都有很大的迟延，为了稳定汽温，必须有提前反映燃料量和给水量扰动的汽温信号。燃水比改变后，汽水流程中各点工质焓值都随着改变，离锅炉末级过热器出口越近，变化越大，同时迟延也越大。所以，锅炉末级过热器出口汽温虽然可以反映燃水比的变化，但由于迟延很大，通常为400s左右，因此不宜以此作为燃水比的校正信号，即不能采用改变燃料量或给水流量的方法来直接控制锅炉末级过热器出口过热汽温。因此，一般选择锅炉受热面中间位置某点蒸汽温度（称为中间点温度），作为燃水比是否适当的校正信号。在超临界锅炉中，一般取汽水分离器出口蒸汽温度作为中间点温度。燃水比例变化之后，中间点汽温变化的迟延（通常小于100s）比过热汽温变化的迟延要小得多，这对于稳定过热汽温，提高锅炉控制过程品质是非常重要的。

四、直流锅炉控制对象动态特性试验的基本方法

由于直流锅炉给水与燃料量存在一定的关系，故其特性通过以下试验方法来获得。

1. 给水流量扰动试验

保持机组负荷在一定值（如50%、80%、100%MCR），机组控制在TF方式，将燃料主控切手动，给水流量主控切手动，待机组负荷和主要参数稳定后，运行人员在当前给水流量定值下，手动增加5%额定流量左右，使给水流量阶跃增加，待参数稳定后，记录机组负荷、中间点温度（或焓值）的变化情况；然后运行人员在当前给水流量定值下，手动减少5%额定流量左右，使给水流量阶跃减少，待参数稳定后，记录机组负荷、中间点温度（或焓值）的变化情况。高、中、低负荷各做一次。

2. 燃料量扰动试验

保持机组负荷在一定值（如50%、80%、100%MCR），机组控制在TF方式，将燃料主控切手动，给水流量主控切手动，待机组负荷和主要参数稳定后，运行人员在当前燃料量下，手动增加20t/h左右煤量，使总煤量阶跃增加，待参数稳定后，记录机组负荷、中间点温度（或焓值）的变化情况；然后运行人员在当前燃料量定值下，手动减少20t/h左右煤量，使总煤量阶跃减少，待参数稳定后，记录机组负荷、中间点温度（或焓值）的变化情况。高、中、低负荷各做一次。

3. 直流锅炉特性验证试验（燃料量—给水流量联合特性试验）

保持机组负荷在一定值（如50%、80%、100%MCR），机组控制在TF方式，将燃料主控切手动，给水流量主控自动，待机组负荷和主要参数稳定后，运行人员在当前燃料量下，手动增加20t/h左右煤量，使总煤量阶跃增加，待参数稳定后，记录机组负荷、中间点温度（或焓值）的变化情况；然后运行人员在当前燃料量定值下，手动减少20t/h左右煤量，使总煤量阶跃减少，待参数稳定后，记录机组负荷、中间点温度（或焓值）的变化情况[如机组为水煤比控制，则燃料主控在自动，给水流量在手动状态，改变给水流量定值，然后记录机组负荷、中间点温度（或焓值）的变化情况]。高、中、低负荷各做一次。

为了准确获得直流锅炉的特性，上述试验可重复进行，另外，在高、中负荷段试验时可考虑在不同层磨煤机运行方式下进行，然后根据试验数据准确获得直流锅炉的动态特性参数。

【任务准备】

一、引导问题

学习完相关知识后，需回答下列问题：

（1）和汽包锅炉相比，直流锅炉在结构上有哪些主要特点？

（2）作为一个典型的多变量控制对象，直流锅炉的主要输入量和输出量是什么？

（3）直流锅炉控制对象在燃烧率、给水流量和负荷阶跃变化时，主蒸汽压力、主蒸汽流量和过热汽温动态特性的特点分别是什么？

（4）直流锅炉控制对象动态特性试验的目的是什么？

（5）直流锅炉控制对象动态特性试验的条件有哪些？

（6）直流锅炉控制对象动态特性试验的基本方法是什么？

（7）直流锅炉控制对象动态特性试验的安全措施有哪些？

二、制定试验方案

在正确回答引导问题后，依据行业（企业）规程，结合附录A所给出的试验方案样表制定直流锅炉控制对象动态特性试验方案。

【任务实施】

根据制定好的试验方案，按照试验步骤，完成试验。

下面给出某电厂直流锅炉控制对象动态特性试验操作步骤，供参考。

（1）办理机组试验申请票，编制试验安全技术措施，并经公司领导签字；

（2）运行人员调整好工况，保持各主要参数（负荷、主蒸汽压力、水位）稳定；

（3）由热控人员打开工程师站密码，进入工程师环境；

（4）热控负责人调出实时曲线（显示范围，时间适当设置）；

（5）运行人员解除燃料量和给水流量控制自动至手动，手操并保持参数稳定运行；

（6）快速增大给水流量，幅度以增加5%左右额定给水流量为宜，保持其扰动不变，记录试验曲线，待机组负荷、中间点温度（或焓值）变化并稳定在新值时结束试验；

（7）快速减小给水流量，幅度以减小5%左右额定给水流量为宜，保持其扰动不变，记录试验曲线，待机组负荷、中间点温度（或焓值）变化并稳定在新值时结束试验；

（8）快速增大燃料量，幅度以增加8%左右额定燃料量为宜，保持其扰动不变，记录试验曲线，待机组负荷、中间点温度（或焓值）变化并稳定在新值时结束试验；

（9）快速减小燃料量，幅度以减小8%左右额定燃料量为宜，保持其扰动不变，记录试验曲线，待机组负荷、中间点温度（或焓值）变化并稳定在新值时结束试验；

（10）同样步骤做三次试验，取两条基本相同的曲线作为试验结果；

（11）分析给水流量和燃烧量阶跃扰动下上述参数变化的飞升特性曲线，求得取动态特性参数，并完成试验报告（试验报告格式参见附录B）。

燃料量—给水流量联合特性试验与上述过程类似，只是试验过程中给水流量主控为自动，燃料主控切手动，此处不再赘述。

注意 在试验过程中，如危及到机组的安全运行，请运行人员立即退出试验，以确保机组安全。

图6-6所示为某1000MW超超临界仿真机组在给水流量扰动下的中间点温度动态特性试验曲线。

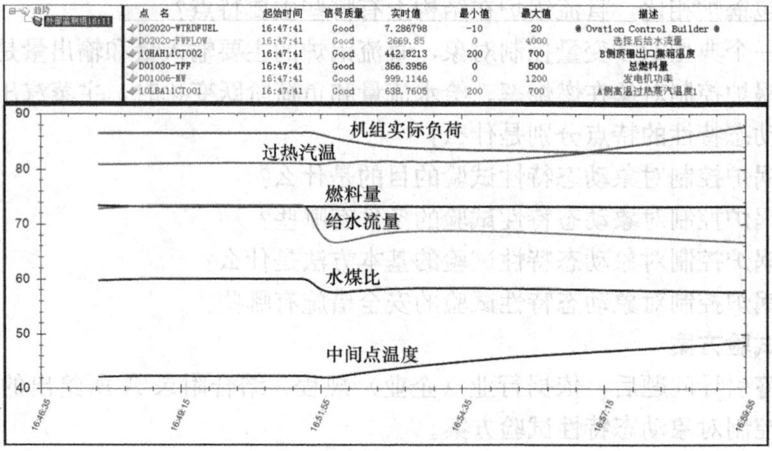

图 6-6　某 1000MW 超超临界仿真机组给水流量扰动下的中间点温度动态特性试验曲线

【检查评估】

检查任务的完成情况，检查评估表如表 1-3 所示。

任务二　直流锅炉控制方案分析

【学习目标】

(1) 理解直流锅炉的控制特点；
(2) 理解直流锅炉的负荷控制方案；
(3) 理解直流锅炉的给水控制方案；
(4) 理解直流锅炉的汽温控制方案；
(5) 能识读模拟量控制系统逻辑图符号；
(6) 会分析直流锅炉给水和过热汽温控制系统的结构组成与工作过程；
(7) 会编制模拟量控制系统分析报告；
(8) 养成善于动脑、勤于思考的学习习惯，具有与人沟通和交流的能力。

【任务描述】

某 600MW 超临界机组直流锅炉控制系统逻辑图如图 6-24～图 6-28 所示，试分析直流锅炉控制系统的结构组成和工作原理，并提交分析报告。

本任务建议采用案例教学法组织教学，其实施过程可参见表 1-4。

【知识导航】

一、直流锅炉控制特点

超临界直流锅炉与亚临界汽包锅炉相比，由于水汽转换原理和设备不同，其运行控制也有所不同，主要特点如下。

1. 汽包锅炉的控制特点

在汽包锅炉中，汽包把汽水流程分隔为加热段、蒸发段和过热段三段，这三段受热面的位置和面积是固定不变的。在给水流量变化时，仅影响汽包水位，不影响蒸汽压力和温度，而燃料量变化时，仅改变蒸汽流量和蒸汽压力，对蒸汽温度影响不大。因此，给水、燃烧、蒸汽温度控制系统是相对独立的，可以通过控制给水流量、燃烧率、喷水流量分别控制汽包水位、蒸汽压力和蒸汽温度。

汽包锅炉过热蒸汽温度是通过改变蒸发受热面和过热受热面之间的吸热比例来实现的。由于受热面是固定的，喷水为其主要控制手段，在锅炉结构确定之后，过热蒸汽温度的控制范围受到喷水流量的限制。

2. 直流锅炉的控制特点

超临界压力锅炉没有汽包，也没有炉水小循环回路。给水是一次性流过加热段、蒸发段和过热段。这三段受热面没有固定分界线，当给水流量或燃料量发生变化时，这三段受热面的吸热比例发生变化，锅炉出口汽温、蒸汽流量和压力都将发生变化。因此，给水、汽温、燃烧控制系统是密切相关的，不是独立的，某一控制系统投入与否将影响另一控制系统的性能，这给控制系统的设计和整定增加了复杂性。

超临界压力锅炉没有固定的过热受热面，进入过热受热面的工质热焓也是不固定的，过热蒸汽温度主要取决于燃料量与给水流量之比率，只要这个比率正确，受热面吸热量比率总能自动地调整到要求的状态，因此可以在很宽的负荷范围内得到要求的蒸汽温度。

此外，所有锅炉都有一个在最低燃烧率时最小的水冷壁给水流量，以防止水冷壁过热。对于汽包炉，是通过汽包和水冷壁间强制或自然循环来保证的；对超临界锅炉，则是用启动旁路系统和少量给水再循环来实现的。因此，在超临界机组启动和低负荷运行期间，在汽轮机负荷达到最小给水流量以前，控制系统必须把蒸汽压力给水控制延伸到启动旁路系统阀门。直流锅炉机组与汽包锅炉机组的比较见表 6-1。

表 6-1　直流锅炉机组与汽包锅炉机组的比较

	汽包炉机组	直流炉机组
机组发电量控制	独立控制回路（含功率、一级压力和频率参量）	独立控制回路（含功率、一级压力和频率参数）
锅炉指令	经过储能和滑压动态补偿后的压比信号，由燃料偏差和风量偏差进行保护性限制	经过蓄能和滑压动态补偿后的压比信号，加上主蒸汽压力偏差的调节修正，由燃料偏差、风量偏差和给水量偏差进行保护性限制
蒸汽负荷和主蒸汽压力	燃烧率控制	燃烧率和给水量并行控制

续表

	汽包炉机组	直流炉机组
燃烧率	锅炉指令控制	由锅炉指令形成燃水比指令控制
燃料量测量	热量信号	经过磨煤机模型的给煤机转速
风量控制	燃烧率指令乘风燃比	燃烧率指令乘风燃比
过热汽温控制	减温喷水	燃水比协调喷水减温
给水量控制	控制汽包水位	锅炉指令形成燃水比指令，加上对燃水比的修正

二、直流锅炉负荷控制方案

由前面直流锅炉的动态特性介绍可知，单独改变燃料量（燃烧率）或给水流量对主蒸汽压力、机组功率、蒸汽流量和过热汽温都有显著影响，所以，对于单元机组负荷控制系统来说，需要既保持能量平衡，又需要保持物质平衡。因此直流锅炉在负荷控制时，需要燃料量（燃烧率）和给水流量协调变化。

此外，当把单独改变燃料量或给水流量作为锅炉的负荷调节手段时，会使过热汽温发生明显的变化，因此当负荷改变时，从避免过热汽温波动的角度来看，也需使燃料量（燃烧率）和给水流量保持适当比例。

因此，在单元机组负荷控制中，直流锅炉参与负荷控制的手段主要是燃料控制系统和给水控制系统，这两个控制系统的正确协调动作与配合，使锅炉出力满足负荷要求，也使过热汽温基本稳定。因为燃料量和给水流量的变化都对机组功率（或主蒸汽压力）产生明显影响，所以直流锅炉就存在着下面不同的负荷控制原则性方案。

第一种控制方案如图 6-7 所示。锅炉指令 P_B 送入给水控制器调节给水流量，给水流量经函数发生器 $f(x)$ 给出相应给水流量下的燃料量需求值。因此，燃料控制系统是根据给水流量来调节燃料量，以保证燃料量和给水流量的合理配比，实现调节负荷的同时维持过热汽温的基本稳定，即煤跟水的调节方式。

第二种控制方案如图 6-8 所示。锅炉指令 P_B 送入燃料控制器调节燃料量，燃料量经函数发生器 $f(x)$ 给出给水流量需求值。因此给水控制系统是根据燃料量来调节给水流量，以保证燃料量和给水流量的合理配比，实现调节负荷的同时维持过热汽温的基本稳定，即水跟煤的调节方式。

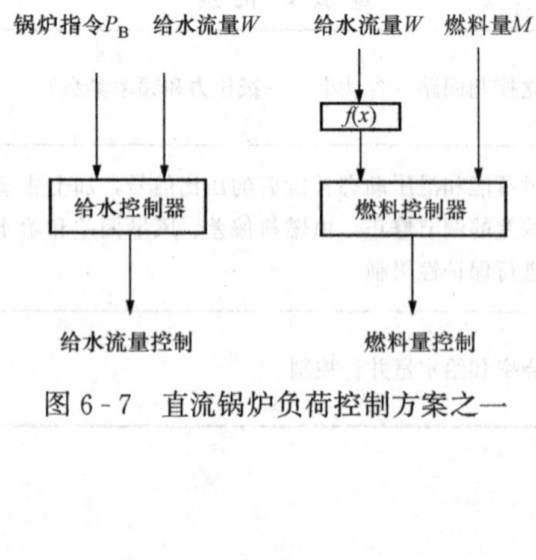

图 6-7 直流锅炉负荷控制方案之一

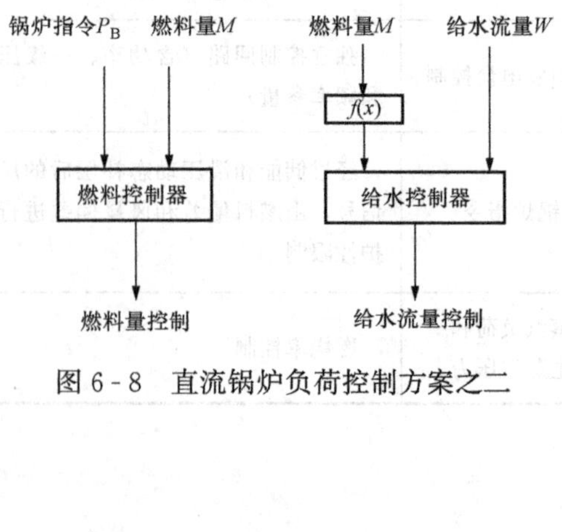

图 6-8 直流锅炉负荷控制方案之二

上面两种控制方案均没有考虑过热汽温对燃料量和给水流量动态响应的时间差异，实际上燃料量扰动下的过热汽温动态响应时间大于给水流量扰动下的过热汽温动态响应时间，因此，在锅炉变负荷过程中，上述两种控制方案会造成燃水比的动态不匹配，使得过热汽温波动大。为此，需对锅炉指令 P_B 进行动态校正，以保证燃料量和给水流量的动态匹配，其控制方案如图 6-9 所示。锅炉指令 P_B 不仅送入燃料控制器，还经迟延环节 $f(t)$ 后再经过函数发生器 $f(x)$ 送到给水控制器中，增加延迟环节 $f(t)$ 以实现锅炉指令 P_B 的时间延迟，以补偿过热汽温对燃料响应上的时间滞后。由于燃料量是锅炉指令 P_B 的函数，因此，函数发生器 $f(x)$ 间接地确定了燃水比。这样，当锅炉指令 P_B 改变时，燃料量调节先动作，给水量调节动作滞后于燃料量，通过选择合适的滞后时间，就能使燃料与给水控制系统在完成锅炉负荷控制的同时，减小对过热汽温的影响，其动态校正效果如图 6-10 所示。该控制方案是目前多数超临界机组所采用的一种燃料—给水控制原则性方案。

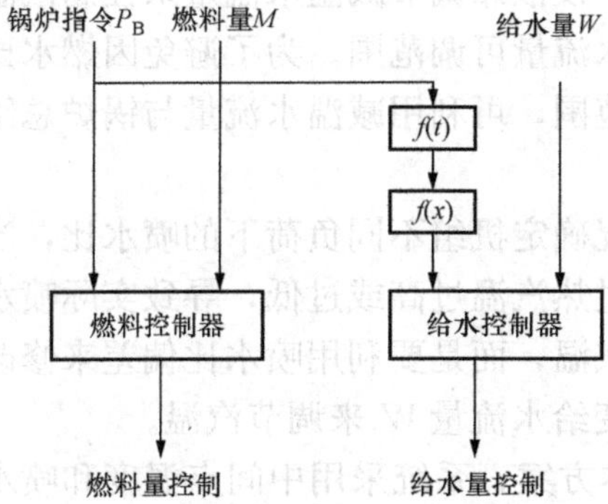

图 6-9　常用直流锅炉负荷控制方案

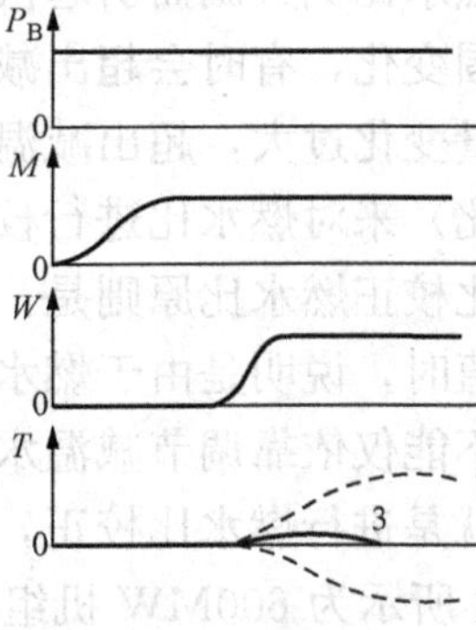

图 6-10　燃水动态校正图

三、直流锅炉给水控制方案

超临界发电机组没有汽包，锅炉给水控制系统的主要任务不再是控制汽包水位，而是以汽水分离器出口温度（中间点温度，也叫微过热温度）或焓值作为表征量，保证给水量与燃料量的比例不变，满足机组不同负荷下给水量的要求。

超临界机组通常采用调节给水流量来实现燃水比控制的控制方案。在燃水比控制中，燃水比的失衡会影响到过热汽温，但是不能使用过热汽温作为燃水比的反馈信号。这是因为过热汽温对给水量扰动有很大的迟延，若等到过热汽温已经明显变化后再调节给水流量的话，必然会使过热汽温严重超温或大幅降温，因此必须要有一个能快速反映燃水比失衡的反馈信号。

（一）采用中间点温度的给水控制方案

燃水比改变后，汽水流程中各点工质焓值和温度都随着改变，可选择锅炉受热面中间位置某点蒸汽温度作为燃水比是否适当的反馈信号，因为中间点温度不仅变化趋势与过热汽温一致，而且滞后时间比过热汽温滞后时间要小得多，这对于稳定过热汽温，提高锅炉燃水比的调节品质是非常重要的。而且中间点温度过热度越小，滞后越小，也就是越靠近汽水行程的入口，温度变化的惯性和滞后越小。采用内置式汽水分离器的超临界机组，一般取汽水分离器出口蒸汽温度作为中间点温度来反映燃水比。

图 6-11 所示是直流锅炉的喷水减温示意，给水流量 W 一般是指省煤器入口给水流量，

减温水流量 W_j 是指过热器一、二级减温水流量之和。锅炉总给水流量等于给水流量加上减温水流量减去分离器疏水量。改变给水流量 W 和减温水流量 W_j 都会影响过热汽温，通常通过改变锅炉总给水流量来改变给水流量 W 进而粗调汽温，改变减温水流量 W_j 进行过热汽温细调。

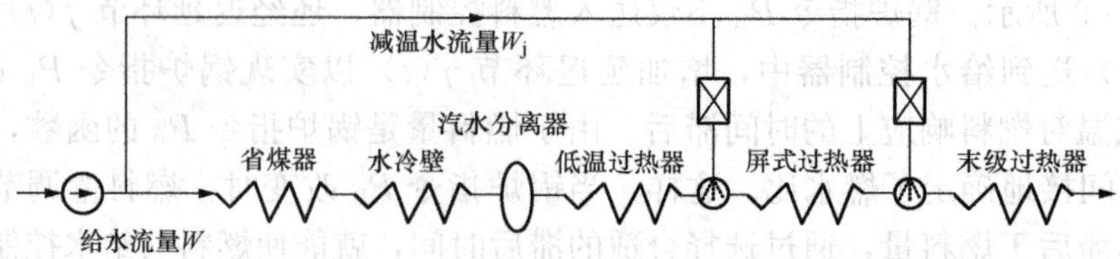

图 6-11　直流锅炉的喷水减温示意

当由于燃水比例失调而引起汽温的变化时，仅依靠调节减温水流量来控制汽温会使减温水流量大范围变化，有时会超出减温器的减温水流量可调范围。为了避免因燃水比失衡而导致减温水流量变化过大，超出减温水流量可调范围，可利用减温水流量与锅炉总给水流量的比值（喷水比）来对燃水比进行校正。

用喷水比校正燃水比原则是：根据设计工况确定机组不同负荷下的喷水比，当实际喷水比偏离给定值时，说明是由于燃水比失调而使过热汽温过高或过低，导致实际喷水比偏离给定值，这时不能仅依靠调节减温水流量来控制汽温，而是要利用喷水比偏差来修改锅炉总给水流量，也就是进行燃水比校正，进而通过改变给水流量 W 来调节汽温。

图 6-12 所示为 600MW 机组给水控制基本方案，系统采用中间点温度和喷水比来校正燃水比，并通过调节锅炉总给水流量来实现燃水比控制，从而实现过热汽温粗调的目的。

这是一个前馈—串级调节系统，副控制器 PID2 输出为给水流量控制指令，通过控制给水泵的转速使得锅炉总给水流量等于给定值，以保持合适的燃水比。主控制器 PID1 以中间点温度为被控量，其输出对以锅炉指令 P_B 形成的给水流量基本指令进行校正，以控制锅炉中间点汽温在适当范围内。控制系统可分为两大部分，即给水流量指令形成回路和给水泵转速控制回路。这里重点分析给水流量指令形成回路。

锅炉总给水流量给定值 SP2 是由给水基本指令和主控制器 PID1 输出的校正信号两部分叠加而成。

锅炉指令 P_B 作为前馈信号，经动态延时环节 $f_2(t)$ 和函数发生器 $f_2(x)$ 后给出给水流量基本指令，以使燃水比协调变化。其中 $f_2(t)$ 补偿燃料量和给水流量对水冷壁工质温度的动态特性差异。由于燃料制粉过程的迟延以及燃料燃烧发热与热量传递的迟延，因此，给水流量对水冷壁工质温度的影响要比燃料量快得多，所以增负荷时要先加燃料，经 $f_2(t)$ 延时后再加水，以防止给水增加过早使水冷壁工质温度下降。锅炉指令 P_B 经 $f_2(x)$ 给出不同负荷下的给水量需求。因为燃料量也是锅炉指令 P_B 的函数，所以 $f_2(x)$ 实际上是间接地确定燃水比。这样，当锅炉指令变化时，给水量和燃料量可以粗略地按一定比例变化，以控制过热汽温在一定范围内。

校正信号以分离器蒸汽温度作为中间点温度来修正给水流量基本指令。校正信号由主控制器 PID1 输出的控制信号和微分器 D 输出的前馈控制信号组成，前者根据分离器蒸汽温度和它的给定值之间的偏差运算得到，后者是分离器蒸汽温度的微分。前馈信号起动态补偿作

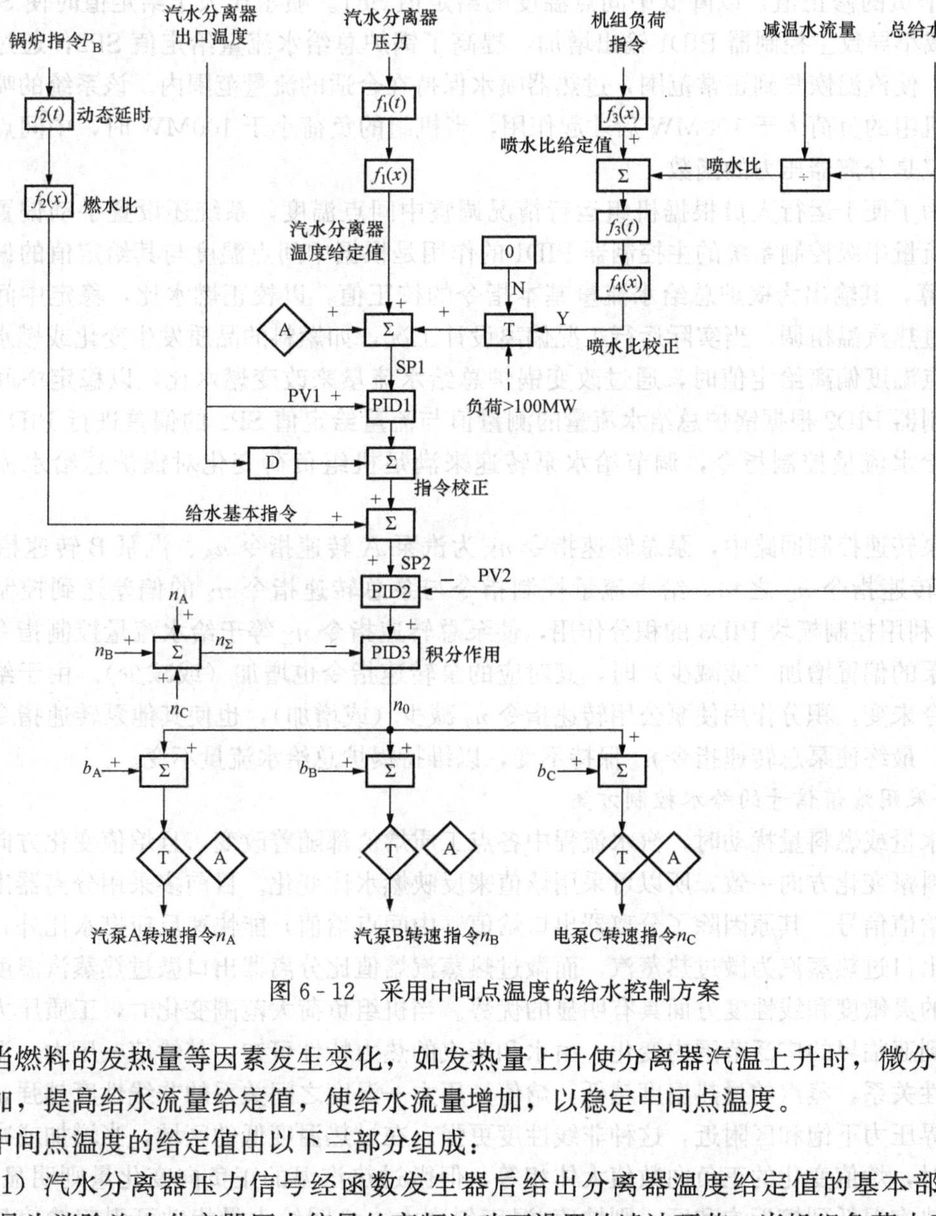

图 6-12　采用中间点温度的给水控制方案

用，当燃料的发热量等因素发生变化，如发热量上升使分离器汽温上升时，微分器 D 的输出增加，提高给水流量给定值，使给水流量增加，以稳定中间点温度。

中间点温度的给定值由以下三部分组成：

（1）汽水分离器压力信号经函数发生器后给出分离器温度给定值的基本部分。其中 $f_1(t)$是为消除汽水分离器压力信号的高频波动而设置的滤波环节。当机组负荷小于 100MW 时，函数器 $f_1(x)$ 的输出为分离器压力对应的饱和温度；当机组负荷大于 100MW 后，函数器 $f_1(x)$ 的输出为分离器压力对应的饱和温度，并加上适当的过热度。

（2）过热器喷水比的修正信号。过热器喷水比的修正信号是由实际的过热器喷水比与其给定值的偏差计算得到。过热器喷水比的给定值由机组负荷指令信号经函数发生器 $f_3(x)$ 给出，它是由设计工况（或校正工况）下一、二级减温水总量与机组负荷关系计算得到的。滤波环节 $f_3(t)$ 用于消除过热器喷水比信号的高频波动。为防止修正信号动态波动较大而引起分离器的干、湿切换，喷水比的修正作用不能太强，通过图 6-12 中的 $f_4(x)$ 对其修正的幅度和变化率进行限制。当喷水比大于 $f_3(x)$ 给出的给定喷水比时，就意味着过热汽温高于设计工况（或校正工况）值。此时，为了将汽温降低到设计工况（或校正工况）的水平，需提供一个负的修正值，以降低中间点温度的给定值 SP1。喷水比大于给定值时使 SP1 减小，SP1 减小导致主控制器 PID1 输出增加，提高了锅炉总给水流量给定值 SP2，通过增加给水流量，使汽温恢复到正常范围，过热器喷水保持在合适的流量范围内。该系统的喷水比修正只在机组的负荷大于 100MW 后才起作用，当机组的负荷小于 100MW 时，中间点温度给定值仅仅是分离器压力的函数。

（3）为了便于运行人员根据机组运行情况调整中间点温度，系统还设置手动偏置。可见，给水流量串级控制系统的主控制器 PID1 的作用是根据中间点温度与其给定值的偏差进行 PID 运算，其输出为锅炉总给水流量基本指令的校正值，以校正燃水比，稳定中间点温度，实现过热汽温粗调。当实际运行工况偏离设计工况，如燃料的品质发生变化或燃水比失调使中间点温度偏离给定值时，通过改变锅炉总给水流量来改变燃水比，以稳定中间点温度。副控制器 PID2 根据锅炉总给水流量的测量值与流量给定值 SP2 的偏差进行 PID 运算，输出作为给水流量控制指令，调节给水泵转速来满足机组负荷变化对锅炉总给水流量的需求。

给水泵转速控制回路中，泵总转速指令 n_{Σ} 为汽泵 A 转速指令 n_A、汽泵 B 转速指令 n_B 和电泵 C 转速指令 n_C 之和。给水流量控制指令与泵总转速指令 n_{Σ} 的偏差送到控制模块 PID3 中，利用控制模块 PID3 的积分作用，使泵总转速指令 n_{Σ} 等于给水流量控制指令。这样当某台泵的偏置增加（或减少）时，其对应的泵转速指令也增加（或减少）。由于给水流量控制指令未变，积分作用使泵公用转速指令 n_0 减少（或增加），也使其他泵转速指令减少（或增加），最终使泵总转速指令 n_{Σ} 保持不变，以维持锅炉总给水流量不变。

（二）采用焓值信号的给水控制方案

当给水量或燃料量扰动时，汽水流程中各点工质焓值都随着改变，且焓值变化方向与给水量或燃料量变化方向一致，所以可采用焓值来反映燃水比变化。目前多采用分离器出口过热蒸汽的焓值信号，其原因除了分离器出口焓值（中间点焓值）能快速反应燃水比外，还在于分离器出口过热蒸汽为微过热蒸汽，而微过热蒸汽焓值比分离器出口微过热蒸汽温度在反应燃水比的灵敏度和线性度方面具有明显的优势。当机组负荷大范围变化时，工质压力也将在超临界到亚临界的广泛范围内变化。由水和蒸汽的热力特性可知，其焓值—压力—温度之间为非线性关系，蒸汽的过热温度越低，焓值—压力—温度之间关系的非线性度越强，特别是在亚临界压力下饱和区附近，这种非线性度更强。在过热温度低的区域，当增加或减少同等给水量时，焓值变化的正负向数值大体相等，但微过热汽温的正负向变化量则明显不等。如果微过热汽温低到接近饱和区，则焓值/温度斜率大，说明给水量扰动可引起焓值显著变化，但温度变化却很小。因此，用微过热蒸汽焓值作为燃水比反馈信号可保证燃水比的调节精度和具有更好的调节性能。

图 6-13 所示为采用焓值信号的给水控制基本方案。该控制方案与图 6-7 所示的控制方案相似，锅炉指令 P_B 作为前馈信号经函数发生器 $f_1(x)$ 和动态延时环节 $f_1(t)$ 后，给出一个给水流量基本指令，控制系统根据分离器出口焓值偏差及一级减温器前后温差偏差形成燃水比校正信号，对给水流量基本指令进行校正，以确保合适的燃水比。

机组负荷指令经函数发生器 $f_2(x)$，给出相应负荷下适量减温水流量条件下的一级减温器前后温差给定值，当由于各种原因使得实际一级减温器前后温差偏离给定值时，如果不改变燃水比的话，就意味着各级减温水流量变化较大，有时会超出减温水流量可调范围，因此

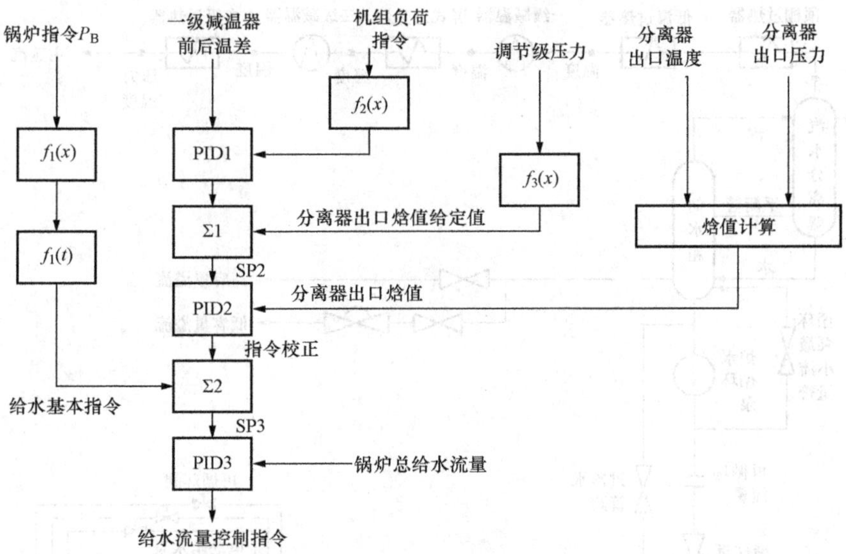

图 6-13　采用焓值信号的给水控制方案

需用一级减温器前后温差的偏差去修正燃水比，调整后的燃水比将使一级减温器前后温差稳定在温差给定值。引入一级减温器前后温差信号，可将调整燃水比与喷水减温两个控制手段协调起来，使一级减温喷水调节阀工作在适中位置和有适量的减温水流量，以达到用喷水减温控制汽温的可调要求。由于给水量对汽温的影响较大且滞后也较大，因此一级减温器前后温差对燃水比的校正作用也相对缓慢，所以，控制器 PID1 输出的校正信号变化不能太剧烈，否则会使汽温的波动较大。

代表锅炉负荷的汽轮机调节级压力信号经函数器 $f_3(x)$，给出不同负荷下的分离器出口焓值给定值。焓值给定值加上 PID1 输出的校正信号构成给定值 SP2，由分离器出口压力和温度经焓值计算模块算出分离器出口焓值，该出口焓值与给定值 SP2 的偏差经控制器 PID2 进行 PID 运算后作为校正信号，对给水基本指令进行燃水比校正。控制器 PID3 的给定值 SP3 由锅炉指令 P_B 给出的给水流量基本指令加上控制器 PID2 输出的校正信号构成。控制器 PID3 根据锅炉总给水流量与流量给定值 SP3 的偏差进行 PID 运算，输出作为给水流量控制指令调节给水泵转速来满足机组负荷变化对锅炉总给水流量的需求。

（三）其他有关给水控制问题

1. 最小流量控制系统

一般超临界机组直流锅炉的给水系统由 2 台 50% MCR 锅炉容量的汽动给水泵及其前置泵和 1 台 35% MCR 锅炉容量的电动给水泵及其前置泵和高压加热器等组成。各台给水泵的出口有单独的再循环管和再循环流量调节阀为泵提供最小流量控制，直流锅炉汽水流程如图 6-14 所示。

由图 3-10 可知，为了保证给水泵的安全，在任何工况下都不允许给水泵的流量低于最小允许流量，即避免泵的工作点落在上限特性曲线之外。因此当锅炉低负荷时，为了保证给水泵出口有足够的流量（应大于泵的最小流量），给水泵应该保证在最低转速下运行。这时给水泵出口多余的水则经过与给水泵并联的再循环调节阀流回到除氧器。为了保证通过每台

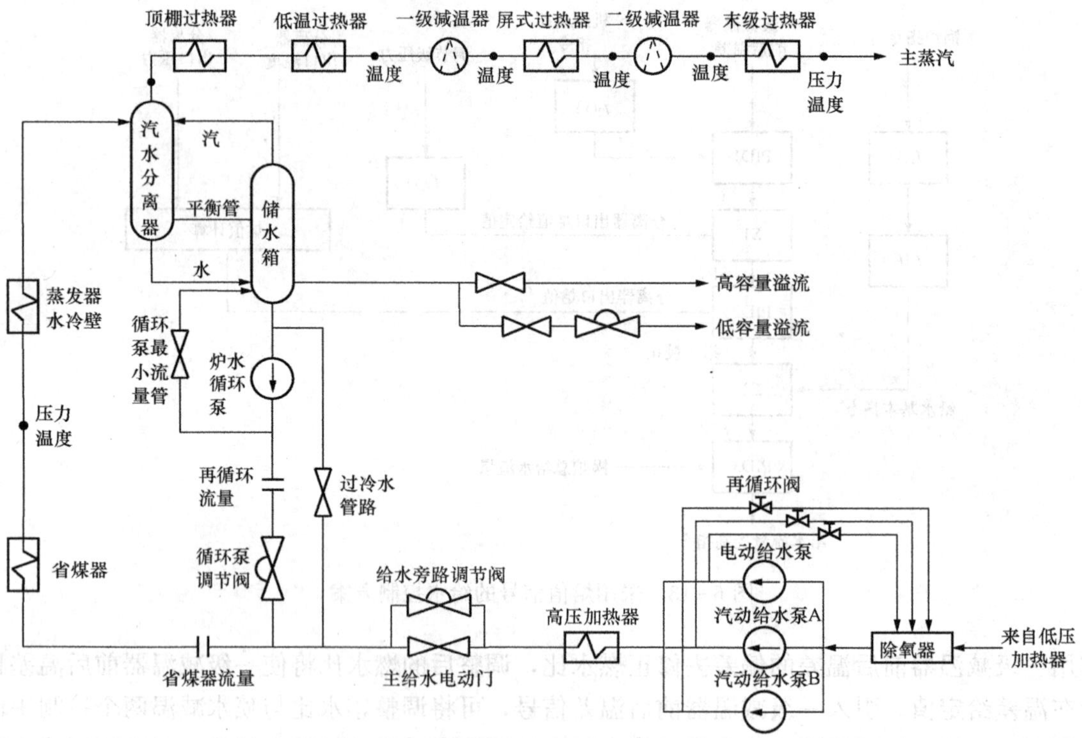

图 6-14 直流锅炉汽水流程简图

给水泵的流量不低于最小允许流量，对每一台给水泵都设计了相应的给水泵最小流量控制系统。

由于汽动给水泵 A、汽动给水泵 B 和电动给水泵 C 的最小流量控制系统互相独立，结构完全相同，下面以汽动给水泵 A 最小流量控制方案（见图 6-15）为例加以说明。

汽动给水泵最小流量控制系统为一单回路控制系统。给水泵入口流量作为控制回路的被控量，并引入给水泵入口温度进行补偿。最小流量定值由给水泵的特性曲线得出，在一定的给水泵转速下，对应有允许的最小入口流量，加上一定的偏置以提高给水泵运行的安全性。为了防止设定值的扰动对控制系统的冲击和运行人员设定值在操作允许范围之外，该设定值应该经过速率限制和上下限幅限制。系统自动时，汽动给水泵 A 最小允许流量设定值 SP 和汽动给水泵 A 入口流量测量值 PV 的偏差经 PID 控制器进行比例积分运算，其输出作为汽动给水泵 A 再循环阀的开度指令。

当给水泵入口流量小于报警值（汽泵前置泵最小流量决定）时强制全开再循环阀；此外当接受从 SCS 送来的“打开最小流量再循环阀”指令后，给水泵最小流量再循环阀强制全开。

2. 给水泵出口压力控制

在给水泵的运行过程中，可以通过调节旁路阀门的开度，提高管路阻力来提高给水泵出口压力，防止给水泵的工作点落在下限特性之外，这种措施也称为最大流量保护。

给水泵出口压力控制系统原理如图 6-16 所示。每台给水泵的入口给水流量经过相应的函数发生器 $f(x)$（泵的下线特性），给出泵的入口流量所对应的给水泵出口最低安全压力，

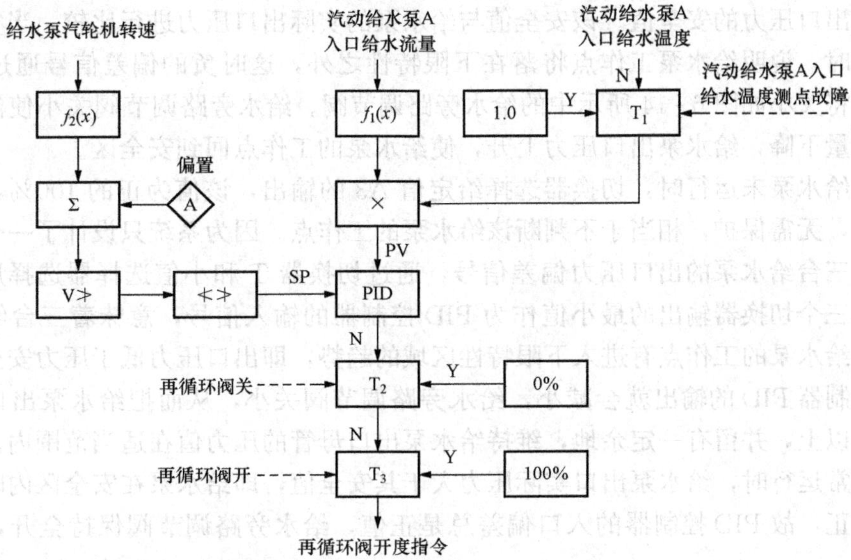

图 6-15　汽动给水泵 A 最小流量控制方案

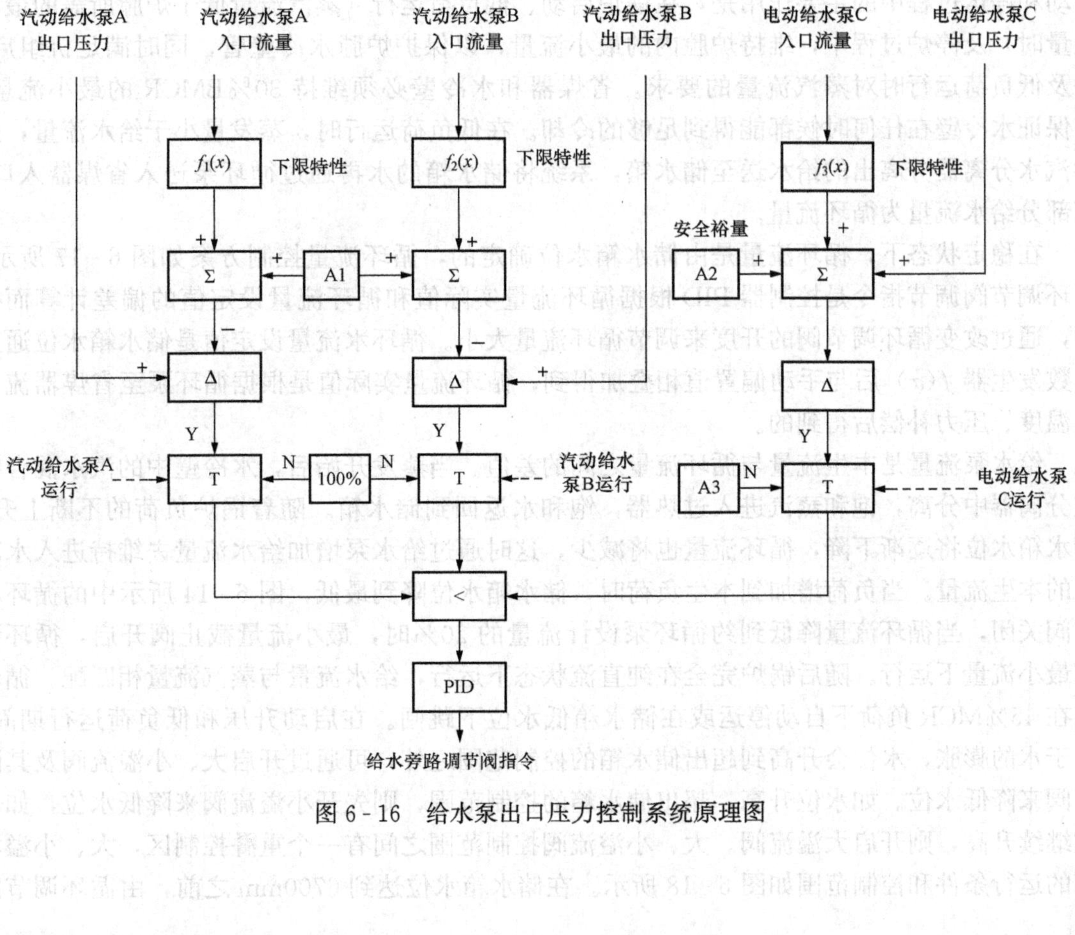

图 6-16　给水泵出口压力控制系统原理图

为确保给水泵工作在安全区之内，在最低安全压力基础上还加上了一个安全裕量，作为该流量下给水泵出口压力的安全值。该安全值与给水泵的实际出口压力进行比较，当实际压力低于其安全值时，说明给水泵工作点将落在下限特性之外，这时负的偏差信号通过 PID 控制器输出信号将关小如图 6-14 所示中的给水旁路调节阀。给水旁路调节阀关小使流动阻力增加，给水流量下降，给水泵出口压力上升，使给水泵的工作点回到安全区。

当某台给水泵未运行时，切换器选择给定值 A3 的输出，该值为正的 100%，表示该给水泵未运行，无需保护，相当于不判断该给水泵的工作点。因为系统只设计了一个给水旁路调节阀，故三台给水泵的出口压力偏差信号，通过切换器 T 和小值选择器选择后进入 PID 控制器，将三个切换器输出的最小值作为 PID 控制器的输入信号，意味着三台给水泵中只要任意一台给水泵的工作点有进入下限特性区域的趋势，即出口压力低于压力安全值，即偏差为负，控制器 PID 的输出就会减小，给水旁路调节阀关小，从而把给水泵出口压力提高到安全压力以上，并留有一定余地，维持给水泵出口母管的压力值在适当范围内。

机组正常运行时，给水泵出口实际压力大于其安全值，即给水泵在安全区内时，所有比较器输出为正，故 PID 控制器的入口偏差总是正值，给水旁路调节阀保持全开，不起限制流量的作用。

3. 循环流量与储水箱水位控制

直流锅炉给水控制系统中设置了专门的启动系统（见图 6-14）。启动系统在直流锅炉的启动和停运过程中的主要作用是，在锅炉启动、低负荷运行（蒸汽流量低于炉膛所需的最小流量时）及停炉过程中，维持炉膛内的最小流量，以保护炉膛水冷壁管，同时满足机组启、停及低负荷运行时对蒸汽流量的要求。省煤器和水冷壁必须维持 30%BMCR 的最小流量，以保证水冷壁在任何时候都能得到足够的冷却。在低负荷运行时，蒸发量小于给水流量，这时汽水分离器分离出的给水送至储水箱，系统将储水箱的水再通过循环泵送入省煤器入口，该部分给水流量为循环流量。

在稳定状态下，循环流量是由储水箱水位确定的，循环流量控制方案如图 6-17 所示。循环调节阀调节指令是控制器 PID 根据循环流量实际值和循环流量设定值的偏差计算而得的，通过改变循环调节阀的开度来调节循环流量大小。循环水流量设定值是储水箱水位通过函数发生器 $f(x)$ 后与手动偏置值相叠加得到，循环流量实际值是根据循环泵至省煤器流量经温度、压力补偿后得到的。

给水泵流量是本生流量与循环流量之间的差值。当蒸发开始后，水冷壁中的汽水混合物在分离器中分离，饱和蒸汽进入过热器，饱和水返回到储水箱。随着锅炉负荷的不断上升，储水箱水位将逐渐下降，循环流量也将减少，这时通过给水泵增加给水流量去维持进入水冷壁的本生流量。当负荷增加到本生负荷时，储水箱水位降到最低，图 6-14 所示中的循环调节阀关闭，当循环流量降低到约循环泵设计流量的 20%时，最小流量截止阀开启，循环泵在最小流量下运行。随后锅炉完全在纯直流状态下运行，给水流量与蒸汽流量相匹配。循环泵在 45%MCR 负荷下自动停运或在储水箱低水位下跳闸。在启动升压和低负荷运行期间，由于水的膨胀，水位会升高到超出储水箱的控制范围之外，可通过开启大、小溢流阀及其隔离阀来降低水位。如水位升高，超出储水箱的控制范围，则先开小溢流阀来降低水位，如水位继续升高，则开启大溢流阀。大、小溢流阀控制范围之间有一个重叠控制区，大、小溢流阀的运行条件和控制范围如图 6-18 所示。在储水箱水位达到 6700mm 之前，由循环调节阀调节循环流量的大小来保持储水箱水位。储水箱水位在6700～7650mm时，小溢流阀逐步开启，水位在7450～8160mm时大溢流阀开启。大、小溢流阀的控制方案如图6-19所示。

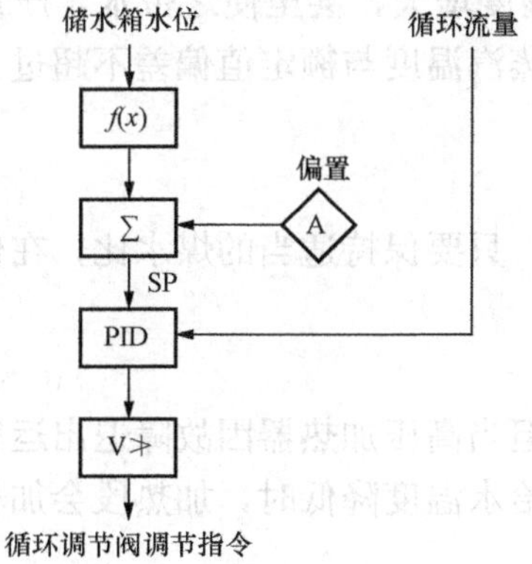

图6-17　循环流量控制方案

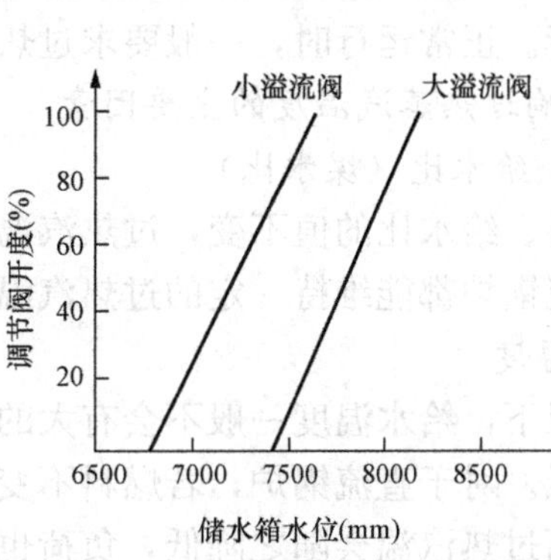

图6-18　溢流阀开度与水位关系

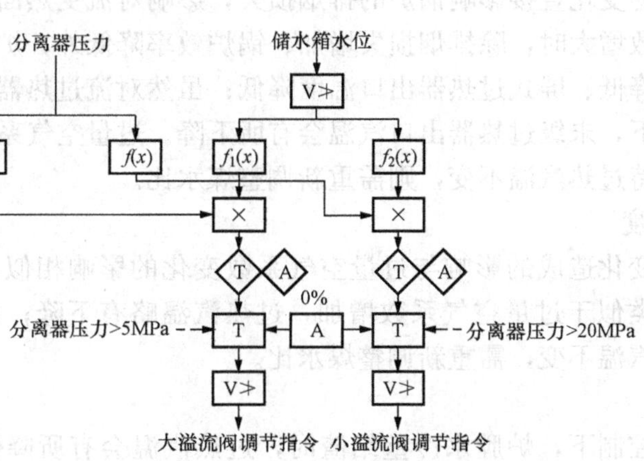

图6-19　大、小溢流阀的控制方案

储水箱水位通过速率限制后送入函数发生器转换成相应的溢流阀开度，函数发生器确定分离器溢流阀开度与储水箱水位之间的关系。水位送入函数发生器前先经过速率限制的目的是防止水位异常波动造成阀门开度突变。当阀门开度相同时，若压力不同，对应的流量将不同。因此引入分离器储水箱压力信号对阀门开度进行校正，以满足不同压力时流量基本相同。储水箱水位因汽水膨胀现象会使水位波动，当膨胀现象发生时，水位有上升的趋势，这样会使溢流阀门开度增加，过后水位又会急剧下降，因而储水箱水位波动剧烈，储水箱水位波动剧烈会影响到循环流量，循环流量的波动又会影响给水泵给水流量的波动。为了避免水位的异常波动导致阀门开度频繁动作，对溢流阀门开度进行了速率限制，以防止水位波动。大溢流阀将在分离器压力大于5MPa时联锁关闭；当分离器压力大于20MPa时，小溢流阀被联锁关闭。

四、直流锅炉汽温控制方案

过热蒸汽温度控制的主要任务是维持过热器出口蒸汽温度在允许的范围之内，并保护过热器，使其管壁温度不超过允许的工作温度。过热蒸汽温度是锅炉汽水系统中的温度最高点，蒸汽温度过高会使过热器管壁金属强度下降，以至烧坏过热器的高温段，严重影响安全；过热蒸汽温度偏低，则会降低发电机组能量转换效率。据分析，汽温每降低5℃，热经济性将下降1%；且汽温偏低会使汽轮机尾部蒸汽湿度增大，甚至使之带水，严重影响汽轮机的安全运行。正常运行时，一般要求过热器出口蒸汽温度与额定值偏差不超过±5℃。

（一）影响过热蒸汽温度的主要因素

1. 燃料、给水比（煤水比）

只要燃料、给水比的值不变，过热汽温就不变。只要保持适当的煤水比，在任何负荷和工况下，直流锅炉都能维持一定的过热汽温。

2. 给水温度

正常情况下，给水温度一般不会有大的变动；但当高压加热器因故障退出运行时，给水温度就会降低。对于直流锅炉，若燃料不变，由于给水温度降低时，加热段会加长、过热段会缩短，因而过热汽温会随之降低，负荷也会降低。

3. 过量空气系数

过量空气系数的变化直接影响锅炉的排烟损失，影响对流受热面与辐射受热面的吸热比例。当过量空气系数增大时，除排烟损失增加、锅炉效率降低外，炉膛水冷壁吸热减少，造成过热器进口温度降低、屏式过热器出口温度降低；虽然对流过热器吸热量有所增加，但在煤水比不变的情况下，末级过热器出口汽温会有所下降。过量空气系数减小时的结果与增加时的相反。若要保持过热汽温不变，则需重新调整煤水比。

4. 火焰中心高度

火焰中心高度变化造成的影响与过量空气系数变化的影响相似。在煤水比不变的情况下，火焰中心上移类似于过量空气系数增加，过热汽温略有下降；反之，过热汽温略有上升。若要保持过热汽温不变，需重新调整煤水比。

5. 受热面结渣

煤水比不变的控制下，炉膛水冷壁结渣时，过热汽温会有所降低；过热器结渣或积灰时，过热汽温下降较明显。前者情况发生时，调整煤水比就可；后者情况发生时，不可随便调整煤水比，必须在保证水冷壁温度不超限的前提下调整煤水比。

对于直流锅炉，在水冷壁温度不超限的条件下，后四种影响过热汽温因素都可以通过调整煤水比来消除；所以，只要控制好煤水比，在相当大的负荷范围内，直流锅炉的过热汽温可保持在额定值。此优点是汽包锅炉无法比拟的，但煤水比的调整，只有自动控制才能可靠完成。

（二）控制方案

直流锅炉采用喷水减温进行过热汽温细调的控制原理与汽包锅炉过热汽温控制原理基本相同。

如图6-20所示，该过热器喷水减温系统分别设置一级、二级喷水减温器，每级喷水减温器分A、B两侧布置，蒸汽经过A、B两侧末级过热器后分别进入出口汇集联箱，最后通过一根蒸汽管道进入汽轮机高压缸。通过A、B两侧一级减温水流量来调节A、B两侧屏式过热器的出口蒸汽温度，通过A、B两侧二级减温水流量来调节A、B两侧末级过热器的出口蒸汽温度。对于A、B两侧的一级减温来说，由于其出口均有温度测点，且温度设定值可相互单独设定，故其控制策略可设计为两套独立的控制策略，二级同理。

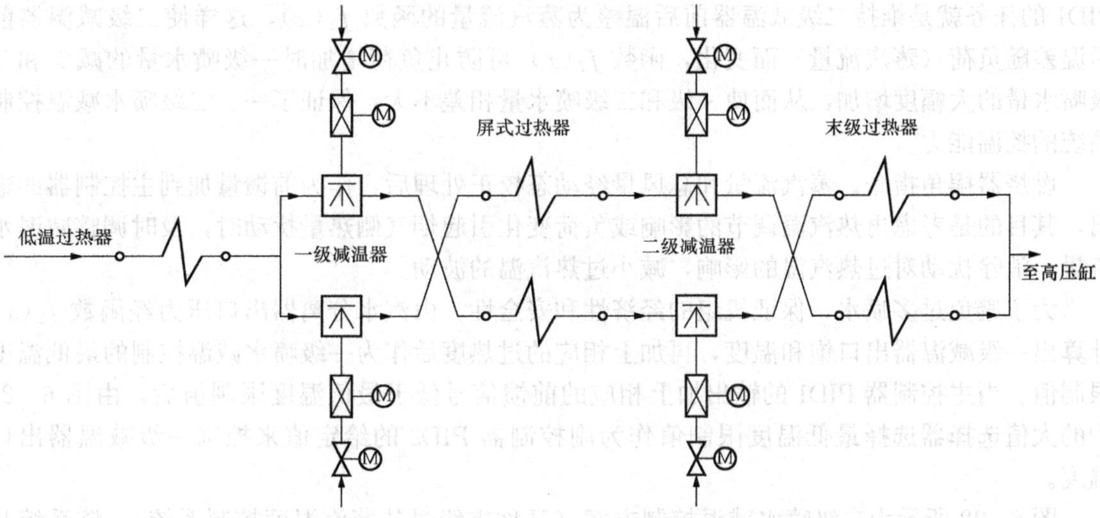

图 6-20　过热器喷水减温工艺流程简图

图 6-21 所示系统为前馈—串级控制结构。二级减温器入口温度与二级减温器出口温度的温差信号作为系统主参数，主控制器 PID1 的输出加上经过动态校正环节 $f_1(t)$ 后的燃烧器摆角指令和经过动态校正环节 $f_2(t)$ 的总风量及蒸汽流量前馈信号后作为副控制器 PID2 的给定值，过热器一级减温器出口温度为系统的副参数。副控制器 PID2 的输出为一级减温水流量指令，去调节一级喷水减温调节阀门开度，从而改变一级减温水流量。

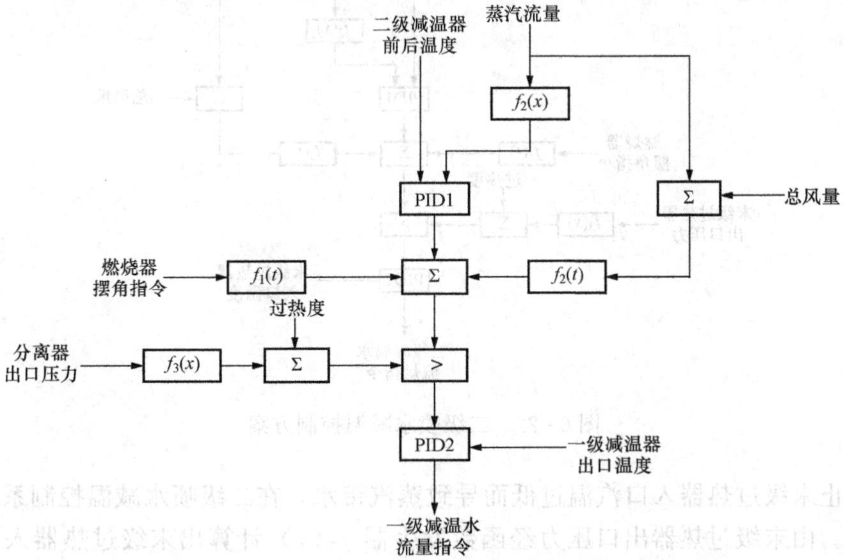

图 6-21　一级喷水减温控制方案

采用二级减温器前后温差作为系统主参数进行控制，主要是因为机组二级减温器前的过热器为屏式过热器；二级减温器后的末级过热器为对流过热器，这两种过热器的温度特性相反，如当负荷增加时，前者出口温度将下降，后者出口温度则上升，若此时减少一级减温水流量将恶化二级喷水减温的调控能力，从而导致末级过热器出口温度超温，因此主控制器

PID1 的任务就是维持二级减温器前后温差为蒸汽流量的函数 $f_2(x)$，这样使二级减温器前后温差随负荷（蒸汽流量）而变化，函数 $f_2(x)$ 可防止负荷增加时一级喷水量的减少和二级喷水量的大幅度增加，从而使一级和二级喷水量相差不大，保证了一、二级喷水减温控制系统的控温能力。

燃烧器摆角指令、蒸汽流量和总风量经动态校正处理后，作为前馈量加到主控制器的输出，其目的是考虑再热汽温调节的影响或负荷变化引起烟气侧热量扰动时，及时调整减温水流量，消除扰动对过热汽温的影响，减小过热汽温的波动。

为了避免过多喷水，保证机组的经济性和安全性，由汽水分离器出口压力经函数 $f_3(x)$ 计算出一级减温器出口饱和温度，再加上相应的过热度后作为一级喷水减温控制的最低温度限制值。当主控制器 PID1 的输出加上相应的前馈信号低于最低温度限制值后，由图 6-21 中的大值选择器选择最低温度限制值作为副控制器 PID2 的给定值来控制一级减温器出口温度。

图 6-22 所示为二级喷水减温控制方案（又称末级过热蒸汽温度控制系统）。该系统与一级喷水减温控制方案结构完全一样，为前馈—串级控制结构。末级过热器出口温度为主参数，主控制器 PID1 的输出，加上经过动态校正环节 $f_1(t)$ 后的燃烧器摆角指令和经过动态校正环节 $f_2(t)$ 的总风量及蒸汽流量前馈信号后作为副控制器 PID2 的给定值，末级过热器入口汽温为系统的副参数。副控制器 PID2 的输出为二级减温水流量指令，去调节二级喷水减温调节阀门开度，从而改变二级减温水流量。

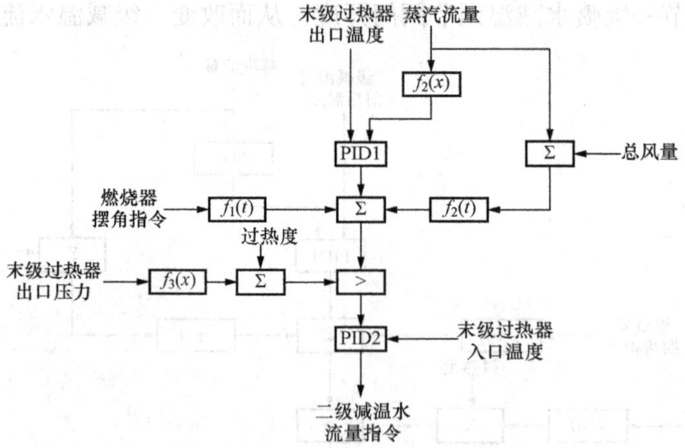

图 6-22 二级喷水减温控制方案

为了防止末级过热器入口汽温过低而导致蒸汽带水，在二级喷水减温控制系统中设置了过热度保护。由末级过热器出口压力经函数发生器 $f_3(x)$ 计算出末级过热器入口蒸汽的饱和温度，加上一定的过热度（10℃左右）后作为末级过热器入口汽温保护值。当主控制器 PID1 的输出加上相应的前馈信号低于保护值时，由大值选择器选择保护值作为副控制器 PID2 的给定值控制末级过热器入口汽温，这样避免末级过热器入口蒸汽带水，影响机组安全运行。

燃烧器摆角指令、蒸汽流量和总风量等前馈信号的目的是当再热汽温调节或负荷变化引起烟气侧热量扰动时，及时调整减温水流量，消除扰动对过热汽温影响。

【任务准备】

一、引导问题

学习完相关知识后，需回答下列问题：

（1）与汽包锅炉相比，直流锅炉的控制特点有哪些？

（2）直流锅炉负荷控制的基本方案有哪几种？它们的特点和主要区别是什么？

（3）直流锅炉给水控制的基本方案是什么？其特点是什么？

（4）直流锅炉汽温控制的基本方案是什么？其特点是什么？

【任务实施】

分析直流锅炉控制系统的结构与工作原理。下面给出某600MW超临界机组直流锅炉控制系统的分析过程，仅供参考。

一、给水控制系统分析

1. 控制目的

通过控制给水流量来实现燃水比控制，从而实现对过热汽温的粗调。

2. 系统功能

图6-23所示是某600MW超临界机组给水热力系统。

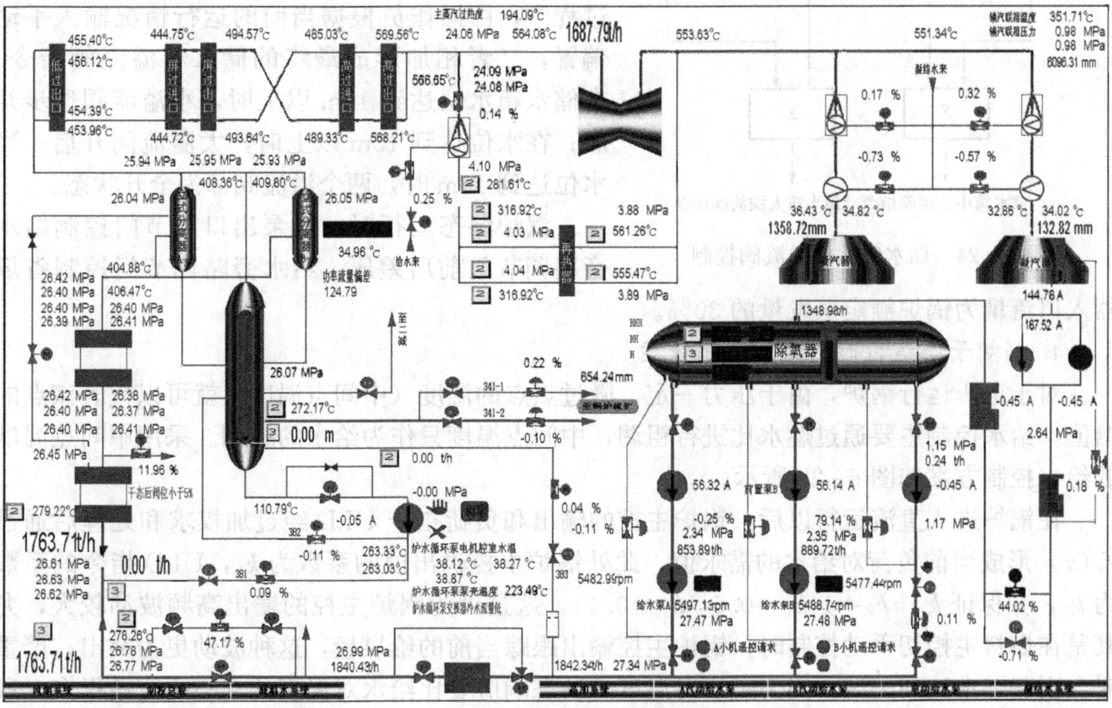

图6-23　600MW超临界机组给水热力系统

机组配三台给水泵，其中，一台为30％额定容量的电动给水泵，两台各为50％额定容量的汽动给水泵。电动给水泵作为启动及带低负荷或当两台汽动给水泵中有一台故障时作备用泵使用。正常运行时由两台汽动给水泵供水，两台汽动给水泵由给水泵汽轮机驱动，其转速控制由独立的给水泵汽轮机电液控制系统（MEH）完成，MEH 系统的转速给定值由给水控制系统设置，MEH 系统只相当于给水控制系统的执行机构。在高压加热器与省煤器之间有主给水电动截止阀、给水旁路截止阀和约 15%容量的给水旁路调节阀。

在机组燃烧率低于 30%BMCR 时，锅炉处于非直流运行方式，分离器处于湿态运行，分离器中的水位由分离器至省煤器以及分离器至疏水扩容器的组合控制阀进行控制，给水系统处于循环工作方式；当机组燃烧率大于 30%BMCR 后，锅炉逐步进入直流运行状态。

因此，超临界机组锅炉给水控制分低负荷时（30%BMCR 以下）的汽水分离器水位控制及锅炉直流运行（30%BMCR 以上）时的煤水比控制。

3. 锅炉湿态运行时的给水控制方案

在启动升压和低负荷运行期间，由于水的膨胀，水位会升高到超出循环泵控制范围之外，此时将开启小溢流阀及其隔离阀以降低水位；如水位继续升高，还将开启大溢流阀及其隔离阀。大小溢流阀控制范围之间有一个重叠控制区。大、小溢流阀的控制逻辑如图 6-24 所示。

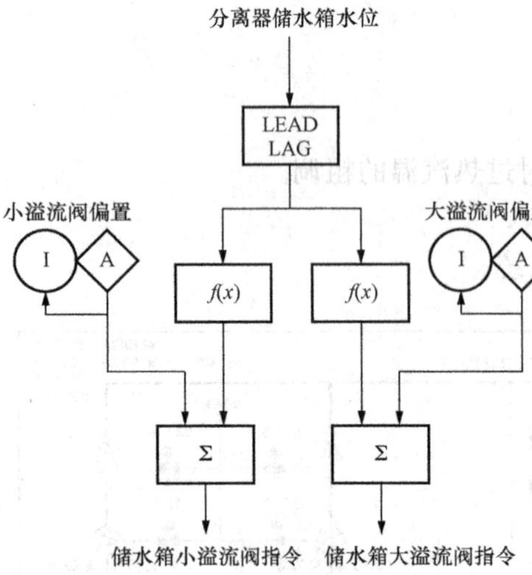

图 6-24 储水箱水位溢流阀控制

储水箱水位值通过滤波环节（LEADLAG）消除水位的高频波动，经过 $f(x)$ 函数形成当前水位所对应的大、小溢流阀的开度。在锅炉启动过程中，由操作员根据当前的运行情况输入手动偏置，二者相加形成最终的储水箱溢流阀指令。在储水箱水位达到 10m 以上时，小溢流阀逐步开启；在水位达到 12m 以上时，大溢流阀开启；当水位达到 16m 时，两个溢流阀都为全开状态。

锅炉湿态运行时，电泵出口调节门控制给水旁路调节门前后差压，给水旁路调节门控制省煤器入口流量为锅炉额定蒸发量的 30%。

4. 锅炉干态运行时的给水控制方案

对于定压运行锅炉，由于压力一定，微过热点的温度（中间点温度）就可以代表该点的焓值。给水控制主要通过燃水比进行粗调，中间点温度只作为给水的细调。采用中间点温度的给水控制方案如图 6-25 所示。

在锅炉进入直流运行以后，锅炉主控的输出和负荷指令 ULD 经过加权求和处理后通过 $f_5(x)$ 形成当前负荷对给水的需求值。此处锅炉主控输出值的系数为 k_1，ULD 指令的系数为 k_2，要保证 $k_1+k_2=1(k_1=0.6，k_2=0.4)$。这是因为锅炉主控的输出高频波动较大，尤其是在燃料主控切手动控制时，锅炉主控输出跟踪当前的给煤量，这种波动更为突出，严重时会引起燃水比的失调。因为燃烧对温度的动态响应要比给水对温度的动态响应慢得多，所以加了惯性延迟环节，用以补偿给水和给煤不同的动态特性，以防止二者的动态不匹配。

由分离器出口压力经过 $f_3(x)$ 换算成当前压力所对应的温度值，分离器出口温度减去此温度值可得分离器出口温度的过热度，经过惯性延迟环节后形成当前蒸汽的过热度值。ULD 指令经过 $f_4(x)$ 函数算出当前负荷所对应的分离器出口温度的过热度，再加上操作员站

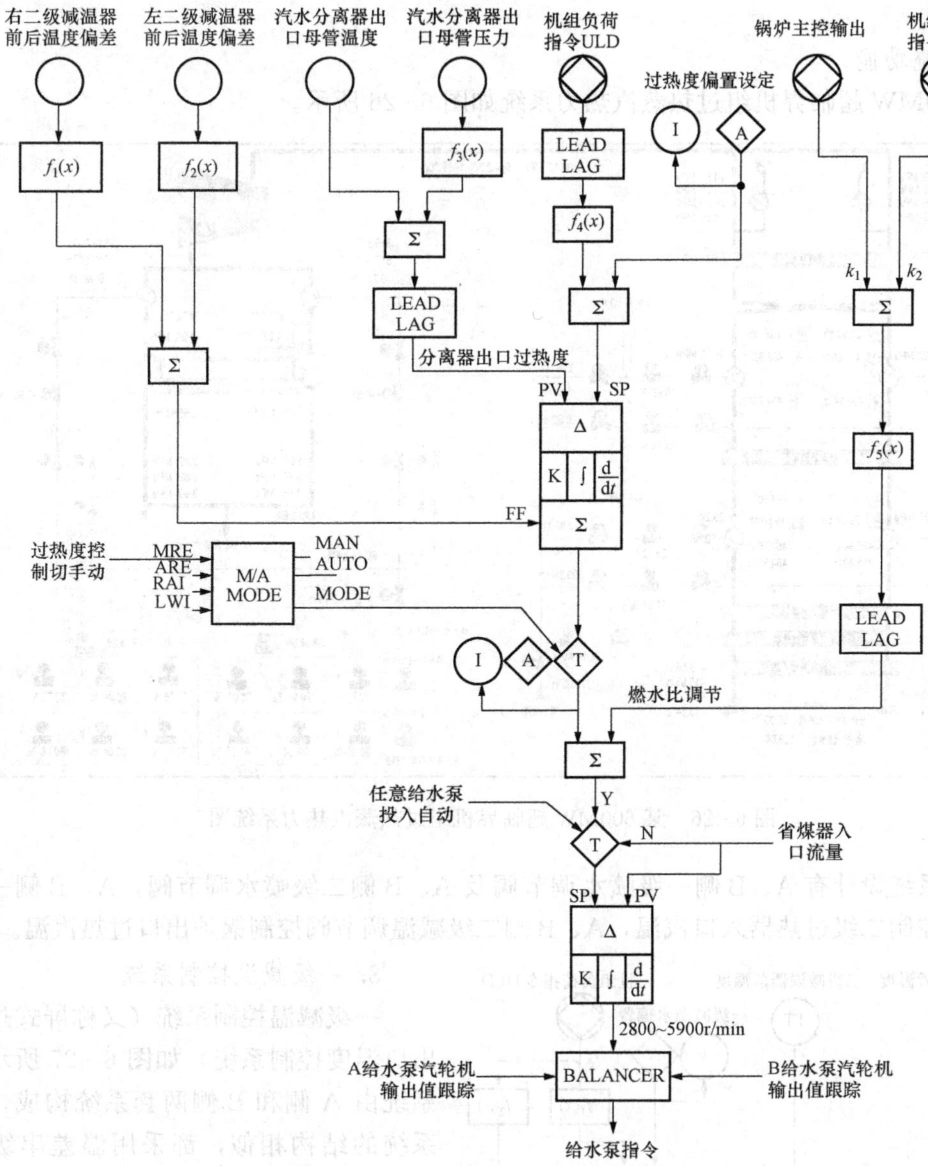

图 6-25　采用中间点温度的给水控制方案

设置的偏置值，经过惯性延时环节后形成过热度的给定值。二者再经过 PID 控制器运算，输出指令与燃水比指令相加再与省煤器入口流量求偏差，经 PID 运算后得到给水泵转速指令。

考虑实际工程设计中微过热温度定值与机组实际运行情况的偏差，特引入二级减温器前温度偏差作为前馈信号，以保证减温水量和给水量的比例。给水泵转速指令输出范围为 2800～5900r/min，因为，在该范围内给水泵汽轮机由 MCS 控制，在该范围之外则是由 MEH 控制。输出指令通过平衡块 BALANCER 来平衡两台给水泵汽轮机的负荷输出。

二、过热汽温控制系统分析

1. 控制目的

通过调节一级、二级过热器减温水量，维持锅炉出口过热汽温为给定值，实现对过热汽温的细调。

2. 系统功能

某 600MW 超临界机组过热蒸汽热力系统如图 6-26 所示。

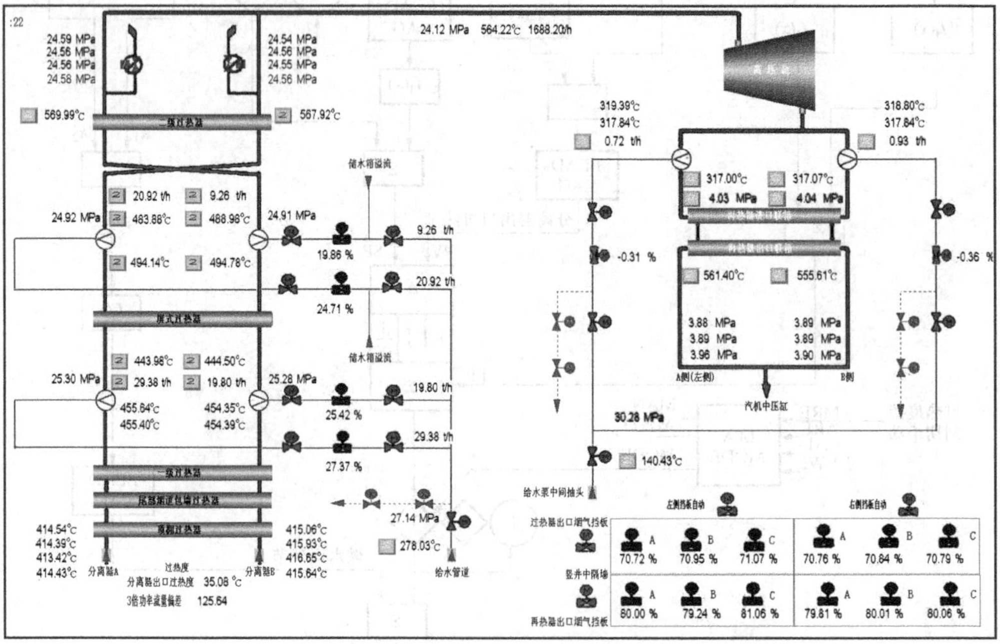

图 6-26 某 600MW 超临界机组过热蒸汽热力系统图

热力系统设计有 A、B 侧一级喷水调节阀及 A、B 侧二级喷水调节阀，A、B 侧一级减温调节阀控制二级过热器入口汽温，A、B 侧二级减温调节阀控制锅炉出口过热汽温。

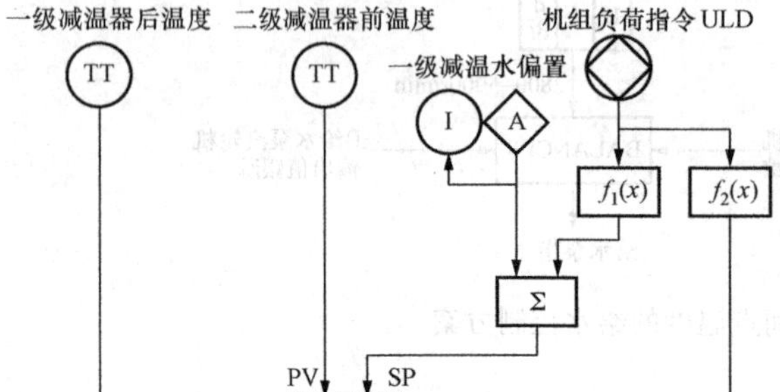

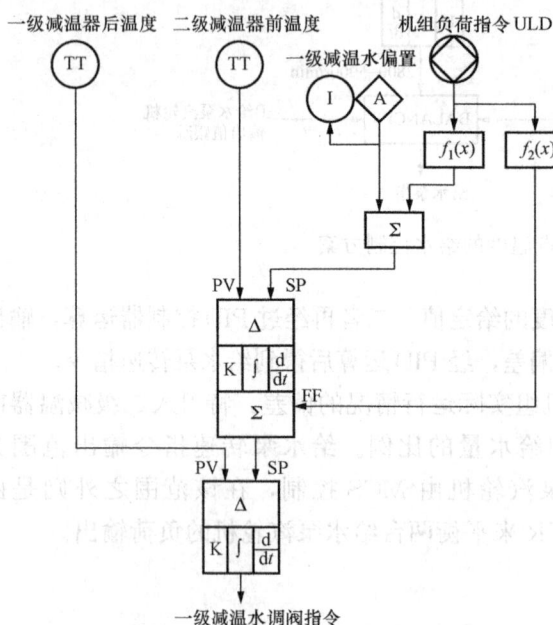

图 6-27 一级减温控制系统图

3. 一级减温控制系统

一级减温控制系统（又称屏式过热器出口温度控制系统）如图 6-27 所示。该系统由 A 侧和 B 侧两套系统构成。两套系统的结构相似，都采用温差串级控制策略。

二级减温器入口温度作为主控制器的过程被控量，ULD 指令经过 $f_1(x)$ 换算后得出当前负荷下对应的二级减温器入口温度值，与操作站的调节偏置相加后，形成二级减温器前温度设定值。ULD 指令经过 $f_2(x)$ 换算后形成负荷前馈指令作用在主控制器的输出上，这是因为当锅炉负荷变化时，主蒸汽温度也将变化，在锅炉降负荷时，主蒸汽温度也降低，这时应关小减温水调节阀，直到减温器解列为止。主控制器的输出作为副控制器的给定值，过热器一级减温器出口温度为副控制器的被控量，形成串级控制系统，产生一级喷水减温器的喷水量指令去控制过热器一级减温器入口喷水调节门，使二级减温器前的温度随负荷（蒸汽流量）而变化。这可防止负荷增加时一级喷水量的减少和二级喷水量的大幅度增加，从而使一级和二级喷水量相差不大，各段过热器温度相对比较均匀。

当发生锅炉主燃料跳闸（MFT）时，应强关一级减温水调节阀门。

当A侧二级减温器前温度变送器发生故障，或A侧二级减温器前温度偏差大，或A侧一级减温器调节阀阀位和指令偏差大，或A侧一级减温后温度变送器发生故障，A侧一级喷水控制阀应强制手动。

当B侧二级减温器后温度变送器发生故障，或B侧二级减温器前温度偏差大，或B侧一级喷水阀位和指令偏差大，或B侧一级减温器后温度变送器发生故障，B侧一级喷水控制阀应强制手动。

4. 二级减温控制系统

二级减温控制系统（又称末级过热蒸汽温度控制系统）如图6-28所示。该系统也由结构相似的A侧和B侧两套系统构成，采用典型的串级汽温控制方案。锅炉主蒸汽温度为被控量，主控制器的输出作为副控制器的给定值，过热器左二级减温器后温度为副控制器的被控量，形成串级控制系统。副控制器产生的指令去控制左二级减温器入口喷水调节门，改变左二级喷水减温器的喷水量。

二级减温器控制的目的是维持主蒸汽温度在设定值上。主蒸汽温度的设定值由两部分组成，一部分是由ULD指令经$f_1(x)$换算后形成当前负荷下主蒸汽温度的设定值，另一部分是由运行操作人员根据当前的运行情况加的手动偏置。由于负荷变化时，主蒸汽温度也会变化，尤其是在锅炉降负荷时，为了防止进入汽轮机的蒸汽带水，ULD指令经$f_2(x)$折算后形成负荷前馈指令，加到主控制器的输出作为前馈量。主控制器的输出作为副控制器的给定值，过热器二级减温器后温度为副控制器的被控量，形成串级控制系统，产生二级喷水减温器的喷水量指令去控制过热器二级减温器入口喷水调节门，使主蒸汽温度随负荷（蒸汽流量）而变化。

当发生锅炉主燃料跳闸（MFT）时，应强关二级减温水调节阀门。

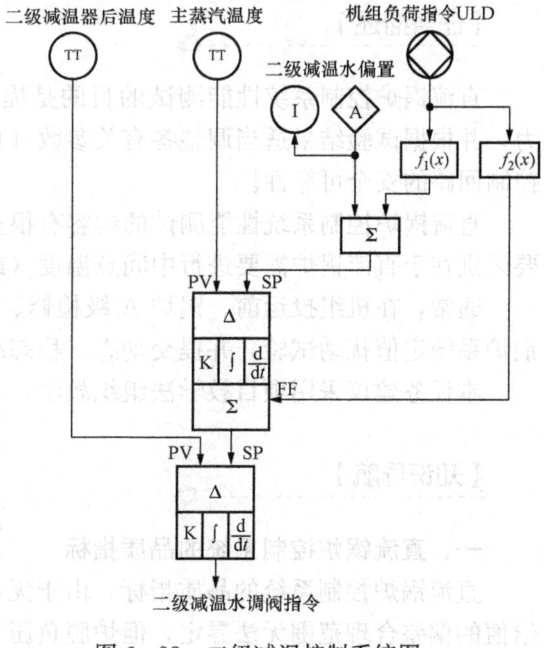

图6-28 二级减温控制系统图

当左二级过热器后温度变送器发生故障，或左主蒸汽温度偏差大，或左二级喷水调节阀位和指令偏差大，或左主蒸汽温度变送器发生故障时，左二级喷水控制阀应强制手动。

当右二级过热器后温度变送器发生故障，或右主蒸汽温度偏差大，或右二级喷水调节阀位和指令偏差大，或右主蒸汽温度变送器发生故障时，右二级喷水控制阀应强制手动。

【检查评估】

检查任务的完成情况，检查评估表见表 1 - 3。

任务三　直流锅炉控制系统性能测试

【学习目标】

（1）熟悉直流锅炉控制系统的动态与稳态品质指标；
（3）掌握直流锅炉控制系统性能测试的基本方法；
（4）能根据行业技术标准拟定直流锅炉控制系统性能指标试验方案；
（5）能根据试验方案完成直流锅炉控制系统性能指标试验；
（6）会整定直流锅炉控制系统相关参数；
（7）会填写试验报告，并分析试验结果；
（8）熟悉直流锅炉控制系统运行维护的基本要求，能识别并处理直流锅炉控制系统的常见故障；
（9）熟悉电力生产安全规定，严格遵守“两票三制”；
（10）具有团队合作意识，养成严谨求实的工作作风。

【任务描述】

直流锅炉控制系统性能测试的目的是提高直流锅炉控制系统在设定值扰动下的控制能力，并根据试验结果适当调整各有关参数（如比例带、积分时间等），提高调节品质，验证控制回路的安全可靠性。

直流锅炉控制系统性能测试的内容有很多，其中大部分亦是和汽包锅炉相同或相似，主要区别在于直流锅炉需要进行中间点温度（或焓值）的控制。

通常，在机组投运前、锅炉 A 级检修、或运行中当稳态品质指标超差时，应进行直流锅炉系统定值扰动试验，并提交动态、稳态品质指标合格报告。

本任务建议采用项目教学法组织教学，其实施过程见表 1 - 1。

【知识导航】

一、直流锅炉控制系统的品质指标

直流锅炉控制系统的品质指标，由于无相应的标准或规范，如主蒸汽压力、给水流量、焓值的偏差合理范围无法界定，但炉膛负压、一次风压、风箱差压等调节偏差可参考亚临界机组所适用的相应标准或规范。

二、直流锅炉控制系统的投入与撤除

1. 协调控制系统投入的条件

（1）锅炉及其附属设备运行正常，炉膛燃烧稳定。

（2）汽轮机、发电机及其附属设备运行正常。

（3）机组功率、负荷指令、主蒸汽压力、调速级压力、总风量、总燃料量等重要参数准确可靠，记录清晰。

（4）DEH系统功能正常，能转入CCS控制方式。

（5）燃烧、给水、过热汽温、再热汽温、除氧器水位等主要控制系统已投入运行。

（6）协调控制系统控制方式及各参数设置正确，汽轮机主控、锅炉主控等M/A操作站工作正常，跟踪信号正确，无切手动信号。

2. 协调控制系统的撤除

发生以下任意情况将解除协调控制系统自动。

（1）影响协调控制系统决策的主要测量参数如机组功率、主蒸汽压力、调速级压力、总风量、炉膛负压、总燃料量等信号偏差大或失去冗余。

（2）DEH发生故障导致其切除CCS控制方式。

（3）所有给煤机控制均不在自动方式。

（4）RB信号触发。

（5）锅炉、汽轮机等主要辅机发生异常，需要运行人员解除协调控制系统的。

（6）协调控制系统发生故障。

（7）计算机控制系统局部故障，机组运行工况恶化。

3. 给水流量主控的投入与撤除

给水流量主控系统投入的条件：①给水流量测点正常；②给水流量定值与给水流量测量偏差不大；③任意给水泵在自动状态。

给水流量主控系统的撤除条件：①给水流量信号不正常；②给水流量定值与给水流量测量值偏差大；③任意给水泵在手动状态。

当满足上述任意条件时，系统均会切除自动至手动状态。

三、直流锅炉控制系统的运行维护要求

对于直流锅炉控制系统的运行维护，并无相应的标准或规范进行说明或要求，但根据DL/T 774—2004《热工自动化系统检修运行维护规程》中对协调控制系统的运行维护要求，可予以参考，应经常根据机组功率、负荷指令、主蒸汽压力、给水流量、分离器出口温度、分离器出口压力、分离器出口过热度、总风量、总燃料量、主蒸汽温度、再热汽温度、炉膛压力、烟气含氧量等主要被调参数和过程参数的记录曲线分析协调控制系统及各子系统的工作情况，如发现异常应及时消除。

【任务准备】

一、引导问题

学习完相关知识后，需回答下列问题：

（1）直流锅炉控制系统的品质指标有哪些？

（2）直流锅炉控制系统的投入撤除条件有哪些？

（3）直流锅炉控制系统性能指标试验的目的是什么？

（4）直流锅炉控制系统性能指标试验的条件有哪些？

（5）直流锅炉控制系统性能指标试验的基本方法是什么？

（6）直流锅炉控制系统性能指标试验的安全措施有哪些？

二、制定试验方案

在正确回答引导问题后，依据行业（企业）规程，结合附录A所给出的试验方案样表制定直流锅炉控制系统性能指标试验方案。

【任务实施】

根据制定好的试验方案，按照试验步骤，完成试验。

下面给出某电厂直流锅炉中间点焓值控制系统性能试验操作步骤，供参考。

（1）调整机组负荷到试验负荷段（75%～100%额定负荷），各主要参数运行稳定；

（2）在机炉协调控制方式下，负荷指令以3%P_e/min、4%P_e/min变化速率，负荷变动量为15%P_e进行单方向变动试验；

（3）待机组负荷及各主要参数稳定运行10min后，再进行反方向的扰动试验；

（4）观察并记录试验曲线。同时，计算各参数的动态偏差、静态偏差、稳定时间等数据；

（5）对不满足品质指标的数据，要分析原因，优化调节参数，调整热控装置，直到焓值控制系统扰动试验满足品质指标的要求，完成试验报告（试验报告格式参见附录C）。

注意 在试验过程中，如危及到机组的安全运行，请运行人员立即退出试验，以确保机组安全。

图6-29所示为某1000MW超超临界仿真机组负荷扰动时控制系统性能测试曲线。

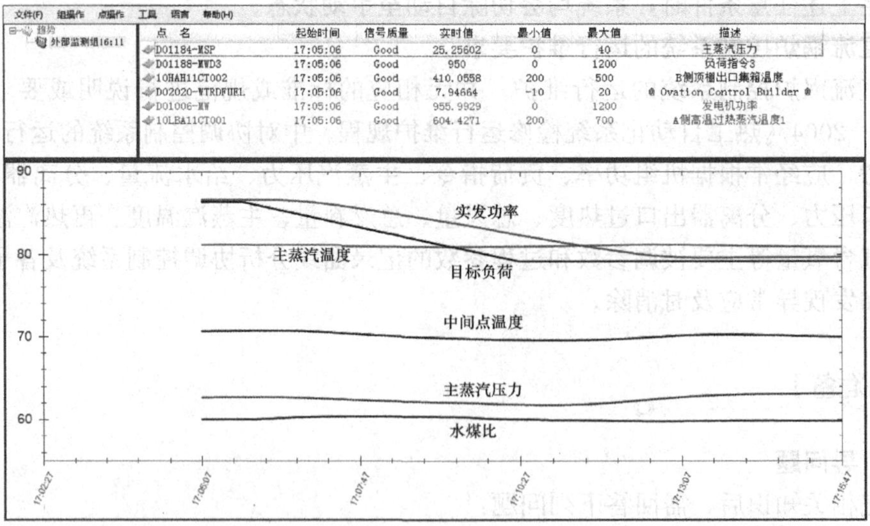

图6-29 某1000MW超超临界仿真机组负荷扰动时控制系统性能测试曲线

【检查评估】

检查任务的完成情况，检查评估表见表1-3。

附录A 试验方案样表

一、试验目的
二、试验条件
三、试验过程中需要记录的主要数据
四、试验步骤
五、安全措施
六、试验组织及分工

附录B 控制对象动态特性试验报告样表

试验名称	
试验时间	至
试验曲线	
动态特性参数	
传递函数	
试验员	
运行人员	
审核	

附录C 模拟量控制系统性能指标试验报告样表

<table>
<tr><td>系统名称</td><td colspan="8"></td></tr>
<tr><td rowspan="7">试验数据记录</td><td colspan="2">试验时间</td><td colspan="6">至</td></tr>
<tr><td colspan="2" rowspan="3">热力系统主要参数</td><td colspan="2">参数名称</td><td>主蒸汽压力（MPa）</td><td>主蒸汽温度（℃）</td><td>再热蒸汽温度（℃）</td><td>汽包水位（mm）</td></tr>
<tr><td colspan="2">试验前</td><td></td><td></td><td></td><td></td></tr>
<tr><td colspan="2">试验后</td><td></td><td></td><td></td><td></td></tr>
<tr><td colspan="8">定值扰动试验</td></tr>
<tr><td>扰动量</td><td></td><td>恢复时间</td><td></td><td>最大偏差</td><td></td><td>静差</td><td></td></tr>
<tr><td>第一峰值</td><td></td><td>第二峰值</td><td></td><td>第三峰值</td><td></td><td>衰减率</td><td></td></tr>
<tr><td>试验曲线</td><td colspan="8"></td></tr>
<tr><td>试验员</td><td colspan="8"></td></tr>
<tr><td>运行人员</td><td colspan="8"></td></tr>
<tr><td>结论</td><td colspan="8"></td></tr>
<tr><td>审核</td><td colspan="8"></td></tr>
</table>

附录D　机组各主要被控参数的动态、稳态品质指标

指标 参数	负荷变动试验动态品质指标						AGC负荷跟随试验动态品质指标		稳态品质指标	
	直吹式机组			中储式机组			直吹式机组	中储式机组	300MW以下机组	300MW及以上机组
	①	②	③	④	⑤	⑥				
负荷指令变化速率（%P_e/min）	2	2	3	3	3	4	1.5	2.0		
实际负荷变化速率（%P_e/min）	≥1.5	≥1.5	≥2.2	≥2.5	≥2.5	≥3.2	≥1.0	≥1.5	—	—
负荷响应纯迟延时间（s）	120	90	90	60	40	40	90	40	—	—
负荷偏差（%P_e）	±3	±3	±3	±3	±3	±3	±5	±5	±1.5	±1.5
主蒸汽压力（MPa）	±0.6	±0.5	±0.5	±0.5	±0.5	±0.5	±0.6	±0.5	±0.2	±0.3
过热汽温度（℃）	±10	±8	±8	±10	±8	±8	±10	±10	±2	±3
再热汽温度（℃）	±12	±10	±10	±12	±10	±10	±12	±12	±3	±4
汽包水位（mm）	±60	±40	±40	±60	±40	±40	±60	±60	±20	±25
炉膛压力（Pa）	±200	±150	±150	±200	±150	±150	±200	±200	±50	±100
烟气含氧量（%）	—	—	—	—	—	—	—	—	±1	±1

注　1　600MW等级直吹式机组：指标①为合格指标，指标②为优良指标。

2　600MW等级以下直吹式机组：指标②为合格指标，指标③为优良指标。

3　300MW等级及以上中储式机组：指标④为合格指标，指标⑤为优良指标。

4　300MW等级以下中储式机组：指标⑤为合格指标，指标⑥为优良指标。

附录E 火力发电厂模拟量控制系统定值扰动下的品质指标

控制系统	定值扰动		φ	最大超调 M_1		稳定时间 t_s		稳态偏差 δ	
	A	B		A	B	A	B	A	B
三冲量汽包水位	40mm	60mm	0.7～0.8	15mm	25mm	3min	5min	±20mm	±25mm
过热汽温喷水减温	±5℃		0.75～1	1℃		15min	20min	±2℃	±3℃
再热汽温喷水减温	±5℃		0.75～1	1℃		15min	20min	±3℃	±4℃
炉膛压力	100Pa	150Pa	0.75～0.9	20Pa	30Pa	40s	1min	±50Pa	±100Pa
送风风压/差压	100Pa	150Pa	0.75～0.9	20Pa	30Pa	30s	50s	±100Pa	±150Pa
一次风压	300Pa		0.75～1	60Pa		30s	50s	±100Pa	±100Pa
磨煤机风量	5%		0.75～0.9	1%		—	20s	±5%	±5%
磨煤机出口温度	3℃		0.75～0.9	0.6℃		—	5min	±3℃	±3℃
钢球磨煤机入口风压	50Pa		0.75～0.9	10Pa		20s	20s	±40Pa	±40Pa
除氧器水位	100mm		0.7～0.8	—		10min	20min	±20mm	±20mm
除氧器压力	50kPa		0.75～1	—		1min	1min	±20kPa	±20kPa
凝汽器水位	50mm		0.75～1	—		3min	5min	±20mm	±20mm

注 A表示300MW等级以下机组，B表示300MW等级及以上机组。

附录F 火力发电厂热控工作票样表

1. 工作负责人（监护人）：________ 班组：________ 编号：________
2. 工作班成员：________
3. 工作地点及内容：________
4. 工作时间：自________年________月________日________时________分至________年________月________日________时________分
5. 需要退出热工保护或自动装置名称：________
6. 必须采取的安全措施：________
7. 措施执行情况：

具体安全措施：	执行情况（√）
（1）由运行人员执行的有：	
（2）运行值班人员补充的安全措施（工作许可人填写）	
（3）由工作负责人执行的有：	

8. 工作票签发人：________年________月________日________时________分
9. 工作票接收人：________年________月________日________时________分
10. 批准工作时间：自________年________月________日________时________分至________年________月________日________时________分

值长（或单元长）：________

11. 由运行人员负责的安全措施已全部执行，核对无误。从许可开始工作。

运行值班负责人：________工作负责人：________工作许可人：________

12. 工作负责人变更：自原工作负责人离去，变更为________担任工作负责人。

工作票签发人：________运行值班负责人：________

13. 工作票延期：

值长（或单元长）：________运行值班负责人：________工作负责人：________

<table>
<tr><td colspan="3">14. 检修设备需试运（工作票交回，所列安全措施已拆除，可以试运）</td><td colspan="3">15. 检修设备试运后，工作票所列安全措施已全部执行，可以开始工作：</td></tr>
<tr><td>允许试运时间</td><td>工作许可人</td><td>工作负责人</td><td>允许恢复工作时间</td><td>工作许可人</td><td>工作负责人</td></tr>
<tr><td>月 日 时 分</td><td></td><td></td><td>月 日 时 分</td><td></td><td></td></tr>
</table>

16. 工作结束：工作人员已全部撤离，现场已清理完毕。

全部工作于________年________月________日________时________分结束。工作负责人：________工作许可人：

备注：

附录 G　SAMA 图

Scientific Apparatus Makers Association 翻译为中文是美国科学仪器制造协会，英文缩写为 SAMA。SAMA 图是美国科学仪器制造协会颁布的图例，是目前世界上广泛使用的控制工程图例之一。SAMA 图是包括所有控制仪表的控制系统结构图，SAMA 图例易于理解，能清楚地表示系统功能，它反映控制系统的全部控制功能和信号处理功能，也反映设计者的设计思想。

在设计火电厂的热工控制系统时，首先要根据控制过程的要求，按照 SAMA 图例绘制过程控制系统的 SAMA 图，然后根据该 SAMA 图，再进行 DCS 组态图的设计。

SAMA 图是特别重要的一类工程图。目前虽然有一定的标准图例，但各仪表公司在工程设计中还是有各自的一些特殊图形符号。下面介绍常用的控制系统 SAMA 图及其应用。

一、SAMA 图例

SAMA 图例的特点是流程比较清楚，特别是对复杂回路画起来和读起来都较容易。SAMA 图的输入输出关系及流程方向与 DCS 控制组态图比较接近，各控制算法都有比较明确的标志，国际上各大仪表公司多采用 SAMA 图设计控制工程。

虽然各公司的 SAMA 图例有些区别，但 SAMA 图的许多符号是通用的。常用的 SAMA 图例有四种，分别表示的含义如下：

（1）○表示测量或信号读出功能：一般用于表示从现场传感器或变送器读出信息。

（2）□表示自动信号处理：一般用于表示控制站（柜）中仪表（或算法模块）的功能。

（3）◇表示手动信号处理：一般用于表示操作站（器）的功能。

（4）⌓表示执行机构：一般用于表示安装在现场的电动、气动和液动等执行器。

用 SAMA 图例表达控制系统工作原理时，常将一些符号画在一起，表示一个具体的模块（仪表）具有哪些功能，这样在 SAMA 图中又清楚地表达了使用了多少功能模块。常见 SAMA 图例按功能进行分类，见表 G.1～表 G.7。

表 G.1　　测量变送器类标准功能图例

图例	名称	图例	名称	图例	名称	图例	名称	图例	名称
FE	流量测量元件	TT	温度变送器	PT	压力变送器	FT	流量变送器	T	继电器线圈
ZT	位置变送器	ST	速率变送器	LT	液位变送器	AT	成分分析变送器	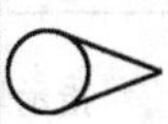	信号来源

表 G.2　　信号转换类标准功能图例

图例	名称	图例	名称	图例	名称	图例	名称
I/V	电流/电压转换器	R/I	电阻/电流转换器	p/I	气压/电流转换器	V/I	电压/电流转换器

续表

图例	名称	图例	名称	图例	名称	图例	名称
F/V	频率/电压转换器	⊓/⊓	脉冲/脉冲转换器	⊓/V	脉冲/电压转换器	I/p	电流/气压转换器
R/V	电阻/电压转换器	mV/V	热电动势/电压转换器	V/p	电压/气压转换器	D/L	数字/逻辑转换器
V/V	电压/电压转换器	p/V	气压/电压转换器	L/D	逻辑/数字转换器	C/L	触点/逻辑转换器
A/D	模/数转换器	D/A	数/模转换器	—	—	—	—

表 G.3　报警限幅和选择类标准功能图例

图例	名称	图例	名称	图例	名称	图例	名称
≯	高限限制器	≮	低限限制器	H/	高限监视器	/L	低限监视器
HH/	高高限监视器	/LL	低低限监视器	≮≯	高、低限限制器	H/L	高、低限监视器
V≯	速率限制器	>	大值信号选择	<	小值信号选择	<>	中值信号选择

表 G.4　运算类标准功能图例

图例	名称	图例	名称	图例	名称	图例	名称
∫	积分控制器	Σ	加法器	Σ/*t*	积算器	×	乘法器
÷	除法器	±	偏置器，加或减	Δ	比较器或偏差	*f*(*x*)	微分器
f(*t*)	时间函数发生器	*f*(*x*)	折线函数发生器	*K*	比例控制器	URG	斜波信号发生器
Σ/*n*	均值器	√‾	开方器		非线性控制器	—	—

表 G.5　显示操作类标准功能图例

图例	名称	图例	名称	图例	名称	图例	名称
	指示灯	R	记录仪	I	指示器	T	切换器
	手操信号发生器		继电器常开触点		继电器常闭触点		气源
A/M	自动/手动切换开关	T	转换或跳闸继电器	TIM	时间继电器	S	电磁线圈驱动器
A	模拟信号发生器	TR	跟踪	—	—	—	—

表 G.6　　执行器类标准功能图例

图例	名称	图例	名称	图例	名称	图例	名称
MO	电动执行器	HO	液动执行器		气动执行器	$f(x)$	未注明执行器
	直行程阀		旋转球阀		三通阀		角行程阀

表 G.7　　连接及信号线类标准功能图例

图例	名称	图例	名称	图例	名称	图例	名称	图例	名称
(A)	本图内连接符号	(1)	本册图内连接符号	〈1〉	与逻辑图连接符号	⟶	模拟信号线	- - →	逻辑电平信号线

二、SAMA 图应用实例

下面以单回路控制系统的 SAMA 图为例，介绍 SAMA 图的应用。火电厂中单回路控制系统有除氧器水位、凝汽器水位、轴封压力控制、二抽母管压力控制、冷凝器压力控制、高压加热器水位控制、轴封漏汽压力控制、低压加热器水位控制、汽封水位控制、稳压箱水位控制、连排扩容水位控制、工业水箱水位控制、吹灰给水控制、暖风器水位控制、暖风供汽压力控制、连续排污控制和磨热风控制等。这种单回路控制系统的 SAMA 图如图 G.1 所示，图中的符号功能解释如下：

(1) LT、TT、FT 分别是水位、温度和流量变送器，它们都是模拟输入量。

(2) Δ 和 H/为偏差报警，即当测量值与给定值之差的绝对值超过某一设定值时，输出逻辑 1 信号。之所以用偏差报警，是因为在实际调节过程中被控量与给定值相差过大时，可能控制系统已经有问题了，这时应切掉自动，使输出保持自动时的最后数值，待测量值与给定值的差值恢复到正常范围内，再切回自动。这里的〈1〉是与逻辑图连接的符号，1 为连接编号。

(3) ◇A 的输出为 PI 调节器的给定值。

(4) Δ 是相减（或偏差）符号；K 和 $\int$ 是比例和积分符号；$\not<$ 和 $\not>$ 的是对 PI 的算法输出进行上、下限幅。

(5) TRACK 是跟踪。实际的阀位反馈量是（10），但因控制室采用操作员站或手操器，所以引入到 DCS 现场控制站的阀位反馈量是由手操器转换后的信号，即图中的外跟踪信号（5），这个信号对 DCS 系统而言相当于一个模拟输入信号，它是一个 1～5V DC 或 4～20mA DC 的模拟输入量。

(6) 〈6〉是与逻辑图连接的符号，它是一个外跟踪开关，当其输出为逻辑 1 时，PI 模块处于跟踪状态，PI 模块的输出等于阀位反馈值（外跟踪信号）；而当其输出为逻辑 0 时，PI 模块恢复正常运算，输出就是 PI 运算的结果。

(7) Δ 和 H/也为偏差报警，即当 PID 算法的输出与阀位反馈值（实际现场执行器的输出）相差过大时，可能是手操器或现场执行机构有故障，这时报警信号送至〈2〉，通过逻辑电路将系统从自动切换到手动，输出保持不变或接受人为调整。

(8) 〈5〉是与逻辑图连接的符号，它表示手操器“手动/自动”状态。当其状态为逻辑 0 时，表示手操器为手动状态，操纵变量由手动控制；其状态为逻辑 1 时，表示手操器为自动状态，系统的输出受 PI 模块控制。

(9) 〈3〉〈4〉是与逻辑图连接的符号。〈3〉是程控切手动；〈4〉是程控切自动。

(10) $f(x)$ 为实际的阀位反馈信号，可能是4～20mA DC 的信号，也可能是 1～5V DC 的信号，它与手操器有关，如果不用手操器，则可直接引入 DCS 系统作为实际的阀位反馈信号。

与图 G.1 对应的单回路调节逻辑控制图如图 G.2所示，图中，左边的〈 〉和( )为开关量输入模块，右边的〈 〉为开关量输出模块。

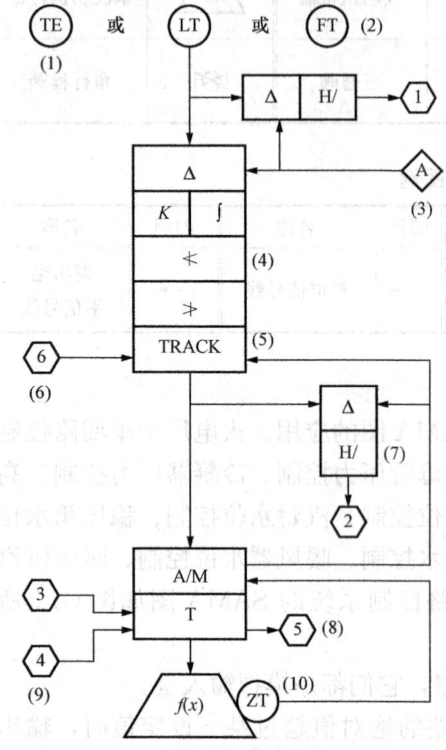

图 G.1　单回路控制系统 SAMA 图

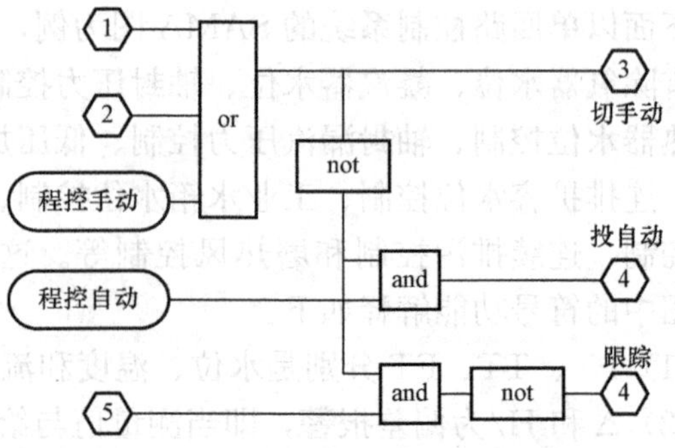

图 G.2　单回路控制系统控制逻辑图

控制手操器切手动的信号有三个：由〈1〉输出的测量值与给定值差值报警信号；由〈2〉输出的算法输出与阀位反馈差值报警信号；由( )输出程控切手动信号。三者为或运算，即只要有一个输出为“1”，则手操器切手动。控制手操器自动状态的信号为两个信号的与，即除由( )开关量模块输出程控自动逻辑信号外，还有由 not 模块输出的切手动信号，也就是说若有报警信号存在，则在操作员站上置手操器自动的命令将不起作用，只有报警解除后手操器不为手动时，手操器才能投自动，这样便可防止在有故障存在时误操作手操器。跟踪开关也接收两个信号的与，即由〈5〉输出的“手动/自动”状态信号和由 not 模块输出信号的与，其分析与手操器投自动类似。

参 考 文 献

[1] 刘禾，白焰，李新利. 火电厂热工自动控制技术及应用. 北京：中国电力出版社，2009.
[2] 朱北恒. 火电厂热工自动化系统试验. 北京：中国电力出版社，2006.
[3] 中国动力工程学会. 火力发电设备技术手册：第三卷·自动控制，北京：机械工业出版社，2001.
[4] 刘吉臻，白焰. 电站过程自动化. 北京：中国电力出版社，2007.
[5] 张丽香，王琦. 模拟量控制系统，北京：中国电力出版社，2006.
[6] 林文孚，胡燕. 单元机组自动控制技术. 2版. 北京：中国电力出版社，2008.
[7] 侯殿来. 模拟量控制技术及其应用. 北京：中国电力出版社，2009.
[8] 贾品丽. 600MW火电机组培训教材：仪控分册. 北京：中国电力出版社，2007.
[9] 谢碧蓉. 热工过程自动控制技术. 北京：中国电力出版社，2007.
[10] 边立秀，周俊霞，赵劲松，等. 热工控制系统. 北京：中国电力出版社，2002.
[11] 李遵基. 热工自动控制系统. 北京：中国电力出版社，1997.
[12] 谷俊杰. 热工控制系统. 北京：中国电力出版社，2011.